1910年，庚款留学生赴美前在北京合影

1914年，科学社社员合影　前排：左二周仁，左三任鸿隽，左五赵元任，左六杨杏佛；中排：左二秉志，左三胡明复，左四金邦正；后排：左二过探先，左四胡适

1915年10月25日，中国科学社第一届董事会合影。从左到右，前排：赵元任、周仁；后排：秉志、任鸿隽、胡明复

上海陕西南路上的中国科学社总社所

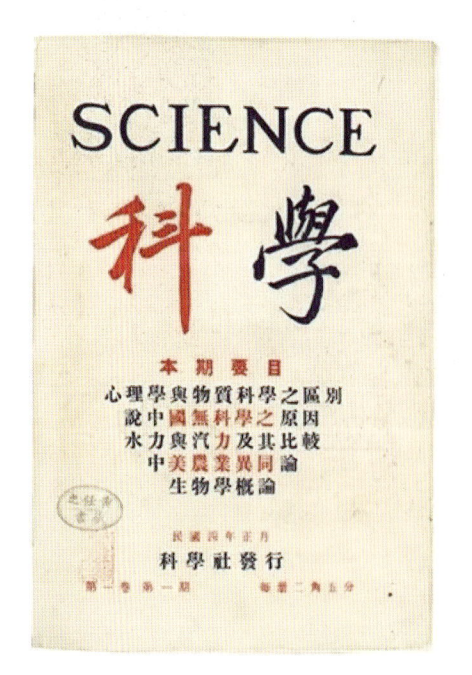

1915年1月，《科学》创刊号

1933年8月，《科学画报》创刊号

1916年，中国科学社第一次年会合影

古物所（在美国安陀阜）：中国科学社第一次年会讲演场所

中国科学社生物研究所

1922年8月18日，中国科学社生物研究所开幕合影

1929年11月2日，中国科学社明复图书馆奠基典礼合影

胡明复像立于明复图书馆

明复图书馆阅览室一角

1921年7月，科学名词审查会在南京中国科学社开会合影

1926年10月1日，中国首次由中国科学社组织代表团出席在日本召开的第三次泛太平洋学术会议，图片为全体会议代表合影

1922年8月,中国科学社第七次年会在南通合影

1935年10月25日,中国科学社二十周年纪念大会合影(东南大学大礼堂前)

1944年12月25日，中国西部科学博物馆开馆典礼和中国科学社三十周年北碚区庆祝会联合大会合影

1954年10月25日，中国科学社四十周年纪念大会合影

中国现代教育社团史

周谷城 题

"中国现代教育社团史"丛书编委会

丛 书 主 编：储朝晖

丛书编委会：（按姓氏笔画排序）

于书娟　马立武　王　玮　王文岭　王洪见
王聪颖　白　欣　刘小红　刘树勇　刘羡冰
刘嘉恒　孙邦华　苏东来　李永春　李英杰
李高峰　杨思信　吴冬梅　吴擎华　宋业春
汪昊宇　张礼永　张睦楚　陈克胜　陈梦越
周志平　周雪敏　钱　江　徐莹晖　曹天忠
梁尔铭　葛仁考　韩　星　储朝晖　楼世洲

审读委员会：（按姓氏笔画排序）

王　雷　王建梁　巴　杰　曲铁华　朱镜人
刘秀峰　刘继华　牟映雪　张　弛　张　剑
邵晓枫　范铁权　周　勇　赵国壮　徐　勇
徐卫红　黄书光　谢长法

"中国现代教育社团史"丛书书目

《中国现代教育社团发展史论》
《中华教育改进社史》
《中华平民教育促进会史》
《生活教育社史》
《中华职业教育社史》
《江苏教育会史》
《全国教育会联合会史》
《中国教育学会史》
《无锡教育会史》
《中国社会教育社史》
《中国民生教育学会史》
《中国教育电影协会史》
《中国科学社史》
《通俗教育研究会史》
《国家教育协会史》
《中华图书馆协会史》
《少年中国学会史》
《中华儿童教育社史》
《新安旅行团史》
《留美中国学生联合会史》
《中华学艺社史》
《道德学社史》
《中华教育文化基金会史》
《中华基督教教育会史》
《华法教育会史》
《中华自然科学社史》
《寰球中国学生会史》
《华美协进社史》
《中国数学会史》
《澳门中华教育会史》

推进教育治理体系和治理能力现代化……推动社会参与教育治理常态化，建立健全社会参与学校管理和教育评价监管机制。

——《中国教育现代化2035》

当前，我国改革开放正在逐步地深入和扩大，激发社会组织活力，在整个社会治理体系建设中具有重要作用。现代教育治理体系的建设，也迫切需要发挥专业的教育社团的积极作用。在这个大背景下，依据可靠的历史资料，回溯和评价历史上著名教育社团的产生、发展、组织方式和活动方式等，具有现实意义和社会价值。总的来说，这个项目设计视角独特，基础良好，具有较高的学术价值、实践价值和出版价值。

——石中英

教育社团组织与中国教育早期现代化，既是一个有丰富内涵的历史课题，更是一个极具现实意义的重大课题。由中国教育科学研究院储朝晖研究员领衔的学术团队，多年来在近代教育史这块园地上努力耕耘，多有创获，取得了可喜的成果，积累了深厚的知识储备。现在，他们选择一批有代表性、典型性、产生过重大影响的教育社团组织，列为专题，分头进行深入的研究，以期在丰富中国教育早期现代化研究和为当代中国教育改革服务两个方面做出贡献，我觉得他们的设想很好。

——田正平

国家出版基金项目
NATIONAL PUBLICATION FOUNDATION

中国现代教育社团史　丛书主编 / 储朝晖

中国科学社史

宋业春　著

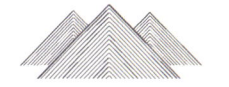

西南大学出版社
国家一级出版社　全国百佳图书出版单位

图书在版编目(CIP)数据

中国科学社史/宋业春著. -- 重庆：西南大学出版社，2023.12
(中国现代教育社团史)
ISBN 978-7-5697-1676-4

Ⅰ.①中… Ⅱ.①宋… Ⅲ.①科学学－学术团体－历史－中国 Ⅳ.①G301-26

中国国家版本馆CIP数据核字(2023)第253488号

中国科学社史
ZHONGGUO KEXUESHE SHI

宋业春　著

策划组稿：尹清强　伯古娟
责任编辑：赖晓玥
责任校对：李　君
装帧设计：观止堂_朱璇
排　　版：杨建华
出版发行：西南大学出版社(原西南师范大学出版社)
重庆·北碚　邮编：400715
印　　刷：重庆升光电力印务有限公司
幅面尺寸：170mm×240mm
印　　张：21.5
插　　页：8
字　　数：380千字
版　　次：2023年12月 第1版
印　　次：2023年12月 第1次
书　　号：ISBN 978-7-5697-1676-4
定　　价：98.00元

总序

在中国教育早期现代化的历史进程中,无论是清末,还是北洋政府和国民政府时期,在整个20世纪前期传统教育变革和现代教育推进波澜壮阔的历史舞台上,活跃着这样一批人的身影,他们既不是清王朝的封疆大吏、朝廷重臣,也不是民国政府的议长部长、军政要员,从张謇、袁希涛、沈恩孚、黄炎培,到晏阳初、陶行知、陈鹤琴、廖世承,有晚清的状元、举人,有海外学成归来的博士、硕士,他们不居庙堂之上,却念念不忘国家民族的百年大计;他们不拿政府的分文津贴,却时时心系中国教育的改革与发展。是"研究学理,介绍新知,发展教育,开通民智"这样一个共同理想和愿景,将这些年龄悬殊、经历迥异、分散在天南海北的传统士人、新型知识分子凝聚在一起,此呼彼应、同气相求,结成团体,组织会社。于是,从晚清最后十年的江苏学务总会、安徽全省教育总会、河南全省教育总会,到民国时期的全国教育会联合会;从中华职业教育社、中华新教育共进社、中华教育改进社,到中华平民教育促进会、生活教育社、中国社会教育社、中华儿童教育社、中国教育学会……在短短的半个世纪里,仅省级以上的和全国性的教育会社团体就先后有数十个,至于以县、市地区命名,以高等学校命名或以某种特定目标命名的各式各样的教育会社团体,更是难以计数。所有这些遍布全国各地的教育会社团体,通过持续不断的努力,从不同的层面,以不同的方式,冲击着传统封建教育的根基,孕育和滋养着现代教育的因素。可以毫不夸张地说,在传统教育变革和现代教育推进的历史进程中,从宏观到微观,到处都留下了这些教育会社团体的深深印记,它们对中国教育早期现代化的贡献可谓功莫大焉!

大约从20世纪90年代开始,中国近代教育会社团体的研究,渐渐进入人们的学术视野,20多年过去了,如今关于这一领域的研究,已经风生水起,渐成气候,取得了相当的成果,并且有着很好的发展势头。说到底,这是当代中国教育改革的需要和呼唤。教育是中华民族振兴的根基和依托,改革和发展中国教育,让中国教育努力赶上世界先进水平,既是中央政府和地方各级政府义不容辞的职责,也必须依靠广大教育工作者的自觉参与和担当。从这个意义上讲,中国近代教育会社团体与中国教育早期现代化研究,既是一个有丰富内涵的历史课题,更是一个极具现实意义的重大问题。中国教育科学研究院储朝晖研究员,多年来在关注现实教育改革的诸多问题的同时,对中国近代教育史有着特殊的感情,并在这块园地上努力耕耘,多有创获,取得了可喜的成果,积累了深厚的知识储备。现在,他率领一批志同道合的中青年学者,完成了"中国现代教育社团史"的课题,从近代以来数十上百个教育社团中精心选择了一批有代表性、典型性、产生过重大影响的教育社团,列为专题,分头进行了深入的研究。我相信,读者诸君在阅读这些成果后所收获的不仅仅是对教育社团的深入理解和崇高敬意,也可能从中引发出一些关于当代中国教育改革的更深层次的思考。

　　是为序。

田正平
丁酉暮春于浙江大学西溪校区

前言

中国近代科学发展几经曲折。晚明时期,西学东渐,随着一批传教士来华,西方科学技术开始向东方古老帝国传播,并一度出现群星璀璨的景象。但是,这一阶段相当短暂,伴随清帝国的闭关锁国政策,科学在中国的生根发芽的进程掐断了,也大大延迟了中国近代化的历史脚步。鸦片战争前后,中国被迫卷入"全球化",开始了新一轮的西学东渐,但这次的科学传播,则是以富国强兵为目的,中国一些先进知识分子开始了自我反思,并主动向西方学习,翻译出版了一大批西方科学技术书籍,并开启赴国外留学的大幕。但是,无论是洋务派,还是维新派,都还没有跳出古老帝国的阴影,没能够摆脱"中体西用"的框架,没能够真正抓住科学发展的机会。因此,当时中国科学的发展有其形而少其神。科学的本质是什么?这依然是有待解决的时代问题。民国建立以后,随着留学生们陆续归国,尤其是以中国科学社为代表的一大批科技知识分子,开始以科学家群体的力量,用学会的集体力量,整体性向中国传播现代科学观念,全方位输入现代科学技术,合力开拓和推进中国科学技术的发展,有效地建立了现代学术组织,培养了一大批现代科学研究人才,成为中国现代科学技术的重要奠基人。留学期间,他们身处异域,目击西方文化之昌明与我国科学思想之落后,深刻感受到祖国受到的屈辱,也为西方科学技术的发展而震惊,因此,他们立志刻苦学习,以图报效国家。科学救国之梦与家国情怀成为这一代科技知识分子的集体记忆。自创立到解散,中国科学社在其近半个世纪的发展历程中,历经沉浮,顽强成长,走过了相当坎坷和艰难的历程,也取得了辉煌的成就。可以说,没有坚定的科学信念,没有炽热的家国情怀,没有以任鸿隽、杨杏佛、胡明复、秉志、竺可桢等一批骨干分子的竭诚尽力,中国科学社就不可能发展成为近代中国延续时间最长、规模最大、影响最为广泛的综合性科技社团。

中国科学社自成立起,以社长任鸿隽为代表的一批骨干成员就有相当的历史意识和自觉担当。早在1914年,任鸿隽就在《留美学生季报》连续发表文章,论述应该建立中国的"学界",认为"求为吾国未来学界之代表者,其唯今之留学生"。1915年1月,任鸿隽在《科学》发刊词中,指出"继兹以往,代兴于神州学术之林,而为芸芸众生所托命者,其唯科学乎,其唯科学乎!"基于这种清醒自觉的历史担当意识,1916年9月,任鸿隽在中国科学社首次年会上作长篇演讲《外国科学社及本社之历史》,对中国科学社成立情况作了最早综述。1923年1月,《科学》第8卷第1期刊登任鸿隽《中国科学社之过去及将来》,文中记录了中国科学社成立的经过及将来之计划。中国科学社于1924年、1927年、1929年、1931年,相继刊印《中国科学社概况》,1921年、1924年、1926年、1928年分别出版《中国科学社社录》,对中国科学社成立情况、组织及事业、社员统计、各机关概况、职员等作了详细记录,并附中国科学社历年年会地点。1935年10月,时值中国科学社成立二十周年,任鸿隽在《科学》第19卷第10期发表《中国科学社二十年回顾》一文,认为中国科学社以一私人学术团体,而能继续发展至二十年之久,且能蒸蒸日上,其中一个重要原因在于社内外工作人员孜孜矻矻、穷年不已的埋头苦干精神。1944年10月25日,作《中国科学社三十年大事记》,附组织、事业等概况,由中国科学图书仪器公司印赠。1950年7月,在上海的总社理事会向社友印发《中国科学社三十六年来的总结报告》和《中国科学社近两年来的社务》,对中国科学社过去36年来的历史作了全面的总结和回顾。1961年5月,任鸿隽在《文史资料选辑》第15辑上发表《中国科学社社史简述》,这是第一份全面而系统叙述中国科学社历史的文本,是凝聚了任鸿隽毕生心血的历史性文献。

中国科学社的发展历史,就是一部仁人志士苦心孤诣发展中国科学的历史。作为民间科学团体,中国科学社会聚了当时学术界数千名科技精英,促成并参与了中国近代科学技术的发生发展。1915年,《科学》创刊,最早并提"科学"与"民权",明言"以传播世界最新科学知识为职志",开启了科学传播新时代,成为新文化运动之先声。1918年,中国科学社整体迁回国内,经历了极其困难的考验,办公场所不定,财政经费竭蹶,《科学》曾一度不能正常出版。面对生存困境,中国科学社领导群体身体力行,坚持不懈,化危为机,逐渐使得社团迈上了快速发展轨道。到了1920年代末,中国科学社已然成为国内科学团体的领头羊,其推行的各项科学事业,逐渐开花结果,深刻影响了中国现代科学的发展成长。中国科学社创始人中,任鸿隽、杨杏佛等与蔡元培、梁启超、张謇、马相伯等社会贤达有着良好的私人关系,在精神和物质方面都得到了他们极大的支持。南京国民政府成立后,不少中国科学社骨干成员相继进入政府,担任重要职务,中国科学社由此获得了发展的契机,开始了"黄金十年"的扩展期,尤其是获得政府拨助40万元发展基金和南京社所及其围墙外的成贤街文德里官产的永久使用权后,中国科学社事业逐渐迈向巅峰。然而,这种快速发展的机会却被日本帝国主义的侵略强行中断。随着战争的爆发,中国科学社也被迫千里内迁重庆,进入了困苦时期。这一阶段,尽管物质条件十分简陋,生存问题严峻,但中国科学社同人始终坚持不屈地斗争,无论是困守上海孤岛时期,还是寄居北碚大后方时期,他们忘我工作,进行艰苦的学术研究,对抗战有关的科学技术保持高度的关注,尤其是《科学》刊发了一批有关科学与国防的文章,反映出中国科学家群体对战时中国科学发展的深刻思考和报国情怀。全面抗战期间,中国科学社事业遭受严重打击,损失中最惨重的,莫过于南京生物研究所被日军焚毁。抗战后,通货膨胀,内战一触即发。中国科学社基金几成废纸,经费拮据,事业困顿。面对残酷的现实,中国科学社同人没有气馁,一方面竭力恢复各项事业,另一方面积极联合各学术团体,发出团结的呼声,为中国科学发展进言。新中国成立后,科学事业进入了新时代,中国科学社社员们对新政权充满了期待,积极参与新社会的建设。然而,随着形势的发展,私立科学团体存在的合理性受到质疑,新中国成立前建立的科技社团纷纷解散,中国科学社退出历史舞台也是迟早的事情。

近代中国发展面临的一个根本问题就是如何接续几千年的文明,正视自身的不足,在旧文明的基础上形成新的文明,也即在新的基点上实现民族的新生。本书在写作时始终思考这样一些问题——为什么中国科学社是由一批留美学生建立的?民族危机是如何激发和催生这批留学生的"科学救国"梦的?他们为什么一回国就选择南京作为落脚点?而当国民政府定都南京之后,中国科学社为什么又将总社迁移到上海？其后，上海成为中国科学社发展的重心所在。本书在写作中用比较多的笔墨去写南京和上海这两座城市所承载的与中国科学社相关的人与事，其中的艰难与辉煌、荣光与使命、挣扎与抗争，的的确确蕴含着中国科学社同人舍我其谁的时代勇气和历史担当。无论是1920年代出版的《科学的南京》，还是1930年代出版的《科学的民族复兴》，都体现出中国科学社同人始终抱着发展中国科学、求中国复兴的信念，传播科学，开展研究，不断扩大各项事业，正如竺可桢所言："有志之士莫不以复兴民族为事。"全面抗战时期，中国科学社面临着极大的困难；新中国成立后，科学事业成为国家的事业，民间学术团体纷纷解散。即便如此，他们发展中国科学的信念和精神，从没有因为外界变化而改变。他们始终坚持科学报国，与时代同行，作为科学家群体，他们所执着的，不仅是中国科学化，更是科学中国化，让科学的种子在中国落地生根，开花结果。

目录

总　序 /1
前　言 /1

第一章　中国科学社成立的背景 /1
　　第一节　民族危机与科学救国思想的形成 /4
　　第二节　西学东渐与近代科学的传播 /12
　　第三节　废科举与近代科学教育的发展 /20
　　第四节　近代留学生社团与活动 /28

第二章　中国科学社的发起与成立（1914—1917） /37
　　第一节　中国科学社成立 /39
　　第二节　中国科学社的组织结构 /48
　　第三节　《科学》的创办 /55
　　第四节　年会的形成 /61

第三章　中国科学社的发展与成长（1918—1927） /67
　　第一节　社务发展与改组 /69
　　第二节　《科学》的出版发行及办刊特色 /83
　　第三节　生物研究所的创办 /90
　　第四节　参与科学名词的审定 /97

第五节　科学宣传与科学教育 /105
第六节　年会与国际学术界的交流 /121
第七节　中国科学社北美分社的成立 /128

第四章　中国科学社的发展与鼎盛(1928—1936) /133
第一节　社务发展概况 /135
第二节　《科学》的转向与改版 /142
第三节　生物研究所的发展与繁荣 /154
第四节　明复图书馆的设立 /163
第五节　《科学画报》的创办 /172
第六节　中国科学社的事业扩展 /177
第七节　科学奖励的设立 /186
第八节　联合年会的召开 /199

第五章　中国科学社的内迁与坚守(1937—1945) /211
第一节　社务及发展概况 /213
第二节　《科学》的转变 /218
第三节　中国科学社生物研究所的内迁 /229
第四节　中国科学社的坚守 /235
第五节　年会活动与学术交流 /247

第六章　中国科学社的抉择与转变(1946—1949) /255
第一节　抗战后中国科学社的发展 /257
第二节　《科学》的转向 /269
第三节　1949年的中国科学社 /278

第七章　尾声:最后的十年 /289

附　录 /311

参考文献 /317

后记 /325

跋 /327

中国科学社成立的背景

第一章

中国科学社是近代中国较有影响力的综合性科学社团之一，是在民族危机和"科学救国"思想影响下形成的。鸦片战争后，中华民族遭遇"数千年未有之强敌"，痛历"四千年未有之创局"，在西方列强轮番侵略、劫掠和压迫下经历了痛苦的社会转型。在中西文化对撞中，"科学救国"思潮渐次形成，成为中国科学社产生的内在动力。晚清以来，西方科学书籍的翻译和传播，科技学会和社团的创立，科技期刊、集会讲演等科技传播方式的普及，促成了科技文化的变革，为科学宣传走向普通民众奠定了社会基础。科举制的废除、新式学堂的兴起，扫除了科学传播中的障碍，为科学进入教育体制打下了制度性基础。近代留学生运动的兴起，"庚款留学生"计划的成功实施，使得一大批优秀人才得到优质教育，丰富多彩的社团活动和"科学报国"的家国情怀，使得在异国他乡的留学生们时时不忘以其所学来拯救自己积贫积弱的祖国。可以说，正是在内外各种复杂社会历史条件的综合作用下，中国科学社才得以诞生，其在长达46年的发展历程中，创办了各项科学事业，培育了一大批科学技术人才，为中国近现代科技发展做出了杰出贡献。

第一节　民族危机与科学救国思想的形成

近代中国对科学的认识大致经历了一个从"技、器"向"道、学"渐进演变、不断深化的过程。甲午战争的失败、民族危机的伤痛，警醒了一批又一批仁人志士，"科学"不再被视为单纯的有关"工艺""制器"等方面的科学技术知识，而是拯救国家于危难的不二选择，国人对科学的理解和认识不断加深，科学救国思想由此形成。

一、从"器技"到"格致"

这一阶段包括鸦片战争至洋务运动期间，也就是从19世纪40年代到90年代。面对西方的欺辱和霸权，国人开始领教西方科学技术的威力，对近代科学由陌生到初识，并逐渐认识到其是一门"学问"。这一时期人们对科学的认识，经历了由"技、器"到"西学""格致之学"的转变过程。

洋务运动初期，人们将西学视为"夷技"或"制器"。洋务派主要代表人物要求将中国的经史之学作为教学的根基，放在教学首位；然后适当吸收"西学"中有用的东西来补"中学"之不足。"中体西用"论是当时中西文化交流过程中的一剂催化剂，对于引进、吸取西方的科学技术和文化教育起到了积极作用。魏源（1794—1857）是近代中国"睁眼看世界第一人"，其在《海国图志叙》中写道："是书何以作？曰：为以夷攻夷而作，为以夷款夷而作，为师夷长技以制夷而作。"[1]他将西方以"坚船利炮"为代表的科技成果视为"夷技"，提出"师夷长技以制夷"的主张，倡导学习西方先进科学技术，开启了了解世界、向西方学习的新潮流，这是中国思想从传统转向近代的重要标志。曾国藩（1811—1872）则以"制器"称西方科技，他说，"洋人制器，出于算学，其中奥妙，皆有图说可寻"。以"技"或"器"称呼西方科技，显然看到的是西方科技的外在形式，时人认为这是与传统之"道"相对应的"末端"，是"奇技淫巧""雕虫小技"，说明此时人们对于

---

[1] 陈学恂主编《中国近代教育文选》，人民教育出版社，2001，第2页。

西方科学技术认识的单一和片面。

洋务运动的兴起,推动了西方科学技术的引进和传入,也加深了人们对近代科学的认识,人们开始以"西学"或"洋学"称呼西方科学技术。1861年,冯桂芬(1809—1874)撰文道:"有天地开辟以来,未有之奇愤,凡有心知血气,莫不冲冠发上指者,则今日之以广运万里,地球中第一大国,而受制于小夷也。"他提出不仅要"制洋器",还要"采西学","如算学、重学、视学、光学、化学等,皆得格物至理。舆地书备列百国山川阨塞风土物产,多中人所不及"。[①]用"西学"这一宽泛的概念指称科学,指向虽不确定,但揭示了西方科学技术的学理内涵,较之"技、器"的认识显然进了一步。

不过,洋务运动时期人们更多的是以"格致"来指称西方科学,对"格致"的理解又主要集中在制造技艺、声光化电等领域,重点在"器用"上,是从"富国强兵"的角度来认识科学的功能的。

"格致"一词最初是从儒家经典《大学》中"格物致知"而来,讲的是人的道德修养。明末清初,西学东渐。徐光启(1562—1633)首倡"格物穷理之学",开始以"格物穷理"来称谓西学。1600年徐光启与意大利耶稣会传教士利玛窦(Matteo Ricci,1552—1610)相识问学,他把利玛窦带来的知识分为三种:大者为"修身事天之学",小者为"格物穷理"之学,物理之一端别为"象数之学",如历法、音律、数学等,从中可见西方学科分类的影子。徐氏以"格物致知"来解释利玛窦所掌握的"西学"。其后"格物穷理"简化为"格致"一词。除了传统的修身意义之外,"格致"还赋予"西学"新意,如明末有熊明遇的《格致草》、高一志的《空际格致》、汤若望的《坤舆格致》,以"格致"称呼西学知识,在观念上为西学的引进搭起了一座桥梁。后因清廷长期的闭关锁国政策,西学东渐停滞了。鸦片战争后,西方强行打开了中国的大门,西学再次以迅猛之势涌入,"格致"走进了人们的视野,并引发了一场前所未有的"中学"与"西学"之争。

洋务运动初期建立的京师同文馆,请了一批外国人任"教习",课程中有"格致"课。1866年,当时任教习的美国传教士丁韪良(B.D.Martin,1827—1916)译编了一本《格物入门》,英译名是 Natural Philosophy。1888年京师同文馆设"格

[①] 谭国清主编《传世文选 晚清文选(一)》,西苑出版社,2009,第125-126页。

物馆",1895年改为"格致馆"。"据总教习呈称:致知必由格物,同文馆当日设立格物馆时,未能顾名思义。请将格物馆改为格致馆,庶于致知格物不至有偏等语。该总教习所呈,不为无见,嗣后格物馆即改名为格致馆,以符名实。此谕。"[1]

1866年,格致书院在上海创办,主要工作有办展览、售书和授课。1866年起实行"考课",由李鸿章、刘坤一、盛宣怀等社会名流出题,院内外士子官绅皆可应考。得名次者有奖,并择优秀文章辑成《格致书院课艺》出版,宣传格致之学。

当时人们对于"格致"的理解是多种多样的,有的认为其泛指科学技术,以上海的格致书院为代表。徐寿(1818—1884)在给李鸿章的信中称书院将轮流讲论格致一切,如天文、算法、制造、舆图、化学、地质等事[2]。该院从英国特请一教师来沪,所拟格致各门,"曰气学、曰水学、曰热学、曰光学、曰电学、曰化学矿学等"。[3]有的认为其泛指自然科学总体,如丁韪良《格物入门》,数学、物理学和化学都在其中。有的认为其只包括物理学和化学,如郑观应在《考试》一文中提出开"格致科,凡声学、光学、电学、化学之类皆属焉"。[4]后来就有"声光化电"作为"格致"的同义语之说,经张之洞《劝学篇》的鼓吹,这一说法广为人知。有的认为"格致"专指物理学,如京师同文馆设天文馆、算学馆、化学馆、格致馆和英文、法文、德文、俄文、东文馆。据《清会典》载,凡格致之学有七,一曰力学,二曰水学,三曰声学,四曰气学,五曰火学,六曰光学,七曰电学。[5]这都在物理学范围之内。

晚清时期,人们已经注意到"格致"一词的多义性,认识到中西"格致"的不同。化学家徐寿在《拟创建格致书院论》中指出:"惟是设教之法,古今各异,中外不同,而格致之学则一。然中国之所谓格致,所以诚正治平也;外国之所谓格致,所以变化制造也。中国之格致,功近于虚,虚则常伪;外国之格致,功征诸

---

[1] 朱有瓛主编《中国近代学制史料》第一辑上册,华东师范大学出版社,1983,第139页。
[2] 朱有瓛主编《中国近代学制史料》第一辑下册,华东师范大学出版社,1986,第166页。
[3] 朱有瓛主编《中国近代学制史料》第一辑下册,华东师范大学出版社,1986,第183页。
[4] 陈学恂主编《中国近代教育文选》,人民教育出版社,2001,第43页。
[5] 朱有瓛主编《中国近代学制史料》第一辑上册,华东师范大学出版社,1983,第77页。

实,实则皆真也。"[①]1887年春、1889年春,许星台、李鸿章曾分别拿"中西格致之学异同"问题考校格致书院的学生。当时人们以儒家"道、器"观念来看待西学"格致",认为其是"技艺之术"、形下之器,"盖工匠技艺之事也",甚至要求改格致书院为"艺林堂",以示与传统的格致之义的区别。

二、从"格致"到"科学"

甲午战争之后,科学在中国的传播在形式和特点上都与之前有了很大的不同。"科学"一词出现了,开始逐渐取代"格致"。

1902年,梁启超(1873—1929)在《新民丛报》第10、14号上发表了《格致学沿革考略》,文中开头专门讨论了"格致学"的范围,"学问之种类极繁,要可分为二端:其一,形而上学,即政治学、生计学、群学等是也;其二,形而下学,即质学、化学、天文学、地质学、全体学、动物学、植物学等是也。吾因近人通行名义,举凡属于形而下学,皆谓之格致"。《格致学沿革考略》是中国最早的较为系统介绍西方科学史的文章,文中已有多处用了"科学"一词,如"一切科学""科学革新之气运""科学之方针"等。

如果将1607年徐光启翻译的《几何原本》前六卷作为西方科学传入中国的标志,到梁启超写《格致学沿革考略》,用"格致"指涉科学,那么可以说科学的传播在中国已有近300年的历史。传统"格致"概念内涵丰富多样。有表示整个自然科学者,如"格致如化学、光学、重学、声学、电学、植物学、测算学,所包者广"。[②]1887年傅兰雅的《格致须知》中的"格致"内含天文、地理、地学、算法、化学、声学、气学等,也类似"科学"的内涵。而1903年文明书局的《蒙学格致全书》中,蒙学格致教科书与蒙学天文、化学、地质、动物、植物等26种并列出现,则说明"格致"不包含这些学科。

《奏定学堂章程》规定设置"格致"一科,初小阶段的"格致"要义"在使知动物植物矿物等类之大略形象质性,并各物与人之关系,以备有益日用生计之

[①] 徐寿:《拟创建格致书院论》,《申报》1874年3月16日。
[②] 丁凤麟、王欣之:《薛福成选集》,上海人民出版社,1987,第615页。

用"。①这里,"格致"包含动植物学和矿物学等内容。故依据《奏定学堂章程》编撰的最新教科书系列中的《最新格致教科书》就有这三方面的内容。此外,还专门编有物理学、动物学以及热学、力学等教科书,与"格致教科书"同时出版。

近代以来,西方科学技术陆续传入中国,中国人也逐渐对之产生浓厚的兴趣,但并没有形成对科学的正确概念。鸦片战争中,中国人开始知道西洋人有"船坚炮利之长技";洋务运动兴起,洋务派又认识到"西洋制造之精,实源本于测算格致之学"。但在他们看来,这种"测算格致之学"或者"艺学",其内容只是声光化电诸学的综合,其效用不外乎制造轮船火器。在他们的眼中,所谓"西学",主要指西方的科学技术。很长时期内,他们也总是从"技术"这一意义上来理解西方的"科学"的。正如中国科学社王琎(1888—1966)所指出的:"同光间吾国之言科学,在提创者不知科学为何物,但悬一富强之目的……皆不视科学为研究真理之学问,不知其自身有独立之资格。"②鲁迅曾一针见血地指出:"其实中国自所谓维新以来,何尝真有科学。"

从1897年到1912年,"科学"与"格致"并用。从"格致"到"科学"的变化,体现了人们对科学认识的深化,是"西学"地位不断上升,中国近代科学发展走向规范的体现。

"格致"一词概念模糊,用法重叠,给"科学"的理解带来混乱和不便,故迫切需要用明确的新词来替代"格致",而"科学"一词进入人们视野后,逐渐取代了"格致"。据金观涛的研究,1906年后,"格致"逐渐被"科学"取代,很少再使用了。1903—1906年,正是新式教科书大规模传播时期。可见,在"科学"一词取代"格致"方面,当时的"教科书"确实扮演着重要角色。1912至1913年学制颁布后,"格致"一科被取消,"科学"进入大众视线,标志着中国近代科学教育思潮的到来。

甲午战争失败后,人们对西学的认识发生改变,对"科学"有了更深入的理解,尤其是对日本在引入西方科学后走向近代化有了切肤的认识。"以日为师"也被朝野上下普遍认可而成为戊戌变法和清末"新政"的指导方针。在这种大背景下,"科学"作为近代science的译词从日本导入中国并逐渐取代"格致"一

---

① 朱有瓛:《中国近代学制史料》第二辑上册,华东师范大学出版社,1987,第179页。
② 王琎:《中国之科学思想》,《科学》1922年第7卷第10期。

词。梁启超曾尖锐地批评道:"中国向于西学,仅袭皮毛,震其技艺之片长,忽其政本之大法。"[1]他进而主张:"今日之学校,当以政学为主义,以艺学为附庸。"[2]张之洞也认为:"西学亦有别,西艺非要,西政为要。""大抵救时之计,谋国之方,政尤急于艺。"这些观点体现了有识之士在总结三十余年洋务运动及教育成败得失的经验教训基础上所获得的一种新的认识,从以工艺制造及自然科学为主的"西艺"发展到以西方人文社会科学为主的"西政",标志着晚清国人对西方知识分类体系及学术分科观念的认识有了重大突破,产生了质的飞跃,已初步意识到在西方近代知识及学科分类体系中自然科学技术与人文社会科学是相互联系、不可分割的。

从洋务运动到维新变法,在对科学的宣传上,仍然局限于少数人,未形成代表性群体,其影响范围也十分有限,当时仅仅为一些维新派知识分子所了解;从对科学的理解上看,仅仅把科学定义为自然科学与应用科学,还没有认识到科学的真义;就宣传的方式而言,主要是通过报刊书籍等进行宣传,并且还没有形成固定的宣传机构、刊物等。

孟禄说,中国中学科学教育之不良有二因:一个原因,就是令学生背名词,重分类。殊不知科学的目的在于使学生应用,科学的教学最重要的就是实验。中国中学之科学教学,不给学生实验的机会。……第二个原因,就是中国对于科学的概念不明了,即视科学为名词与分类的事体。[3]

民国元年,政府改革教育制度,格致科改称理科,内涵无变化,"格致"从此就与科学话别了。留美学生任鸿隽(1886—1961)第一次对"科学"的概念作了完整阐述。他在《科学》月刊首期的第一篇文章中说:科学者,智识而有统系者之大名。就广义言之,凡智识之分别部居,以类相从,井然独绎一事物者,皆得谓之科学。自狭义言之,则智识之关于某一现象,其推理重实验,其察物有条贯,而又能分别关联抽举其大例者谓之科学。[4]任鸿隽从内涵、外延和价值等方面对科学的概念作出了明确的、完整的说明,奠立了真正近代意义上的科学观。

---

[1]舒新城:《中国近代教育史资料》下册,人民教育出版社,1981,第926页。
[2]梁启超:《梁启超论教育》,商务印书馆,2017,第102页。
[3]舒新城:《近代中国教育思想史》,福建教育出版社,2007,第200页。
[4]任鸿隽:《说中国无科学之原因》,《科学》1915年第1卷第1期。

三、从"西学格致救国"到"科学救国"

1894年中日甲午战争爆发,清军溃败,北洋海军覆没。民族危机迫在眉睫,改良维新思潮高涨。1895年在京应试的1300余名举人联名上书光绪帝要求变法。1895年7月19日,光绪帝颁布改革谕旨:"当此创巨痛深之日,正我君臣卧薪尝胆之时。"由此,清朝开始自上而下学习西方,引进西学,"变法"自强。在严复、康有为、梁启超等人影响下,科学救国思想渐次形成。

1895年,严复(1854—1921)在《直报》上发表《原强》一文,提出了"鼓民力""开民智""新民德"的救国主张。严复认为要拯救中国非讲西学不可,因为西学能"通知外国事",所以"以西学为要图",则"救亡之道在此,自强之谋亦在此"。严复强调的西学主要是指格致之学,"西学格致,非迂途也,一言救亡,则将舍是而不可",并指出,"救之之道,非造铁道用机器不为功;而造铁道用机器,又非明西学格致必不可"。[①]严复主张以"格致"为本,强调"西学格致",在练军实、裕财富、制船炮、开矿产、讲通商、务树畜、开明智、正人心等方面主张用西方的科学来振兴国家,达到富强目的。可以说,在1895年严复明确提出用"西学格致"来救国的主张之时,其所谓的"格致"实际上指的就是科学,只不过没有明确提出"科学"二字而已。

1902年,严复在《原富》中用"科学"代替了"格致"。他在《与〈外交报〉主人论教育书》中,对"中学为体、西学为用"和"西政为本、西艺为末"的论调进行了有力的批驳,指出"其曰政本而艺末也,愈所谓颠倒错乱者矣。且其所谓艺者,非指科学乎?名、数、质、力四者皆科学也。其公例通理,经纬万端,而西政之善者,即本斯而起"。在此基础上,严复进而指出"中国之政所以日形其绌不足争存者,亦坐不本科学与公例通理违行故耳。是故以科学为艺,则西艺实西政之本;设谓艺非科学,则政艺二者乃并出于科学,若左右手然,未闻左右之相为本末也。且西艺又何可末乎?无论天文、地质之奥殚,略举偏端,则医药通乎治功,农革所以相养,下洎舟车兵冶,一一皆富强之实资"。有力地论证了"西艺实西政之本"和"政艺二者乃并出于科学"。由于严复的倡导,"科学"一词在学界

[①] 严复:《救亡决论》,载王栻编《严复集》第1册,中华书局,1986,第48页。

得到迅速普及。

"戊戌变法"失败后,康有为、梁启超对于国家命运作了反思,在游历日本、目睹中西差距后认识到,变法改良不足以改变中国,进而将目光转向科学。康有为在其《物质救国论》一文中明确提出了科学救国的口号:"科学实为救国之第一事,宁百事不办,此必不可缺者也。"[1]"夫炮舰农商之本,皆由工艺之精奇而生;而工艺之精奇,皆由实用科学,及专门业学为之。"[2]

康有为明确提出了科学救国的主张,即"以中国之地位,为救急之方药,则中国之病弱非有他也,在不知讲物质之学而已","科学实为救国之第一事"。此外他还对科学内涵进行了阐释,认为科学应包含应用科学与自然科学知识,"夫工艺兵炮者,物质也,即其政律之周备,及科学中之化光、电重、天文、地理、算数、动植生物,亦不出于力数形气之物质"。[3]康有为在《物质救国论》中提出了发展科学、实现科学救国的一些初步想法,主要有:开办实业学校,小学增机器、制木二科,创立博物院,设立图型馆、创办工厂等。同时建议光绪下诏书,奖励科技发明。"奖励工艺,导以日新。令部臣议奖创造新器、著作新书、寻发新地,启发新俗者",不仅要予以高科,并许专卖。如此,"则举国移风,争讲工艺,日事新法,日发新议,民智大开,物质大进,庶几立国新世,有恃无恐"。[4]通过奖励科技创新,形成鼓励创新的风气,使科技得以进步、物质得以丰富、国家得以强盛。

1914年第一次世界大战爆发,西方列强凭借科技的力量向世界各地进行殖民扩张。身在异国他乡的留学生们切身感受到中西的差距,认识到中国的落后源于科技的落后,西方的强大正是科技发达的结果。因此,这批身在海外的中国人开始觉醒,有组织地开展科学结社活动,寻思如何让国外先进技术传播到国内。清末,政府向国外派遣了大批留学生,其中就有庚款留美学生,正是这批留美学生促成了中国科学社的成立。他们认为,国内没有真正的科学,绝大多数人不知何谓科学,连一个专讲科学的杂志也没有,因此,他们要通过结社来向国内普及科学知识,促进科学在中国的发展与繁荣,共图中国科学的发达。

---

[1] 转引自李翔海:《20世纪中国哲学研究》,天津人民出版社,2012,第198页。
[2] 转引自刘桂林:《中国近代职业教育思想研究》,高等教育出版社,1997,第65页。
[3] 转引自乐爱国:《中国传统文化与科技》,广西师范大学出版社,2006,第251页。
[4] 转引自冯友兰:《中国哲学史新编》下卷,人民出版社,1999,第453—454页。

第二节　西学东渐与近代科学的传播

自然科学在近代中国是新兴事物，虽然在洋务运动前后已经有了一些格致之学的传播，但真正大规模地引进近代自然科学还是在19世纪末20世纪初。19世纪下半叶，西学渐渐传入中国，各门科学知识陆续介绍到中国来，科学的观念逐渐为更多的人所了解。通过翻译西书、成立学会、创立报刊等手段，人们自发地对科学知识和科学方法、科学精神等内容进行宣传，为科学在中国的传播发挥了积极作用，并形成了宣传科学的热潮，从而在客观上为科学救国思想的产生奠定了基础，为科学教育的产生提供了必要条件。

一、注重翻译西方书籍，尤其是西方自然科学书籍

19世纪60年代后，洋务学堂应西学课程之急需，参与翻译西学教材，同文馆、江南制造局、京师大学堂等都翻译出版了大量西学图书。从甲午到庚子年间，学界再次兴起了译介西方学术思想的高潮。相较前次，其关注的焦点和翻译的方式有所改变，较多地涉及教育类、物理学、化学及地学等方面的知识，由此开阔了人们的眼界，在引进西方近代科学知识的过程中实现了我国近代科学的启蒙。据统计，1860年至1900年40年间，我国共出版各种西式图书555种。

梁启超指出"译书为强国第一义"。[1]从一开始他们就把翻译的重点放在有关自然科学的书籍方面。为了更好地宣传科学，他们还创立了专门从事印刷自然科学书籍的出版机构。1896年在上海成立的六先书局就是其中的一家，该书局"专售格致、化学、天文舆地、医学、算学、声学、水学、光学、热学、气学、电学、兵学、矿学一应新译新著，洋务各国，无不搜集完备"。[2]还时常关注国外自然科学的进展，他们把一些世界最新的科学发现及发明及时介绍给国内的读者，以开拓国人的眼界。如1895年严复在《原强》上第一次向国人介绍达尔文的生物

---

[1] 梁启超：《梁启超论教育》，商务印书馆，2017，第75页。
[2]《上海新开六先书局专售格致各书启》，《申报》1897年10月24日。

进化论;1896年X射线刚被发现,《时务报》立即做了题为《葛格司射光》的报道。①

为满足国人对西方著作的需求,在科学社团和期刊创立的同时,译书之风也随之兴起。近代中国的大部分西方科学书籍都是通过留学生翻译过来的,留学生赴国外接受域外新知,使他们有机会接触到最新和最前沿的西方书籍,并及时地把西方科学图书翻译出来。特别是留日学生,对翻译事业贡献尤大。"壬寅癸卯间,译述之业特盛;定期出版之杂志不下数十种,日本每一新书出,译者动数家。"②

所译内容多以自然科学方面的书籍为主。有学者统计,至1904年,我国翻译的外国书籍共533种,其中留日学生从日文翻译或转译的书籍达321种,占60%。与此同时,国内也形成了译书高潮,仅在1901—1911的10年间,以"译"字作为报刊或书社名称者就有23种之多。

京师大学堂在引介和翻译西方教科书方面扮演了重要角色。1898年6月,京师大学堂还在筹办时,管学大臣孙家鼐即奏请,于大学堂内,附设编译局,集中一些懂外语的人才专门翻译、编辑西方教科书。7月3日,光绪帝发布上谕,正式建立译书局。京师大学堂所引进的教科书中,自然科学占了相当大的部分。1910年3月,京师大学堂正式开办分科大学,除医科暂缺,共设7学科13学门。京师大学堂译介的教科书,"为近代科学在中国的传播,为中国近代比较完整的自然科学体系的构建,发挥了奠基性的作用"。③

清末所译的许多科学著作,属精深专著者少,先进的学科名著更少。许多书的名称都冠以"入门""初步""须知"及"发轫"等等。所译教科书则多为国外中等学校用的教材,大学教科书数量很少。这时的科学译书只不过是各门科学的入门书或知识普及书而已。我国近代科学各学科知识的引进、各学科的建设与发展,都是在辛亥革命之后的一个时期中完成的,就是现代科学的发展,也是在这一时期奠定了一定的基础。这当中,翻译和传播外国科学书籍起了十分重要的作用,而且,这一时期,翻译人才的主体和翻译的方式也发生了根本的变化。④

---

① 《葛格司射光》,《时务报》1897年9月7日。
② 梁启超:《清代学术概论》,岳麓书社,2010,第93页。
③ 张运君:《京师大学堂和近代西方教科书的引进》,《北京大学学报(哲学社会科学版)》,2003年第3期。
④ 蔡铁权:《近代科学在我国的传播与科学教育之滥觞》,《全球教育展望》2014年第8期。

二、创立学会和社团，推动科学知识的传播

清代鉴于明末士林结社干预朝政，造成政局动荡，因而严禁集会结社。戊戌时期，在维新派的倡导下，中国出现了几十个学会组织，产生了广泛的社会影响。不久政变发生，清廷再度严禁集会，这些学会大都陷于停顿状态。1901年，在清政府改革的影响下，国内社团如雨后春笋般纷纷建立，发展很快。1901—1904年，江苏（含江宁）、浙江、广东、福建、江西、湖北、湖南、安徽、山东、直隶、河南、奉天、四川、云南、广西等省和上海，先后建立各种新式社团271个（不含分会），其中科学研究会有18个。[①]1904年，商会获得合法地位。1909年清廷制定结社集会律，但对学界结会仍予禁止。故1901到1904年间出现的新式社团，并未得到官方认可。

这些社团大都集中在省会和其他大中型城市，在一些发达地区也开始向府州县镇等基层社会延伸扩展。它们有着共同的动机与总体目标，即以"开智""合群"为两大主义，[②]积极向社会传播科学，开启民智，发展新式教育。社团的组织者认为："世界当二十世纪之初，由兵战商战之时代，一变而为学战之时代。生于此时，立于此国，入于此社会，人人为造就人才之人，即人人负造就人才之责。"[③]除发展国内新式学堂教育外，天津、上海、成都、扬州等地还成立了负责推动留学运动的游学会，依靠民间力量沟通海内外联系，为留学事业提供各种便利和帮助。

甲午战争的失败，使国人进一步意识到中国正是由于缺乏科学而日渐贫弱，决心发展科学以救亡图存。康有为认为西方各国之所以强大，其原因在于称为格致的科学的发达，而科学的发达则在于有各种专业学会促进了科学研究。因为学会"以讲格致新学新器，俾业农工商者考求，故其操农工商业者，皆知植物之理，通制造之法，解万国万货之源"，所以西方国家才能强于世界。而"泰西所以富强之由，皆由学会讲求之力"。[④]梁启超在《论学会》中也指出：国家

[①] 桑兵：《清末新知识界的社团与活动》，北京师范大学出版社，2014，第230-232页。
[②] 桑兵：《清末新知识界的社团与活动》，北京师范大学出版社，2014，第237页。
[③] 桑兵：《清末新知识界的社团与活动》，北京师范大学出版社，2014，第238页。
[④] 朱华：《近代中国科学救国思潮研究》，人民出版社，2010，第46页。

要自强,须大倡群学与合群,"群故通,通故智,智故强"。①在康有为和梁启超等人的倡导和影响下,中国最早的一批自然科学学会诞生了,如1896年成立的以发展农业科学技术为宗旨的上海农学会,主张将西人树艺畜牧、农业、制造等各方面的知识输入中国,从而"兴天地自然之利,植国家富强之原"。②

1897年由董康和、赵元益发起成立了译书公会,大力提倡翻译英、法、德、日、俄的自然科学书籍,并直接向英法各大书局购回中国所需要的科技书籍进行翻译。同年,由谭嗣同、杨文会发起,在南京成立了测量学会,专门从事测量工作的研究,还采购了一大批先进的观测仪器,为近代化的观测提供了较为先进的工具。随后,武昌质学会创立,开展算学、地学、农学、矿学、物理学等方面的普及与研究,在论述其学会成立的宗旨时,《武昌质学会章程》指出,"斯会大旨,意在劝学,务崇质实"。③

1898年格致学社成立,华衡芳明确指出:"创立格致学社,讲求格致之理,以期互相切磋,有裨实学。"④此外,这一时期成立的学会还有1898年在湖南成立的郴州学会,主要研究舆地、算学,以及农学、矿学、天文学等问题。

20世纪初国内知识界社团纷纷开办综合科学馆或专门研究会,以引进和发展近代科学。福建、广东、湖北、安徽、江苏、浙江等地,不仅出现综合普及型的科学研究会,还开办了地学、医学、农学、蚕学、理化、算学、化学等专门学会,其中不少成为中国近代科学研究机构的开先河者,培养了一批著名的科学家。⑤据统计,这个时期在全国相继创立的自然科学学会有50多个。传播科学和倡导科学救国思想的社团主要有:1900年成立的"亚泉学馆"、1901年成立的"普通学书室"、1903年成立的"上海科学仪器馆"、1907年成立于上海的"科学研究会"、1909年成立于天津的"中国地学会"、1910年成立于上海的"中西医药研究会"等等。这些学会从成立伊始,就致力于西方自然科学知识的介绍和宣传,倡导崇尚自然科学的风气,有助于国人科学知识的普及和科学观念的养成。

1909年,张相文约同在天津的地理教师、教育界人士及行政官员20余人,

---

① 朱华:《近代中国科学救国思潮研究》,人民出版社,2010,第46页。
② 《务农会章程》,《知新报》1897年4月22日。
③ 《武昌质学会章程》,《知新报》1897年7月20日。
④ 朱华:《近代中国科学救国思潮研究》,人民出版社,2010,第47页。
⑤ 桑兵:《清末新知识界的社团与活动》,北京师范大学出版社,2014,第240页。

发起创办中国地学会,并任会长,白毓昆任编辑部长。辛亥革命后蔡元培任该会总理,章鸿钊任干事长。中国地学会于1910年1月创办《地学杂志》,在《中国地学会启》中论述其创办目的时,张相文明确指出:"以故东西各国,考查地理,罔不有正式集会,领以亲贵之官,辅以探险之队,诚重其事而分其任也。""今与海内诸君子约,仿彼之例,组成中国地学会,各怀集思广益之心,借收增壤益流之效。"①

我国自行创办的学术机构有1912年10月,马相伯、章太炎等仿效法兰西研究院而成立的函夏考文苑。

这一时期的新式社团存在结构松散、维持周期短等缺陷,还缺乏坚强有力的领导核心,对于科学的宣传还处于自发阶段;与西方社团相比,组织上还不够成熟。尤其是维新时期出现的大量学会,与政治联系太紧密,有自身的利益需求,还不是真正的纯粹学术团体。这些"学会"也是中国封建制度瓦解时代的产物,是由传统的组织向近代组织转换的过渡一代——学会成员们所建立的翻译西书,购置科学设备,建立博物馆、图书馆,举行通俗演讲,发行杂志等事业也是中国科学社所要做的。

维新运动时期国内成立的各种科学社团,虽然有学会的名义,但没有学会的内容,年会这一学会必须完成的事务一般也不召开。中国地学会章程规定举行定期和临时演讲会进行学术交流,为近代中国科学发展史上正规学术交流的"风气之先";但非常遗憾的是,地学会由于其社务发展时断时续,未能将此机制制度化。中华工程师学会成立后也召开年会,但基本上不进行学术交流。②

三、创办报刊,集会演说,宣传科学

1910年之前,我国的科技期刊大多由出版社、译书局和学堂承办,甚至有些期刊是由个人创办和经营的。1910年之后,科技期刊的创办者越来越专业化,专业性的学术团体成为科技期刊的主要力量。

西方科学技术在中国的传播,较早始于西方传教士们,他们宣传西方先进

---

① 《中国地学会启》,《地学杂志》1910年第1卷第1期。
② 张剑:《科学社团在近代中国的命运——以中国科学社为中心》,山东教育出版社,2005,第173页。

的科学技术和物质文明,使中国人认识西方各国的工艺、科学和理念。他们首先把诸如《东西洋考每月统纪传》等初级的科学普及刊物引进中国;为了"启迪民智""借夷制夷",一些接受了西方教育和科学知识的中国知识分子,致力于介绍西方先进的科学技术于国人,着手创办了各种科技类报刊,进而产生了中国报刊发展史上第一批科学技术类报刊。这些科学技术类报刊大致上可分为综合性科技刊物和学科性的科技报刊两类。

一些专门性的科学类报刊,以宣传科学知识为主,如《格致新报》《知新报》等。《知新报》创刊时最初拟定名为《广时务报》,其公启中写道:"拟略依《格致汇编》之例,专译泰西农学、矿学、工艺、格致等报,而以政事之报辅之。"①此外,重要的报刊还有:1897年创办的《求是报》《算学报》《新学报》,四川的《渝报》、澳门的《知新报》、杭州的《经世报》、温州的《利济学堂报》等。1898年创办的《农学报》《格致新报》《工商学报》《商务报》等报刊,虽不是专门性的科学报刊,但大都设有《格致》专栏,对科学的倡导不遗余力。上述报刊的创办,对于国人了解西方、增加对科学的兴趣起到了促进作用,在一定程度上促进了科学救国主张的产生。

辛亥革命时期涌现出大量的以宣传科学救国主张为主的专业性自然科学类期刊,即科技期刊。中国最早的自然科学类综合性刊物——《亚泉杂志》,创刊于1900年,从一开始就强调科学技术的重要性及其对各方面的影响。该杂志由杜亚泉创办,其宗旨就是倡导科学救国。杜亚泉在该杂志的序中说道:"航海之术兴,而内治、外交之政一变;军械之学兴,而兵政一变;蒸汽、电力之机兴,而工商之政一变;铅字石印之法兴,士风日辟,而学政亦不得不变。"指出创办此刊就是为了介绍科学,致力于科学宣传和传播。"亚泉学馆辑《亚泉杂志》,揭载格致算化农商工艺诸科学,其目的盖如此。"②《亚泉杂志》的内容涉及自然科学中的数学、物理学、化学、生物学和地学等各大学科。

近代中国最早冠以"科学"之名的自然科学杂志是《科学世界》,创刊于1903年3月,其宗旨是"发明科学基础实业,使吾民之知识技能日益增进。"在其《发刊词》中,林森痛切地指出"今者我国多难,风潮恶烈,日进以高,决非放论空言

---

① 《广时务报公启》,《时务报》1896年12月25日。
② 《〈亚泉杂志〉序》,《亚泉杂志》1900年第1期,11月29日。

为能抗免"①。要救亡图存，必须发展实业。虞辉祖比较中日两国的近代变迁，认为中国落后的根本原因在于没有科学，他说："学士大夫短于科学之知识，因疏生惰，以实业为可缓。教科偏枯，报章零落，则社会无教育矣。故其人民畏进取、陷迷信，格路矿以风水，掷金帛于鬼神，则无普通之知识矣。以此立国，虽无外患，犹不自保，而况列国竞争，经济问题日促以进，将于亚洲大陆演风毛雨血之剧乎！"②提出中国要摆脱落后局面，首要的是发展科学和开展科学教育。

继《科学世界》之后，又一以"科学"冠名的科学杂志是1907年创刊的《科学一斑》。它分析了中国自鸦片战争以来的各种抗争——兵战、商战、工艺战、政治战等等都以失败告终，皆在于"学术之衰落乃使我国势堕落之大原因也"。《科学一斑》认为中国"文学盛而科学衰"，指出"科学者，文明发生之原动力也"。特别强调说："今日云锦灿烂之世界，夫孰不从百科学家之脑、之血、之舌所改造而来哉？"因此，要改造中国，首在教育，"唤起国民本有之良能，而求达于共同生活之目的"③。

以"资产阶级改良派最重要、最具有代表性的刊物"《新民丛报》为例，其经历了一个由格致到科学的认识转换过程。创刊号沿袭传统，多处用"格致新学""格物学""格致学"来指称科学，"吾之所谓格物学者，在求得众现象之定理而已"。1902年2月22日第2号上首次出现"科学"一词，并定义为"一科之学"，还加上附语"成一科之学者谓之科学，如格致诸学是也"。④但这时"格致"与"科学"常混用，如"格致之学必当以实验为基础……一切科学，皆以数学为其根"。⑤词频上，《新民丛报》整个存续期间，"科学"一词使用频率逐渐增加，但并未完全取代"格致"，"科学"与"格致"交错出现，并存使用。

稍后创刊的《江苏》则先后把科学定义为研究"人类社会之大现象"的"现象之学"，"夫科学者，英语谓之塞爱痕斯（science），乃从罗典语雪乌（scio）而来，其义为知识"，并将"日常的知识"与"科学的知识"加以区分。在报纸、期刊等大众媒介的推动下，人们对于科学的认识更加深入，对科学的界定也越来越准确。

---

① 朱华：《近代中国科学救国思潮研究》，人民出版社，2010，第56页。
② 朱华：《近代中国科学救国思潮研究》，人民出版社，2010，第56页。
③ 朱华：《近代中国科学救国思潮研究》，人民出版社，2010，第57页。
④《地理与文明之关系》，《新民丛报》1902年选编 地理汇编。
⑤ 中国之新民：《格致学沿革考略》，《新民丛报》1902年第10号。

1905年创办的美洲学报社编辑发行的《实业界》,其宗旨在于"以昌学术,以光学界,以尽吾留学之责任"。1906年在上海创刊的《理学杂志》,其宗旨在于"我国科学之普及",其希望则是"我国之富强"。1907年发起创立的《理工》杂志则将欧美留学生的"学堂课程编为杂志",使"理工两科知识"传入国内,其目的在于让更多的国人了解西方科学,促进我国科学发展,"以救贫弱而跻富强"。

其他的科技期刊还有:《中华工程师学会会报》《中外算学报》《卫生白话报》《实业报》《农工商报》《湖北农会报》《地学杂志》《北直农话报》《绍兴医药学报》《电气》《中华医学杂志》等。它们都曾对相关专业的科学知识进行介绍和宣传,以实现科学救国的愿望。

这一时期科学传播多流于形式、表面,没有对科学救国主张进行深入思考。这主要是因为当时人们对科学的理解还着重于科学技术方面,多主张利用科学技术救国,其局限性显而易见。

20世纪初国内知识界社团还以演说作为传播科学、开启民智的重要手段,"报章能激发识字之人,演说则能激发不识字之人,所以同志拟推广演说"。[1]除专设演说会外,不少团体还附设演说机构,形式上也呈多样化,有的固定场所时间,每次更换主题,或事先排定主讲人,或临时聘请过境名士,或由会员轮流演说,来宾及听众亦可即席登台,自由发挥。[2]

当时少数期刊还主张创办纯学术的科学期刊与科普杂志,西方"各种科学莫不有其专门之杂志,且每一科之杂志,动以十数百数计。我中国前此则杂志既寥寥,即有一二,而其性质甚复杂不明"。[3]然而,这些期刊杂志中所体现的科学救国思想较为浅陋,大多散见于各种文稿中,并间有谬误,缺乏系统性与准确性。作者群比较单一,整体科学素养较差。救亡心切,边学边用,畅谈科学却对科学知之甚少,甚至不懂科学,这是清末民初科学界的怪象。

---

[1] 蒋维乔著,汪家熔校注《蒋维乔日记(1896—1914)》,商务印书馆,2019,第80页。
[2] 桑兵:《清末新知识界的社团与活动》,北京师范大学出版社,2014,第237页。
[3] 饮冰:《新出现之两杂志》,《新民丛报》1906年第88号。

第三节　废科举与近代科学教育的发展

一、科举制的改革与废除

甲午战争失败后,举国反思,认为八股取士的科举制度是导致中国不如西方的原因之一。从戊戌变法至清末新政的几年里,在舆论频频抨击、权臣屡屡奏请之下,这项历经一千多年的科举制度终于被一纸诏书彻底注销。

曾国藩(1811—1872)较早对科举制度提出批评,指出清代科举制度有科无目、取士过隘的弊端。1869年,闽浙总督奏请在科举考试中加试算学一科。1875年,直隶总督李鸿章(1823—1901)上奏,提议将算学作为科举考试的必考科目。1883年,游历过欧洲的王韬(1828—1897)提出把"格致"列为科举考试的科目。1884年,早年弃举从商的郑观应(1842—1922)根据"分科取士"的旧例也提出在科举中开"格致科"。这些奏请虽未被朝廷采纳,但为其后科举考试改革奠定了基础。

清政府在中法战争结束后认识到非改革教育制度不足以图强,于1887年下诏规定科举考试必考算学与格致两门,这是中国历史上第一次将科学与文学摆在同等重要的位置上。郭秉文在《中国教育制度沿革史》中对这一变革有充分的认识,认为此次变革类似于德国1901年、法国1902年将人文与实证科学同等看待的改革,他指出,不幸的是,由于主持科举考试的主试官是文科出身,对新增的科目不熟悉,因而变革并未带来多大实质性的变化。即便如此,郭秉文认为,这一变革意义重大,在中国教育史上具有重要价值。当时就有人评论道:"此考试变更,譬若以斧凿发硎于考试制度中间,而后使保守思想渐见分裂,彼莘莘学子得理想之自由,同归于进步与改良之一途焉。"[1]

在清末,康有为是最激烈批判八股取士制度的思想家之一。他认为八股行之千数百年,已经沦为无学之学、空疏之学,害政、害人、害学,主张废八股兴新

---

[1] 郭秉文:《中国教育制度沿革史》,储朝晖译,商务印书馆,2014,第69-70页。

学。他认为救贫在于开矿、制造和通商,而科举不改,积重如故,著书制器等荣途不开,就不可能开拓智学之途,"故欲开矿,则通矿学无其人,募制造,则创新制者无其器,讲通商,则通商者无其业,有所欲作,必拱手以待外夷,故有地宝而不能取,有人巧而不能用,以此求富,安可致哉?"[1]他以中西对比的方法揭露八股之害,认为西方国家从儿童开始就重视科学教育,人皆有专门之学,使得人尽其才,各尽所能;而中国从儿童开始就"困之以八股之文",不落后怎么可能呢?康有为将中国近代科学落后归之于八股取士制度,这一认识无疑是深刻的。

1896年梁启超在《变法通议》的《论变法不知本原之害》一文中,提出"科举不改,聪明之士,皆务习帖括,以取富贵",抨击科举制对于人才培养之危害。他主张兴学育才,"欲兴学校,养人才以强中国,惟变科举为第一义"[2]。

在近代科学传播中,严复的作用尤其关键。严复在《救亡决论》一文中明确主张废除八股取士,建立新的教育选才制度。他指出,"开民智","非讲西学不可","求才为学二者,皆必以有用为宗。而有用之效,征之富强;富强之基,本诸格致。不本格致,将无所往而不荒废,所谓'蒸砂千载,成饭无期'矣"。他把废八股看成是维新变法的第一步,说:"天下理之最明而势所必至者,如今日中国不变法则必亡是已。然则变将何先?曰:莫亟于废八股。"

1894年中日甲午战争惨败后,国内改革的呼声一浪高过一浪。1901年停止八股取士。到了1905年9月2日,清廷下令立即永久性废止科举考试。这一存在了千余年,曾引领知识精英步入仕途、为那些精通儒家经史的士人带来社会地位的基本制度就此终结。同年,新成立的学部在北京颁布了将全国地方书院改制为新式学堂的政令。地方资源被纳入新式教育。在许多乡村,民间自发、主动地建起了小学,除了教授传统经史课程以外,还教授自然科学、数学、体育和西方音乐等课程。[3]

科举制度虽然被废除,但由科举衍生而来的功名意识还在沿袭。1905年清政府在宣布废除科举的同时又推出一系列学堂奖励政策,给予新学生(含留学

---

[1] 康有为撰,姜义华、吴根梁编注《康有为全集》第二集,上海古籍出版社,1990,第179页。
[2] 梁启超:《梁启超文集》,线装书局,2009,第9—10页。
[3] 叶文心:《民国时期大学校园文化(1919—1937)》,冯夏根等译,中国人民大学出版社,2012,第10页。

生)以科举时代相应的进士举贡等"名分"。①即使到了民国时代,这种意识也并没有完全褪尽。

1911年,从日本留学归来的章鸿钊(1877—1951)和从英国留学归来的丁文江(1887—1936),经过考核后被授予"格致科进士",当时科举虽已废除,但仍以举人、进士奖授归国留学生等,章鸿钊、丁文江学的都是地质学,属于"格致科"的范围。

科举制废除所带来的影响是广泛而深远的。"科举制的废除不啻给与其相关的所有成文制度和更多的约定俗成的习惯行为等等都打上一个难以逆转的句号,无疑是划时代的。如果说近代中国的确存在所谓'数千年未有的大变局'的话,科举制的废除可以说是最重要的体制变动之一。"②就对近代科学发展而言,科举制废除导致传统教育体系发生结构性变革,为新式教育的发展带来了蓬勃生机,科学传播和科学教育迎来了空前的发展机遇。

罗兹曼认为,废除科举制的决定无疑是革命性的,"这意味着中国在能力的奖罚制度化方面发生了历史性的变化"③,学子们要想得到功名,就必须接受新的学校教育,学习新的知识。"西式学院和大学在中国传统儒家学院的废墟上崛起。这场发生在世纪之交的转变突如其来。部分由于国家强制推行,部分由士绅阶层发起,在短短七八年间,新的教育机构取代了由地方学校、书院和学监构成的、几百年来与科举制度休戚相关的复杂教育体系。"④

任鸿隽在陈述中国科学社社史时讲到当时国内的形势:"距辛亥革命推翻几千年的君主专制政体不过四年,脱离桎梏人心几百年的八股文科举制度不过十几年。此时国内的政治形势,正是袁世凯的帝制运动闹得乌烟瘴气的时候,学术界除了少数学者留恋于古代文学之外,一般人则不免迷离惝恍,无所适

---

① 废科举后,清政府实施的学堂奖励制度是本文展开论述的一个基本背景:1901年停止八股取士,1905年废科举,其间清政府先后颁布《学堂选举鼓励章程》《奖励游学毕业生章程》,至1911年9月学部会奏《酌拟停止各学堂实官奖励并定毕业名称折》,停止了游学毕业生的廷试和学堂学生的实官奖励,但对于进士举贡等出身仍予保留。关于学堂奖励政策本身及其评述,见《学堂奖励与晚清的"国民"论述》(《学术月刊》2009年第11期)的相关讨论。
② 罗志田:《清季科举制改革的社会影响》,《中国社会科学》1998年第4期。
③ 罗兹曼:《中国的现代化》,上海人民出版社,1989,第294页。
④ 叶文心:《民国时期大学校园文化(1919—1937)》,冯夏根等译,中国人民大学出版社,2012,导言。

从。"就世界情形而言,欧洲在工业生产、交通运输、军事等方面都有了很大的发展,此时第一次世界大战已经爆发,世界列强忙于战争,科学研究成果被大量应用于战争,人们对"科学"的评价褒贬不一。

二、新式学堂的建立与发展

最早在中国创办并按照西方分科教学的原则设置课程的新式学堂是马礼逊学堂,其英文科设有天文、地理、历史、算术、代数、几何、初等机械学、生理学、化学、音乐、作文等课程。到1874年,徐寿与英国人傅兰雅(John Fryer)在上海创办了格致书院,其课程设置充分体现了西方分科教学的原则和学务专门的特点。从洋务运动时期到维新运动时期,新式学堂多由传教士建立,官办学堂较少,新式教育发展较为缓慢。

20世纪初,清末新政的一项重要举措就是实施新教育制度,引入日本教育模式,逐步以学堂分科教学之制度取代科举选士制度。1904年1月13日,清廷颁布由张百熙、张之洞、荣庆拟订的《奏定学堂章程》,即"癸卯学制"。这是我国第一部正式颁行的近代学制,对于科举制度的废除起了重要作用。癸卯学制将大学学科分为8科46门(相当于专业):经学科,11门;政法科,2门;文学科,9门;医学科,2门;格致科,6门;农科,4门;工科,9门;商科,3门。这个学制对当时中国的学校教育影响较大,它以法令形式规定了各级各类学校的学科分类和课程设置,为科学教育的实施提供了统一标准和制度保障。

不过,张百熙、张之洞、荣庆在《重订学堂章程折》中明确指出:"至于立学宗旨,无论何等学堂,均以忠孝为本,以中国经史之学为基,俾学生心术壹归于纯正,而后以西学瀹其智识,练其艺能,务期他日成材,各适实用,以仰副国家造就通才、慎防流弊之意。"[①]中小学堂"宜注重读经";大学增设经学科,列为"八科"之首。其立学宗旨仍是"中体西用",强调的是"注重读经,以存圣教",加之科举制仍为选人用人重心,人们依然志在科举,故对新式学堂多持观望态度,科举制严重地掣肘着新式学堂的发展。

[①] 朱有瓛主编《中国近代学制史料(第二辑上册)》,华东师范大学出版社,1987,第78页。

在南京城，庚子年以后兴建了不少私立官立学堂，如陆师学堂、水师学堂、格致书院、高等学堂、东文学社等，然而环顾当日之科场，"师生相率而下场，官立学堂一律停课"。①即便如首善之地——京师大学堂，情形亦如是。据当时大学堂学生回忆，到科举大考之日，学堂经常人去楼空。可以说，废科举之前，各级各类学堂并未真正发展起来，科学教育发展仍受掣肘，科学知识的传播和专门人才的培养还有待体制机制的变革。

科举制废除后，新式学堂如雨后春笋般地发展起来。据统计，到1909年，全国新式学堂增加到59117所，学生达1639641人，而在1903年仅为769所。②新式学堂在教学上借鉴西方现代教育，以科学文化知识为基本内容，在课程设置上增加了"科学"的比重。新式教育开始取代传统教育。

不过，科举正式废除以后，醉心功名仍是学子们的一种常态，人们关心的并不是学习多少西方知识、如何富国强兵，而是学堂为其提供的"出身"。1910年，《大公报》"闲评"更是直指举贡与留学生气象的不同：留学生考而得官也，举贡亦考而得官者也。留学生一入官场则俯首低眉，其志愈下；举贡一入官场则高视阔步，其气方张。故同一入官也，而举贡与留学生之气象不同。③部分地反映了当年的官场现实：传统出身的举贡比留学生更受朝廷垂青。

虽然传统还在沿袭，到处充斥着"尊君"观念，但新式学堂毕竟受到"西风"的吹拂，随着新式教育中科学课程比重的增加，大量自然科学课程陆续进入中小学课堂。到1904年，中国几乎所有的新式学堂都自觉或不自觉地开始应用社会科学、自然科学和应用科学的分类标准。以任鸿隽、杨铨等就读的中国公学为例，中国公学开设的课程内容不深，但已涉及高等代数、解析几何、博物学等。清华学堂也设置了许多西学课程，并聘用外籍教师任教，而在教会学校里，西学课程一直占主体地位。在第二批共70名庚款留学生中，除王鸿卓、沈艾、谌立三人仅接受私塾教育外，其余67人均来自新式学堂和教会学校。④当时国家内外忧患，"教育救国""科学救国"的思想在新式学堂传播，对当时的学子影

---

① 公奴等著，王之江编《金陵卖书记及其他》，海豚出版社，2015，第19页。
② 王笛：《清末新政与近代学堂的兴起》，《近代史研究》1987年第3期。
③ 《闲评一》，《大公报》1910年6月2日。
④ 赵新那、黄培云编《赵元任年谱》，商务印书馆，1998，第64页。

响还是很大的。如1906年,竺可桢到上海的一所新式中学上学,在那里他受到"科学救国论"的强烈影响。

新式学堂的大量出现,导致科学教科书海量增长,促进了中国学术由四部之学到分科之学的转型,推动了中国科学由格致到科学的转变。"癸卯学制"颁布后,商务印书馆等出版社陆续印行了各类教科书及教学参考书,并形成一套较为完整的教材系统,推动了科学教育的发展。

民国初年颁布的"壬子癸丑学制",与清末的"癸卯学制"相比较,"废除了毕业生奖励出身的制度,取消了读经课与忠君、尊孔的内容,增加了不少新课,特别是加强了自然科学课程和生产技能的训练。"[①]到1912年,各种不同的学科门类及知识体系初步构建起来,现代科学教育体制真正建立起来了。

三、近代科学教育的发展

中国近代科学教育肇始于洋务运动时期。洋务派是在中国倡导和实践科学教育的先驱,是他们使西方的科学教育在新式学堂中得以确立。随着科举制的废除和大量新式学堂的建立,近代科学教育正式纳入中国的教育体制,此后得到了快速发展。

1862年7月,京师同文馆正式成立,近代科学知识开始列入正式课程,包括外国史地、代数、物理、几何、化学、机械制造、微分积分、航海测算、天文测算等。1868年福建船政学堂聘请物理、化学教授M.L.Rousset先生任教。1874年由徐寿和傅兰雅创办的我国第一所专门进行科技教育的格致书院,将科学教育融于实用技艺教育中,"照今所有西学书籍足资考求者,可分六学:一、矿务,二、电务,三、测绘,四、工程,五、汽机,六、制造。"[②]在洋务学堂中,自然科学和技术科学知识的教育得到大大增强,但又更重视实用技术的学习。人们对科学的认识还只是局限于"器技之末",认为科学技术只不过是一种用来富国强兵的工具,科学教育带有强烈的"实用"目的和"应需"的特征。

1878年,张焕纶等在上海创办了正蒙学院(1882年改名为梅溪书院,1902

---

① 熊明安:《中华民国教育史》,重庆出版社,1997,第35-36页。
② 陈学恂:《中国近代教育史教学参考资料》上册,人民教育出版社,1986,第234页。

年又改名为梅溪学堂),设立了国文、地理、经史、时务、格致、数学、诗歌等课程,采取以分年课程规划、班级授课为基础的教学管理和组织形式,将格致、数学等科目纳入课程体系,标志着我国近代普通中小学科学教育的发端。随后开设的新式学堂也大都采用这一课程体系,但这一时期尚无全国统一的学制系统,因此,科学教育体系还未建立。

在清末推行新政的过程中,为建立新的教育体制,清廷曾组织人员对日本教育做了全面调查,于1902年提出壬寅学制的构想,翌年做了修改,又称癸卯学制。新学制有关自然科学课程的设置,在各级学堂中的叫法不尽相同,但总的趋向是把自然科学科目称为"格致科"(日本当时称"理科"),用以区别于社会科学,也区别于工程技术(另设农、工、医各科)。大学堂的格致科,下设六门课程,分别为高等算学、物理学、星学(天文学)、化学、动植物学、地质学。1904年1月,张之洞等修订了学堂章程,颁行全国。学堂章程规定:初等和高等小学堂的课程都包括算术、格致等自然科学;中学堂的课程包括算学、博物、物理及化学等自然科学。这个时期,学生人数也迅速增加,使得自然科学在更大的范围内传播。

壬寅学制和癸卯学制的制定和颁行,标志着中国第一次全面引进西方教育制度,促进了教育内容的改革,使自然科学正式进入课堂。在新学制的引导下,中国教育开始了从传统走向现代的革命性变革。普通中小学科学教育制度的建立使以后的中小学科学教育"有章可循",科学教育不再依附于技术教育,众法不一的局面也结束了。从此,中小学科学教育在学制的规范下开始有了统一的课程设置、教学目标,教育的步伐趋于合理。可以说,我国这时已正式出现了科学教育,普通中小学科学教育体系由此诞生。

此后,各级学校开始设置大量科学课程。1906年学部订立的优级师范选科简章规定:"所列各科,每科学生五十名,如有不能匀配之处,应即趋重理化博物二科以养成现今最为缺乏之学术。"[①]这说明晚清新政侧重近代自然科学的政策导向。地方办学也是如此。1909年1月,湖南巡抚奏称,该省优级师范学堂已先办理化、博物、数学三类选课及预科,各设学额60名。在各省高等专门以上

---

① 朱有瓛:《中国近代学制史料》第二辑下册,华东师范大学出版社,1989,第261页。

学堂,一些归国留学生陆续接替外国教习,成为科学课程的主要承担者。京师大学堂非常注重加强对学生的自然科学教育。京师大学堂的学生认为:当时他们所读的书,"现代科学是占了最大的成分的"。各类科学课程成为影响考试名次与奖励的主要内容,受到普遍重视。在京师大学堂,"1907—1909年头几届学生毕业考试的情况可以证明,科学课程受到了足够的重视:许多学生因科学课程考分不够,得不到优等、最优等的考评。校方不断努力,争取扩大场地,设立科学实验所需的实验室和实习地,也同样表明了对科学课程的重视程度。"[1]

在近代科学教育发展历程中,教科书扮演着重要角色。教科书以其渗透力和持久的影响力开启民智,促进科学传播。1903年开始,文明书局出版了中国人自编的第一套以"科学"命名的分科设编的教科书《蒙学科学全书》28种,涵盖了当时科学的最新分类:地理、动物、植物、生理、天文、地文、地质、化学等。这意味着科学已经稳定地进入教科书中。1904年的《最新教科书》是我国第一套现代意义上的教科书。这两套教科书基本抛弃了传统教育中经史子集的分类方法,已经具有现代科学分类的观念,具备了现代学科特性。

从1904年到1912年,以上海文明书局和中国近代出版业的鼻祖——商务印书馆为代表的民间出版机构,陆续出版了多种适用于中小学堂的科学教科书。这些教科书将近代自然科学知识引入教科书体系,倡导观察和动手实验,注重从常见的事物出发,选择与儿童日常生活密切联系的内容。这体现了科学教育逐渐渗透基础教育。"这些曾经只在少数维新学者圈子里流行的'新学',在20世纪初开始变成童蒙教科书的内容,成为普通人在基础教育阶段就必须了解的知识和道理。我们有理由说,清末民初小学科学教科书对于整个民族的科学启蒙,促进西方先进科学知识在中国的推广和普及,迈出了坚实的一步。"[2]"在一定意义上,清末民初教科书传播现代文明的价值甚至超过那些思想家改革家,使科学民主由少数知识精英关注的对象而成为浸润到社会民众的普遍思想,冲击和改变着人们的既有观念,塑造着国民新的精神与生活取向。"[3]

晚清时期的一系列制度变革,尤其是废科举、建立新式学堂、颁布新的学

---

[1] 巴斯蒂:《京师大学堂的科学教育》,《历史研究》1998年第5期。
[2] 王海英:《清末民初科学启蒙教科书赏析》,《教育》2012年第27期。
[3] 石鸥、吴小鸥:《清末民初教科书的科学启蒙》,《高等教育研究》2012年第11期。

制,从根本上为近代科学发展扫清了体制障碍,为科学教育的发展创造了必不可少的制度环境。民国建立后,政府下令取消中小学读经课程,合并经科,大学分设七科,并增设哲学课程。这些改革进一步推动了科学教育的发展。

第四节 近代留学生社团与活动

从近代中国留学运动大背景考察中国科学社的成立,一方面是基于中国科学社成员以留美学生为主导,发起人均是康奈尔大学的留美学生,在中国科学社组建和发展过程中,留学生一直起着举足轻重的作用;另一方面是因为近代留学生既接受了系统的西方科学教育,又深植于中国文化传统中,他们普遍具有一种对民族、国家的深厚情感,"我是中国人"在他们这一代有很深的"历史记忆",这一情感特性不仅表现在中国科学社创建初期,还见诸中国科学社发展的各个阶段,尤其是在关乎个人、家庭等的重大选择时,他们毅然决然地回到了自己的祖国,为新中国科学事业发展贡献自己的智慧和力量。正如近代教育家舒新城所说的:"戊戌以后的中国政治,无时不与留学生发生关系,尤以军事、教育、外交为甚。"在论及留学生对近代中国的影响时,他说:"留学生在近世中国文化上确有不可磨灭的贡献。最大者为科学,次为文学,次为哲学。"[1]因此,在谈论中国科学社的成立背景时,必然涉及近代留学生社团与活动。

一、近代留学运动的兴起

鸦片战争以来,一大批中国留学生赴日、欧、美等地求知问学,他们成为我国最早的科技人才的重要来源,对中国近现代科学的发展具有重要影响。

1868年,留学生中的先行者荣闳(容闳)在给丁日昌、文祥、曾国藩等洋务大臣的"予之教育计划"中就提出"政府宜选派颖秀青年,送之出洋留学,以为国家

---

[1] 舒新城:《近代中国留学史》,上海文化出版社,1989年影印本,第212页。

储蓄人才"①这一建议为曾国藩、李鸿章所采纳并获得朝廷批准。清政府分别向美国和欧洲两地派遣了留学生,其中最有名的是向美国派遣的120名幼童",但由于种种原因,这次留学活动中途夭折了。

1877年,洋务派汲取幼童留美教育的经验教训,专门从福建船政学堂中挑选学习制造、驾驶的学生以及艺徒等共38人,派赴法、英等国学习制造、驾驶以及矿学、化学、交涉公法等。这批留学生中的绝大多数不负众望,在国外奋发向上,学有成就,回国后在近代海军、造船工业、实业、翻译等方面发挥了重要作用。同时,在客观上促进了西方制造、驾驶、矿务等先进科学技术向中国的传播,中国造船技术此后有了较大的进步。

甲午战争后,救亡图存的呼声日高,学西洋文明之议日增。1898年春,清政府正式确定派遣留学生的政策。1902年,清政府饬令各省选派学生赴欧留学。这是清政府首次下令各省派遣学生赴欧洲留学。1909年清政府宣布实行"新政",开始大规模派遣留学生。这一时期派遣目的地主要是日本,同时也向欧洲派遣了一定数量的留学生。据统计,1908年至1910年前后,中国留欧学生总数约为500人。其中留法学生140余人,留英官费生124人,留德学生77人,留俄学生23人。从留欧学生所学专业来看,官费生主要学习的是理工科。

20世纪初,随着康有为提出的"科学救国"主张影响的扩大,加之新式学堂的创办、近代期刊对西方科学的传播,许多青年渐生"科学救国"思想,并投身于科学救国思想的宣传之中,引发了上下互动的新的留学热潮。彼时,"人们开始渴求西方的知识,对西学的态度发生了重大的改变。正是在这种思想开放的氛围下,第二波留学浪潮涌动。与容闳引领的那次短暂、目的相对狭隘的留学潮相比,新一波浪潮来势强大,历时长久,既得到国家也得到社会的支持,学生们自觉地去西方汲取知识。"②

在20世纪头十年,留学日本的学生剧增。在高峰期的1906年,仅在东京一地的中国留学生就达8000多人。当时受传统的读书做官观念的影响,晚清新建的学堂多为政法类学校,较早一批国外留学生也以研习政法类学科居多,倾

---

① 陈学恂主编《中国近代教育文选》,人民教育出版社,2001,第33页。
② 叶维丽:《为中国寻找现代之路:中国留学生在美国(1900—1927)》,周子平译,北京大学出版社,2012,第9页。

向于选择政治、经济、法律等专业。故大多数留日学生学的是教育、法律、医学和军事等科目,并带有政治革命倾向,特别是在辛亥革命之前。

留日学生在政治上的激进态度,引发了清政府的警觉和不满,清廷开始对留学生专业学习政策进行干预和调整。在1908年以前,清政府并不规定留学生该学什么,也不对那些学习实用技术的学生加以奖励。1908年,清政府对留学学科的选择有了严格的规定,强调实用技术的学习,要求所有官费留学生学习工程、农业及自然科学等科目;自费学生如要申请官方资助也需学习这些科目。一年以后制订的庚款留学计划要求百分之八十的庚款留学生学习工程、农业和采矿。1910年又颁布了一系列规定,要求重视"实用科目",限制学习法律和政治的人数。结果,在赴美留学的中国学生中学习技术科目的人占了大多数。在1909年派出的第一批47名庚款学生中,43人学习科学技术。此后的庚款留学生也大致是这种情形。[①]

二、"庚款留学生"

1901年9月7日,清政府签订了《辛丑条约》,条约规定中国赔款45000万两白银,分39年还清,年息4厘,本息共98000万两,这就是历史上通称的"庚子赔款"。美国从中获得了巨额赔款。出于在华利益的长远考虑,1908年7月,美国国会正式通过"退还部分庚子赔款,作为中国向美国派遣留学生经费"的议案,声明应将退款用于派遣留学生赴美及开设一所预备学校。1909年10月,第一批庚款留美学生赴美。预备学校则于1911年正式开办,即清华学堂。用庚款派遣留美的学生人数实际上是有限的,从1909—1918年,共499名。但这件事大大推动了留学美国的潮流,其他各类官费及私费留美学生迅速增加。据统计,1917年在读的留美学生达1170人,其中庚款生370人,省派官费生200人,私费生600人;另外,已回国的留美学生约400人。

20世纪初,清政府规定留学生"凡欲入高等以上学校及各专门学校者,必有中学堂以上毕业之程度,且通习彼国语文,方为及格",因此,留美生至少也接受

---

① 叶维丽:《为中国寻找现代之路:中国留学生在美国(1900—1927)》,周子平译,北京大学出版社,2012,第53页。

过中学教育。庚款留美学生中,初期直接留美生是经初试(考国文、英语等)、复试(考物理、化学、数学等)选拔出来的;之后,据当时《学部官报》载,仅跨入清华学堂大门就需先考以下科目:一、中文论说,二、英文论述(作文翻译),三、历史,四、地理,五、算学,六、格致(中学理化学、动植物学、生理学),七、德文或法文。除中文论说外,其他课程均用英文考试。这些对于普通学生来说绝非易事,因此,最终选取的主要是国内著名中学、高等学堂以及教会学校的学生,文化修养较高。如1911年8月录取的100人中,60%以上为圣约翰大学、南洋公学、复旦大学、中国公学以及教会中学的在校生或毕业生。当时各类官费留美生,需先经省试再送教育部复试,自费生则必须具中学以上学历或两年以上教育经验。

留美学生虽然在人数上不及留日学生,但在学业上具有两个特点:一是所受的教育程度比留日学生高;二是学习理工科的人数居多数。当时的留美学生一般在出国前都已受到比较扎实的中等或高等教育,出国时经过严格挑选。官费生在国内要通过严格的考试,自费生到美国后也要参加入学考试。1909年,在第一批庚款留美生选拔考试中,参试的640人中仅47人被录取;1910年的第二次考试中,400人中只有70人被录取,这些被选中的学生大多出自当时国内教学质量较高的学校,如北洋大学、南洋公学、唐山路矿学堂,或北京、上海一带的教会学校。1912年后,留美官费生大多出自清华。

留美学生大部分来自受西方影响越来越大的沿海地区,其中来自浙江、江苏、广东三省的学生占相当大的比例。[①]庚款学生除学杂费外,每月生活费80美元,这在当时"实在是个了不起的大数目"。中国科学社重要成员、当时正留美的梅光迪在给胡适的信中也写道:"官费生月领六十元,衣裳楚楚,饮食丰腴,归国后非洋房不住,非车马不出门,又轻视旧社会中人,以为不屑与伍,而钻营奔走之术乃远胜于旧时科举中人,故此辈官高矣,禄厚矣。然试问五十年来如此辈者不下千数百人,有几人曾为吾民办一事稍可称述者乎?"[②]

庚款兴学的意图,在美国方面是明显的。1909年11月15日《每日领事和贸易报告》中有一段话表明美国人并不隐藏他们企图从接受美国教育的中国未来

[①] 叶维丽:《为中国寻找现代之路:中国留学生在美国(1900—1927)》,周子平译,北京大学出版社,2012,第11页。

[②] 萝岗、陈春艳编《梅光迪文录》,辽宁教育出版社,2001,第158-159页。

领导者身上获得利益的想法:"他们将学习美国的制度,和美国人交朋友,回国以后在中国的外交关系中倾向于美国,甚至可以说由此建立一个中国联盟。退还[超额]庚款是美国人做的最有利可图的一件事……它将建立一种强大的倾向于我们的努力,没有任何一个欧洲政府和贸易机构可以与之抗衡。"①

对于中国人,包括获得庚款教育机会的留学生来说,中国蒙受西方压迫的这种屈辱感,不时地将他们置于中西对比的情境中,尤其是到了异国他乡,"中国人"的观念开始觉醒,中国近代以来所遭遇的这种民族屈辱记忆成为他们"心中的隐痛"。②1915年一位留美学生以"中华兴"的笔名写的一篇文章,表达了那一代很多人共同怀有的强烈的民族情绪:"我们中许多人都生于1894年前后。没有人告诉你1894对中国是个什么年头吗?那是中日为朝鲜半岛开战的一年……我们民族的一切屈辱都是在我们发出第一声婴儿啼哭时发生的,你没有意识到你是在国将不国时出生的吗?一旦意识到我们是一个衰败民族的子民,我们本能地想知道我们如何才能救中国。"③一方面,庚款留学的耻辱始终是一个"抹不去"的"内心之痛"。另一方面,美国在这一时期无论是在政治、经济还是在教育方面都表现出与国内不一样的进步特征。因此,他们把美国视为中国未来发展的模板。

留学生们表现出特有的生机和活力。他们关注国内局势的发展,把自己在美国的学习生活自觉视为将来回国报效国家的一种"生活试验"。留学生群体整体上积极向上,乐于参与校内外团体活动,积极关注国内形势的变化。这一时期被研究者称为"进步时期"(Progressive era)。当1912年民国建立时,留学生们为"婴儿"共和国和"新生"的民族而欢庆。一些学生因为美国未及时承认中华民国而感到焦虑,对美国政府的态度感到困惑甚至愤怒。④

---

①叶维丽:《为中国寻找现代之路:中国留学生在美国(1900—1927)》,周子平译,北京大学出版社,2012,第12页。

②叶维丽:《为中国寻找现代之路:中国留学生在美国(1900—1927)》,周子平译,北京大学出版社,2012,第12页。

③叶维丽:《为中国寻找现代之路:中国留学生在美国(1900—1927)》,周子平译,北京大学出版社,2012,第43页。

④叶维丽:《为中国寻找现代之路:中国留学生在美国(1900—1927)》,周子平译,北京大学出版社,2012,第39页。

1910年前后这批留学生自觉地把自己视为国内政治改革的参与者。海外的经历强化了他们这种家国情感。他们认为,"建立一个现代中国,所需要的不仅是建立一个现代的民族国家,还需要建立一个现代'社会'"。①他们把学习西方科学技术作为自己的使命,一种担当。在为数众多的留美学生中,以1910年前后赴美的康奈尔大学、哈佛大学、哥伦比亚大学的一些留学生为中心构成了一个群体,包括胡适、赵元任、任鸿隽、杨杏佛、竺可桢、胡明复、胡刚复、梅光迪等,如同满天星斗的夜空中一个耀眼的星团,对中国现代科学发展做出了重大贡献。庚款留学计划是留美项目中最重要的,也被认为是整个20世纪中国留学运动中最有影响和最为成功的,享有很好的声誉,这是因为录取程序严、培养出的学生学术水平高,尤其是在专门的留美预备学校——清华学堂成立之后。②

三、留学生社团活动

留学生来到国外,很快就被大学丰富多彩的校园生活所吸引,社团活动在留学生的生活中占有重要地位。他们结成了各种社团,创办社团刊物,举办年会和演讲,开展形式多样的活动。较之欧、日留学生,留美学生更多关注学术性活动,他们成立了以科学社、中华工程师学会为代表的多个知识性社团,讨论相关专业问题,在《留美学生季报》等刊物刊登大量分析中国问题、评论世界局势、介绍新兴科学的文章,产生了重大影响。

1907年,在日本学医的中国留学生组织成立了中国药学会。不久,即开始筹办自己的机关刊物,1907年4月,作为机关刊物的《医药学报》正式出版。《医药学报》"鼓吹新学,改良旧习",凡关于医药、药学的理论、方法、政策、历史、新闻、卫生常识的文章和译述都予以刊登。显然,这对于提高国民的卫生常识是十分有益的。

---

①叶维丽:《为中国寻找现代之路:中国留学生在美国(1900—1927)》,周子平译,北京大学出版社,2012,第44页。

②叶维丽:《为中国寻找现代之路:中国留学生在美国(1900—1927)》,周子平译,北京大学出版社,2012,第11页。

1907年,留欧学生在法国巴黎成立中国化学会欧洲支会。1912年初,李石曾、吴玉章、吴稚晖、张继等人在北京发起组织"留法俭学会",鼓励青年人以低廉的费用赴法留学。其中,何鲁(1894—1973)成为该留法的第一批学生之一。在法留学期间,何鲁创办"学群"团体,后来"学群"并入中国科学社。

1910—1916年,丁绪贤(1885—1978)于伦敦大学化学系攻读6年,投师于著名化学家拉姆塞。1912年拉姆塞退休后,他又在物理化学家唐南的指导下撰写论文,1914年被授予荣誉科学学士称号,继续于伦敦大学深造。丁绪贤认为,要发展科学,必须要有专门的科学组织。他在伦敦大学期间,曾积极参加中国化学会欧洲支会的活动。1912年前后,丁绪贤与王星拱(1888—1949)、石瑛(1879—1943)等人于伦敦发起成立"中国科学社"。其后,该组织将社址迁回上海,王星拱和丁绪贤转而支持并参加国内的中国科学社活动,成为"永久会员"。

留美学生早先的社团组织以"学生会"为名,分布美国各地的留学生们相继成立了学校、地区乃至全美学生会。最早的学生会组织是美洲中国留学生会,后发展为西美中国学生会。其后相继有1903年成立于芝加哥的中美中国学生会、1904年成立于康奈尔大学的绮色佳中国学生会、1905年成立的太平洋岸中国学生会、成立于马萨诸塞州的东美中国留学生会等。其中东美中国留学生会成立最后,而人数最多,声势最大。在其巅峰的1910年,三分之二的留美学生都加入了该组织,其中许多骨干分子回国以后成为各行各业的领袖人物。据《留美学生月报》记载,1908年留美学生总数是217人,其中有三分之二参加了学生会。1911年总共650名学生中有385人为学生会成员。1914年总数约1000名学生中有644人参加了学生会。[1]经过多方努力,1911年全美学生会组织得以统一,名为留美中国学生总会,下分东、中和西三个分部,每年夏季自行择地召开年会。郭秉文(1880—1969)当选为首任主席。

郭秉文留美期间,积极参加社团活动,曾任中国留美学生会秘书长兼《中国学生》月刊总编辑,他对中国留美学生情况比较熟悉,同时和任鸿隽又是哥伦比亚大学同窗,志向也同,都想兴学育才,故郭秉文自应聘南京高等师范学校之始,就盛情邀任鸿隽及科学社诸成员来南高共同创业,并建议"科学社"日后也迁来南高。

---

[1] 叶维丽:《为中国寻找现代之路:中国留学生在美国(1900—1927)》,周子平译,北京大学出版社,2012,第18页。

留美学界的团体组织活动相当活跃。胡适日记中不乏这样的记载,曾昭抡1924年一年所交社团的费用:留美学生会3元、清华校友会2元、麻省理工校友会3元、麻省理工教员会3元、寰球学生会2元、麻省理工中国学生会3元、校内化学会1元、中国工程学会2元、中国科学社2元半,共21元半。①类似的记载在《吴宓日记》中也时时见到。

1910年秋天,留美学界的第一个学术性社团——中国学会留美支会成立。朱庭祺说:"前数年之中国,为发达学务时代,今后之中国,为发达学问时代。发达学务,教育家之事也;发达学问,专门家之事也。美国之专门家,皆有学会……故虽散处于数千里之外,呼应极灵。研究之事,以互相鼓励而愈进,学问之事以互相讨论而愈明。"而中国由于无此种学会的指导,"如在大洋之中,不知舟之所向,已回国之留学生……无学会为之连(联)络,故四散而势散,事多而学荒"。由于在美之留学生没有此种学会为之联络,"故输进学识之事,不能举办,专门相同之人,不易相知"。因此,留美学界发起并成立中国学会留美支会,留英学界也成立留英支会,其宗旨一为输进学识于中国,二为研究学问发达学问,三为联络学习专门之人。同时呼吁已回国之留学生建立一个中国总会,"我国学子及各留学界,可以联络一气,讨论研究及著作之事,可以大盛"。②

留美学生会主办了当时唯一的英文期刊《中国留美学生月报》,后改为《留美学生季报》。这份刊物是了解留美学生对国内外问题的看法及西方学术文化的重要窗口。《留美学生季报》优先刊登留学界关于中国种种问题之讨论、西方学术界新方法新知识之具体的介绍等稿件,无论是介绍西方新知还是讨论中国问题,都是立足中国,以解决中国实际问题为出发点,这些都反映了留美学生希望用西方先进思想改造中国的爱国之心。1915年第一号刊登任鸿隽的《中国于世界之位置》。任鸿隽认为,学术在近代世界有特别重要的意义,文明之国以拥有学者多少来衡量。他指出瑞典拥有学者58人,数量最多,中国则一个学者也没有,"对于学界无所尽力者,莫吾中国","中国以世界各国五分之一之人口,乃无一学问家,足耻于世界学者之林"。中国如此大国,却在世界学术领域没有一

---

① 中国社会科学院近代史研究所近代史资料编辑部编《近代史资料》第九十一册,知识产权出版社,2006,第192—193页。

② 朱庭祺:《美国留学界》,《留美学生年报》1911年第1期。

席之地,确实使任鸿隽等留学生深感耻辱。杨铨在《科学与中国》一文中提出"中国无科学"的观点,奏响了科学救国的序曲。仅一个月之后,任鸿隽在《科学》杂志上发表《说中国无科学之原因》一文,提出了相同的论点。

除办杂志增强联系之外,留美学生还组织了各种各样的团体活动,结社集会,相互联系,影响很大。据1911年的《留美学生年报》记载,每次集会,收益甚大,"其尤著者有三:(一)大会之后,精神——振作,友谊——坚固,素不相知者,亦因大会而相知;(二)各校学生会,因运动及款待及演说辩论等之竞争,而团体愈益坚固,明年之预备愈益周密;(三)美国尊敬中国人之心,亦大增加"。

早期的留美学生年会保持着"严肃性"与娱乐性之间的平衡。参加了年会后,很多人感到"精神境界的提高,社交活动的满足和体力的恢复"。一个学生说:"有谁能说他或她的一生中有哪一个星期比这过得更有价值吗?有哪一个星期我们过得更愉快,获得如此有价值的指教和丰富多彩的娱乐?"[①]年会为学生交往提供了良好平台,正如《留美学生月报》上发表的评论所言:没有一个在美国留过学的中国学生情愿在离开美国时没有参加过至少一次中国留学生年会,在实践中体验民主并与他的同胞分享自治的经验,为了一个共同的目标——中国的富强而同心协作。社团活动提供了信息交流和人际联络的平台,通过社团活动,留学生们增加知识和经验,为将来"担当起国内的责任做好准备"。这份责任感是发自内心的。胡适1910年留学美国。在康奈尔大学3年间,他一共作了70多场讲演,听众包括教会团体、社交俱乐部和妇女组织成员,讲演的内容从中国人的生活习俗到世界主义和英文诗歌,无所不包。

不仅如此,即使回到国内,留学生也积极组织各种社团,从事宣传科学的工作,例如1909年,信宝珠在上海成立中华护理学会,1912年詹天佑、徐炯等在广州成立中华工程师学会。[②]《湖北学生界》就是由留学日本的湖北籍学生在东京创立的。该刊以"输入东西之学说,唤起国民之精神"为己任。

清末民初,留学生在丰富多彩的社团活动中,参与社团运作,积累了丰富的工作经验,锻炼了组织才干,凝聚了力量,从而为中国近代科学有组织、系统化地传播奠定了人才基础。中国科学社正是在这样的背景下成立并发展壮大的。

[①] 叶维丽:《为中国寻找现代之路:中国留学生在美国(1900—1927)》,周子平译,北京大学出版社,2012,第25页。

[②] 尹恭成:《近现代的中国科学技术团体》,《中国科技史料》1985年第5期。

中国科学社的发起与成立
（1914—1917）

第二章

1914年夏季,胡明复、赵元任、秉志、杨杏佛、任鸿隽等9位在美国康奈尔大学的中国留学生决意成立"科学社",并创办《科学》杂志,胡明复、任鸿隽、杨杏佛三人起草了招股章程。章程中明确提出《科学》月刊以"提倡科学,鼓吹实业,审定名词,传播知识"为宗旨。1915年春天,有人提议改组科学社。胡明复、任鸿隽、邹秉文三人起草新社章。1915年10月25日,新拟定的社章经表决通过,正式定社名为中国科学社,并颁布了《中国科学社总章》,对组织结构进行变革,宗旨转为"联络同志,共图中国科学之发达"。1915年首期《科学》月刊在上海发行,发刊词上"科学"与"民权"赫然并列,申明"以传播世界最新科学知识为职志",在传播科学理念、介绍科学知识与科学原理、及时传达西方最新科技动态、发掘整理中国古代科学成就、阐发科学精义及其效用等方面做出了重要贡献。中国科学社在美期间召开了三次年会,初步形成了年会制度。

第一节　中国科学社成立

　　留美学生身在异国他乡,感受到"中国所缺乏的莫过于科学"[①],他们怀抱"科学救国"的信念,决心要把科学介绍到中国来,并且使它开花结果;他们节衣

[①]任鸿隽著,樊洪业、张久春选编《科学救国之梦——任鸿隽文存》,上海科技教育出版社、上海科学技术出版社,2002,第723页。

缩食,积极投身于中国科学社的创建和早期事业中。为了更好地发展科学,科学社进行了第一次改组,新拟定章程,对科学社的名称、性质进行了重新界定,从有限公司到学术团体,从发行《科学》杂志到设立各种传播、普及科学知识以及推动科学事业发展的机构,中国科学社规模初具,发展很快。

一、成立缘起

1914年6月,"科学社"在康奈尔大学诞生。对于科学社早期成立情形,发起人任鸿隽、章元善、杨孝述、赵元任等均有文字记载,虽然情形稍有不同,但大致可以勾勒出早期成立的情形。

1916年9月2日,任鸿隽在中国科学社第一次年会上做了《外国科学社及本社之历史》的长篇演讲,对科学社的成立情况做了最早的叙述:

> 我们的中国科学社,发起在1914年的夏间。当时在康奈尔的同学,大家无事闲谈,想到以中国之大,竟无一个专讲学术的期刊,实觉可愧。又想到我们在外国留学的,尤以学科学的为多,别的事做不到,若做几篇文章讲讲科学,或者还是可能的事。于是这年六月初十日,大考刚完,我们就约了十来个人,商议此事。说也奇怪,当晚到会的,皆非常热心,立刻写了一个缘起,拟了一个科学的简章,为凑集资本,发行期刊的预备。[①]

这段话中明确提到中国科学社的发起时间是在1914年夏,缘起于"无事闲谈"。"闲谈"的具体时间是在6月10日之前,"大考"还没有完毕。

1986年《科学》复刊,应《科学》杂志要求,章元善回忆《科学》的创刊情形:

> 记得1914年暑假中的一次野餐时,不知是谁引起科学救国的话题,人同此心,心同此理,你一句,我一句,互相启发,越谈越起劲,一个化思想为行动的良机终于到来了。议定下来成立中国科学社,发行月刊,定名《科学》。野餐后回到宿舍,各就所知草拟文稿,同时分头向散在各地的同学通信并向之约稿。

[①] 任鸿隽:《外国科学社及本社之历史》,《科学》1917年第3卷第1期。

章元善追忆的情形较为模糊,但可以说明的是,创刊的动机是科学救国,对于成立的具体时间地点,章元善认为是1914年暑假中的一次野餐,与任鸿隽的说法稍有不同。

杨孝述在《中国科学社创业记》一文中这样写道:

> 大概在民国三年春天的一晚上,美国东部康奈尔大学所在的绮色佳城中,有几位中国学生在勃兰恩路的一个小小寓所里闲谈着外国科学杂志的发达盛况。他们感觉到祖国科学的缺乏,竟然没有一种传播科学提倡实业的杂志,大家唏嘘了好一会。就在那个时候,他们立意要创办一种科学杂志。鼓吹了几个月,到那年的六月十日才开了一个会议,决定设立一个合股性质的"科学社"。①

按照杨孝述的说法,那次闲谈发生在1914年的春天,具体不明确。

据1915年7月3日"中国科学社股东交纳股金一览表"和"股金总收入"这两份档案记载,1914年5月19日,在科学社招股章程拟定之前,已有交纳股金加入科学社的历史记录了。科学社成员中第一个交纳股金的是傅友周(1886—1965),他曾于1914年5月19日一次性交纳股金10美元。可见,在5月19日之前留学生们已经开始筹划成立科学社了。

1914年6月10日,赵元任在日记中写道:"晚间去任鸿隽(叔永)房间热烈商讨组织科学社出版月刊事。"②赵元任记录的应是6月10日晚商议成立的情形。此时,从"动议"到"商议",其中经历了学期大考,发起人中胡明复、赵元任、周仁、过探先均于这一年六月获得学士学位,并将攻读硕士学位。

由上述可知,最早成立科学社的想法是在一次偶然"闲谈"中说出来的,并得到了大家的响应。这个"动议时间"应追溯至"1914年5月上中旬"或"5月间"。6月10日晚,在大考完毕后,任鸿隽等约了十多个人在大同俱乐部的宿舍内,商议成立科学社,准备出版杂志。众人推胡明复、任鸿隽、杨铨起草了《科学月刊缘起》,在上签名的有胡达(明复)、赵元任、周仁、秉志、章元善、过探先、金邦正、杨铨(杏佛)、任鸿隽等9人。

---

① 杨孝述:《中国科学社创业记》,《科学画报》1935年第3卷第6期。
② 赵元任:《赵元任早年自传》,载赵元任:《赵元任全集》第15卷上册,商务印书馆,2007,第849页。

一次闲谈看似偶然,其实是有其必然性的。科学社发起人中,签名的有9人,其中7人是庚款留美学生,2人是稽勋生。他们来到美国留学,中西方的差距深深刺激了他们。如何才能使中国摆脱落后的现状?他们决定走科学救国的道路。

1915年1月,《科学》创刊。

二、成员情况

从创建之初的主要领导人来看,在中国科学社创建之初,胡明复、杨铨和任鸿隽等草拟的《科学月刊缘起》上,签名的依次为胡达(后改名胡明复)、赵元任、周仁、秉志、章元善、过探先、金邦正、杨铨、任鸿隽。一般认为,这九人实际上就是科学社的发起人。九人中,依年龄从大到小排序依次为秉志、任鸿隽、金邦正、过探先、胡明复、赵元任、周仁、章元善、杨铨。其中年龄较大的两位,秉志是举人,任鸿隽是搭上"最后一班车"的秀才,其他七位都在清末兴办的第一批新学堂中接受了中学教育,出国前是通过考试选拔的,称为"甄别生"。他们当中,除任鸿隽和杨铨是辛亥革命以后民国政府派出的公费留学生(稽勋生)外,其余七人都是庚款留学生。秉志、金邦正为1909年第一批,赵元任、过探先、胡明复、周仁为1910年第二批,章元善为1911年第三批,他们先后赴美,都在康奈尔大学就读。任鸿隽和杨铨当年追随孙中山革命,民初任职于临时总统秘书组,在孙中山让权给袁世凯之后,他们要求出国学习,因对革命有功受到优待而被称为"稽勋生"。任、杨二人因胡适的关系也来到康奈尔大学。留学期间,他们集资办刊,课余撰稿,向国人介绍最新科学知识。

除了发起人之外,中国科学社早期骨干分子也大都是庚款留学生,他们大多为科学技术人员,以在美国学习理工科为主。庚款第一批的大部分学生,如秉志、金邦正、王琎、胡刚复、张准、张廷金、陈宗南、陆宝淦、陈庆尧、何杰、杨永言、吴玉麟、徐佩璜、金涛、王仁辅、曾昭权、李进隆、戴济、程义法、程义藻、朱维杰、贺懋庆、王健、卢景泰等都是中国科学社的积极参与者。中国科学社自成立到1918年将大本营迁回国内的3年间,曾举行过3届年会,并进行过3次理事会的换届选举。12名曾当选的理事中,庚款留学生至少占了8位。由此可见,庚款留学生在中国科学社发展史上具有特殊意义。

中国科学社早期的主要事业是编辑和发行《科学》杂志,更确切地说,中国科学社这个团体原本仅仅是同人为了发行《科学》杂志而创建的。因此其主要事业是以《科学》杂志为阵地,开展向国人普及科学的活动。在1915—1918年《科学》月刊发表的总数为467篇的署名文章中,庚款留学生共为251篇,占总数的53.75%。可以说,中国科学社的创建与庚款留学生渊源极深,他们积极投身于中国科学社的创建和早期事业中,并且发挥了核心与骨干作用。

1916年8月9日,中国科学社董事会成员联名向留美学生发出"致留美同学书",希望共同肩负发展中国科学事业的重任。文中有言:

> 科学为近世文化之特彩,西方富强之泉源。事实俱在,无待缕陈。吾侪负笈异域,将欲取彼有用之学术,救我垂绝之国命,舍图科学之发达,其道莫由愿,欲科学之发达,不特赖个人之研精,亦有待于团体之扶翼。试览他国科学发达之历史,莫不以学社之组织为之经纬。盖为学如作工,结社如立肆。肆之不立,而欲工之成事,不可得也。同仁窃不自量,欲于宗邦科学前途有所贡献,是以有中国科学社之组织。造端于1914年之夏,改组于1915年之秋。其宗旨在输入世界新知,并图吾国科学之发达,其事业在发刊杂志,译著书籍,建设图书馆,编订词典。科学杂志之发行,迄今将及两载,颇蒙海内外达者称许。书籍词典图书馆等事,亦正依次进行。自本社创设以来,……不及两年,而社员之在本国及美欧东亚各国者,已达一百八十余人……鉴同仁以蚊负山之愚忱,惠然肯来,共襄盛业,则岂特本社之幸,其中国学界前途实嘉赖之。[①]

这份倡议书诚邀留学生参加中国科学社,在留美学生中广为传阅。中国科学社在国内外影响逐渐增强,队伍也日益壮大。

从1914年6月10日议决发起,到1915年10月25日正式成立,前后达一年多时间,成员从发起时的十余人发展到36人。1915年10月30日,社员已增至115人,其中庚款留学生69人,占近六成。改组仅5天就增加了38人,其中有赵

---

① 《本社致留美同学书》,《科学》1916年第2卷第10期。

国栋、陈衡哲、程孝刚、竺可桢、钟心煊、高崇德、徐佩璜、蔡声白、吴宪等。到1916年10月又有86人入社,既有留日的,也有留法、留德和留英的,还有一些国内人士,其中有侯德榜、李协、张巨伯、虞振镛、李寅恭、桂质庭、刘树杞、陈长蘅、段子燮、茅以升、何鲁、韦悫、郑宗海、王毓祥、胡光麃、卫挺生等。

1916年8月,何鲁、经利彬、罗世嶷、熊庆来等留法学生在法国里昂创设中国学群,以纯粹研究学术为宗旨。创始之初,何鲁致函中国科学社,"图所以联络互助之法"。中国科学社以"学群宗旨事业,皆彼此相类,即复书欢迎"。中国科学社第一次年会时有社员168名,其中欧洲留学生社员5人(英国、法国各2人,德国1人)、日本留学生3人。1917年第二次年会时有社员279名,欧洲留学生社员增长到12人,其中法国8人、英国3人、德国1人,日本留学生增至6人。

1917年3月,中国科学社正式在中华民国教育部立案,成为法定的科学团体。在报教育部呈文中,中国科学社列举了计划办理的事业:1.发行杂志,以传播科学、提倡研究;2.译著科学书籍;3.编订科学名词,以期划一而方便读者;4.设立图书馆以供学者参考;5.设立研究所进行科学研究,以求学术、实业与公益事业的进步;6.设立博物馆,搜集学术上、工业上、历史上以及自然界动植矿物标本陈列,以供研究;7.举行科学演讲以普及科学知识;8.组织考察团进行实地调查与研究;9.受公私机关委托,研究及解决关于科学上的一切问题。教育部案准说:"该学社为谋吾国科学之发达,行月刊以饷学子,殊堪嘉许。所订章程简章,亦均妥协,应准备案。"[①]

至1918年中国科学社将社址迁回国内之前,社员已发展到363人。可以说,在美期间中国科学社组织发展较为快速,已经成为具有一定规模和社会影响的科学社团。

三、第一次改组

科学社成立之初属于股份公司制,以股金维持自身运转,并颁布了由胡明复、杨铨和任鸿隽负责起草的《科学社招股章程》。胡适在1914年6月29日的

[①]《中国科学社社录》,1921年单行本,第3—4页。

日记中,全文抄录了由杨杏佛手写付印的最初的章程。该章程包括9条内容[①]:

(一)定名　本社定名科学社(Science Society)。

(二)宗旨　本社发起《科学》(Science)月刊,以提倡科学,鼓吹实业,审定名词,传播知识为宗旨。

(三)资本　本社暂时以美金四百元为资本。

(四)股份　本社发行股份票四十份,每份美金十元,其二十份由发起人担任,余二十份发售。

(五)交股法　购一股者限三期交清,以一月为一期;第一期五元,第二期三元,第三期二元。购二股者限五期交清;第一期六元,第二三期各四元,第四五期各三元。每股东以三股为限。购三股者,其二股依上述二股例交付,余一股照单股法办理。凡股东入股、转股,均须先经本社认可。

(六)权利　股东有享受赢余及选举被选举权。

(七)总事务所　本社总事务所暂设美国绮色佳城。

(八)期限　营业期限无定。

(九)通信处　美国过探先。

创办之初,科学社将创办《科学》月刊当作一件生意去做,是为了维持《科学》之生存,而非以营利为目的。从招股章程中可以看出,科学社是一个类似股份制公司性质的"报馆",组织结构尚不完整。章程发布后,入社者积极报名参加,不到3个月的时间里股东就已达到77人,集到美金500余元。同时,胡明复、赵元任、杨铨、任鸿隽等人于暑期日夜操劳,千方百计地组织赶写稿件,最终凑足了3期的《科学》稿件,由章元善等与上海寰球中国学会朱少屏联系发行,委托上海商务印书馆代为印刷。《科学》创刊号于1915年1月正式在上海诞生。

《科学》是发刊了,可是科学社的宗旨是"提倡科学,鼓吹实业,审定名词,传播知识",仅出刊一份杂志"名不副实"。因此不久,社友们觉得"以杂志为主,以科学社为属,不免本末倒置"。而且,当时《科学》杂志发行量少,不仅不能给股东们带来"利润",反而需要股东不断捐款以维持其生存。据1916年中国科学

[①] 胡适.胡适留学日记[M].上海:上海科学技术文献出版社,2014,第155-156页。

社第一次常年会报告,《科学》每本净赔一角八分四厘,每月合赔约百美元。①在此情况下,遂有第一次改组的建议。

1915年4月,邹树文(1884—1980)正式提议将科学社由公司改组为学社,并很快得到大多数股东的同意。竺可桢也说:

我认为科学社不应只是留学生的组织,这个圈子太小。我们留学回国后也要发展下去。所以我建议把留美学生科学社,改为中国科学社,广泛吸引有志于科学救国的人士合作共事。

将股份公司形式的组织改组为一个学术团体性质的组织,是社员们长时间思考后的决定。任鸿隽在1914年夏天就发表文章,要求中国"建立学界",其实就是要建立一个科学共同体,使各专业的学者们在其间相互砥砺,提高自身的科研水平,进而提升整个国家的科学技术水准,"是故建立学界之元素,在少数为学而学、乐以终身之哲人,而不在多数为利而学、以学为市之华士"。建立学界必须具备两个条件,一是国内和平无内乱,二是国人"向学之诚"。

1915年4月科学社董事会经讨论后,提议将科学社改组为学会性质,并向社员征求将科学社改组为学术组织的意见,指出改组为学会的三大好处:

一、振兴科学,应举之事甚多;如译书设图书馆等,皆当务之急,不仅发行杂志。故《科学》杂志当为科学社之一事业,科学社不当为发行杂志之一手段也。

二、本社为学会性质,则可逐渐扩充,以达振兴科学之目的;为营业性质,则社员事业皆有限量。

三、本社为学会性质,则与社员不但有金钱上之关系,且有学问上之关系;为营业性质,则但有金钱上之关系,而无学问上之关系,与创立本社宗旨不符。②

科学社社员接到改组通告后,多表赞成。6月,科学社董事会派胡明复、邹

---

① 《会计报告》,《科学》1917年第3卷第1期。
② 《科学社改组始末》,《科学》1916年第2卷第1期。

秉文、任鸿隽三人起草新的章程。10月9日以新社章寄社员讨论。10月25日由社员全体通过了中国科学社章程,推举任鸿隽(社长)、赵元任(书记)、胡明复(会计)、秉志、周仁五人为第一届董事会董事。于是股份公司形式的科学社改组为学术性社团性质的中国科学社。这是中国科学社发展史上非常关键的一步。从此,10月25日这一天就成为中国科学社成立纪念日。

改组后,颁布了《中国科学社总章》,凡11章60条。宗旨改为"联络同志,共图中国科学之发达"。规定了社员入社资格和入社程序,社员分社员、特社员、仲社员、赞助社员、名誉社员五种,以社员为主体。"凡研究科学或从事科学事业,赞同本社宗旨"者,经2名社员介绍、董事会通过为社员;社员在科学上有特别成绩者,经董事会同意为特社员;对本社予以赞助者为赞助社员;凡于科学上著有特别成绩者为名誉社员;仲社员乃预备社员。新章程要求社员从事科学事业,并且鼓励科学研究,有特别科学成绩的选为特社员。特社员地位比较特殊,在中国科学社存在的近半个世纪里,当选特社员的社员寥寥无几。同时,中国科学社又具有开放性,对社外有突出科学成绩者以名誉社员赠之;为发展社务,专门设立并不要求科学研究的赞助社员。成为中国科学社的一员,不是以认购股份、金钱作为标准,而是一要从事科学研究或科学事业,二要"赞同本社宗旨"。

新章程严格区分了不同类别社员的权利和义务,只有社员、特社员才有选举与被选举权。而赞助社员、名誉社员只享有获赠《科学》刊物等权利。中国科学社虽为扩展业务、扩大影响而吸引非科学家人员入社,但不把他们当作正式成员,保证了其作为学术性团体的纯洁性。雷诺兹先生也认为,中国科学社规定只有那些具体从事科学事业的社员对社务才有决定权,而那些仅仅给予金钱资助、道义上支持的成员则被排除在外,真正体现了学术团体组织的理想。

章程规定办事机关为董事会、分股委员会、期刊编辑部、书籍译著部、经理部和图书部。董事会作为领导机构,总管全社事务,决定本社方针,增设各种办事机构,监督各部工作,管理社内财产,报告账目于年会。各部管理各部事务,并报告于年会。改组后的中国科学社不仅设立了比较完备的职能机构,而且规定了从属关系;同时,设立了为将来科研做准备的机构,特别是分股委员会、书籍译著部和图书部,表明其社务管理水平提升到了新的高度。董事会由7人组成,任期两年,连选连任。社章还以专章规定了"常年会"事宜,这也是中国科学社成为科学学会的重要标志之一。

改组后,中国科学社发生了本质的变化,由一个股份公司转变为一个纯学术团体,社务不再仅仅围绕《科学》杂志的发刊了,还进行名词审定、图书馆建设、书籍译著等工作。董事会董事由社员直接选举产生,各部部长也由社员选举产生,报请董事会同意。董事会协调各部事业,而无绝对的权力,避免了权力的滥用。这些都体现了"科学"与"民主"的组织原则和协商精神。

第二节 中国科学社的组织结构

科学社建立初期,采用的是公司制组织形式,设有董事会、编辑部、营业部和推广部,主要是组织发行《科学》杂志。随着科学社改组为中国科学社,由公司形式改组为学术学会,宗旨改为"联络同志,共图中国科学之发达",其组织结构也发生了较大变革:规范入社资格和程序,增设办事机构,包括董事会、分股委员会、期刊编辑部、书籍译著部、经理部和图书部,成立社友会等分支机构。

一、社员构成情况及入社程序

1915年10月25日通过的《中国科学社总章》,将社员分为社员、特社员、仲社员、赞助社员、名誉社员五种,各类社员的入社或名誉的获得都有一定的程序。

一是社员,即普通社员。社章规定:凡研究科学或从事科学事业,赞同本社社旨,得社员二人之介绍,经董事会之选决者为本社社员。当时,中国科学社对新入社成员资格要求很严格,凡申请入社者一般都必须具备大学学历,同时必须经两名社员介绍,并要填写一份卡片式的入社志愿书,其中包括申请人的中英文姓名、籍贯、出生年、所学学科门类、学位、取得学位的学校名称和年份、著作、现在和永久通信地址等项目,填写完整后由介绍人和申请人分别签名并署名日期,交董事会审批;董事会批准后由董事们逐一签名并署名批准时间后再通知申请人交纳入社费和常年社费,交纳这些费用后才成为正式社员。另外,社员如果两三年不交纳常年社费,则作自动退社处理。杨杏佛之子杨小佛在《记"中国科学社"》一文中曾提到,他家中保存有11张入社志愿书,这些志愿书的正面右上角注有10/21/23字样,这是批准入社的日期,即1923年10月21日,申请日期下面则有理事胡明复、胡刚复、杨铨、王琎、任鸿隽等表示同意的签字。尽管是1923年的入社申请,但由此不难看出当初科学社接纳社员的慎重。

二是特社员。"凡本社社员有科学上特别成绩,经董事会或社员年会过半数之选决者,为特社员。"特社员是为了褒扬在科学上作出突出贡献的社员而设的。最早被选为特社员的是蔡元培,之后有马君武、张轶欧、周美权、竺可桢、葛利普等十余人被选为特社员。

三是仲社员。"凡在中学三年以上或其相当程度之学生,意欲将来从事科学,得社员二人(但一人可为仲社员)之介绍,经董事会选决者,为本社仲社员。但入社二年以后复得社员二人之介绍经董事会之选决者得为本社社员。"这是为吸收从事科学的后备人才,以及为某些要求加入科学社而又暂时不具备普通社员的基本条件者而设的,实际上人数并不多。据记载,1916年8月,在180名社员中,仅1人为仲社员。后来社章将要求受过"中学三年以上"教育改为受过"中学五年以上"教育。

四是赞助社员。最初通过的社章规定:"凡捐助本社经费在二百元以上,或于他方面赞助本社,经董事会之提出得常年会到会社员过半数之选决者为本社赞助社员。"后来,可能是因为货币贬值等原因,将其中规定的捐助数额改为五百元。在第二次年会上被选举为赞助社员的有伍廷芳、唐绍仪、范源濂、黄炎培。此外,还有徐世昌、黎元洪、熊克武、傅增湘、袁希涛、王博沙等,先后共有20余人。

五是名誉社员。"凡于科学学问事业著有特别成绩,经董事会之提出得常年会到会社员过半数之选决者为本社名誉社员。"科学社第二次年会上选举张謇为名誉社员,以后又曾选举爱迪生为名誉社员。他们是因为办实业与发明科学方面有成绩而被选举的。

入社社员必须填写入社志愿书,志愿书是一张硬纸卡片。从卡片内容看,中国科学社对其成员的吸收是相当谨慎和严格的。需要2名介绍人这一规定，在一定程度上可以避免沽名钓誉之辈和别有用心者的渗入。填写籍贯和所学学科、所获学位等信息，一是可以掌握社员情况，二是可以方便通信与联络。

这种样式仅是最初的格式，后来随着社务的逐渐发展又有所改进，例如姓名需填写中英文，还要填写取得学位的学校名称与时间、本人的著作情况、永久通信地址等。申请人将上述各项填写清楚后，交董事会审批，批准后董事签名，还要填上批准日期。这样不仅介绍人要对社员予以担保，批准董事也有连带责任，在一定程度上可以保证吸收的社员素质达标。这些手续办妥后，通知申请人交纳入社费与常年费，收到费用后，申请人就正式成为中国科学社的一员。章程还规定，社员如果2—3年不交常年费就算自动退社，如果要重新成为社员，需再次申请，再次交纳入社费。当然在具体的操作过程中是否这样严格，需要具体情况具体分析，毕竟这仅仅是一私立组织，并不具备国家机构的强制性。例如，在常年费的交纳上就没有完全遵守章程，有些社员多年不交纳社费但并没有被开除出社，反而在出版的各种社员名录上将失去联系的社员名单另外标出。

正如张孟闻所说，中国科学社将入社手续制定得如此严格细致，而且郑重其事地办理，"可以把不学无术或无聊的政客官僚们拒诸门外，将这个学术团体办得更纯正而有精神、有朝气"。[①]

1914年8月11日，赵元任主持召开社员会议，组建中国科学社董事会，选举任鸿隽(会长)、赵元任(秘书)、秉志(会计)和胡明复、周仁等五人为董事。推杨铨为编辑部部长。营业部和推广部则设在国内，黄伯芹担任营业部部长，推广部部长最初是沈艾，随后由金邦正出任。在营业部之外成立推广部，表明科学社对推广《科学》杂志，设法提高销量非常重视。另外，还设有沪上经理部，请朱少屏担任总经理。

《科学》杂志在美编辑之后寄回上海，由朱少屏主持出版、印刷和发行等工作。读者可以向朱少屏及各省的经理直接订阅杂志。各省的经理最初有上海的朱少屏、北京的金邦正、广州的黄伯芹、唐山的沈艾和美国的邹秉文，不久又

[①]中国人民政治协商会议全国委员会文史资料研究委员会编《文史资料选编》第92辑，1984，第73页。

增加了天津的梅贻琦、南京的许先甲等。金邦正到安庆农业学校任教后,原来业务由北京大学的韦作民接手,金邦正改任《科学》杂志驻安庆的经理。另外,商务印书馆、中华书局以及一些其他小书局也代售《科学》杂志。

为统一科学名词,中国科学社创办初期即成立了"名词讨论会",对引进的西方科学名词译名进行规范。我们现在用的许多科学名词都来源于当年的《科学》杂志,比如现在大家熟悉的"电视"一词,就是从《科学》杂志而来的。

二、设立分股委员会

改组后中国科学社向科学学会迈进的最重要举措是成立分股委员会。其可以看作未来各专门学会的雏形。[1]

1915年10月25日,中国科学社公布的章程中有专章规定"分股委员会":"本社社员得依其所学之科目分为若干股,以便专门研究并收切磋之益。"设立分股委员会是为了相同专业的社员可以互相切磋技艺,进行研究探讨。其职权除议定分股章程、管理设立分股事宜等外,最重要的是管理常年会宣读论文事务。[2] 12月4日,董事会议决由孙昌克主持分股委员会。次年1月,除电机股外,各股长大都已选出,分股委员会宣布正式成立。各股及股长分别为物理算学股(哲学气象学附)饶毓泰、化学股(化学工程附)任鸿隽、机械工程股(铁道工程及造船附)杨铨、土木工程股郑华、农林股邹秉文、生物股钱崇澍等,饶毓泰为委员长。中国科学社俨然成为囊括中国数学会、中国物理学会、中国化学会、中国农林学会、中国生物学会等的专门学会联合会。[3]

生物、农林从一开始就分开,说明这两股社员多,从一个侧面反映了留美学生对这两门学科的重视。

1916年5月通过《分股委员会章程》,规定其职志为"讨论学术,厘定名词,审查译著"。每年9月选举分股长及委员长,任期一年,连选连任;事务为"关于

---

[1] 任鸿隽自己也说过:"后来各科学专门学会的成立,说是由这个分股办法开其端,也无不可。"任鸿隽:《中国科学社社史简述》,《中国科技史料》1983年第1期。
[2] 《中国科学社总章》,《科学》1916年第2卷第1期。
[3] 据统计,当时122名社员的分股情况为:物理算学10人、化学18人、机械工程18人、土木工程8人、采矿冶金22人、农林11人、生物7人、普通14人、未分14人。

科学各种问题,经中国科学社各种机关之委托,或社员之提议,认为有讨论价值者……依其性质分股或并股讨论之",并负责厘定名词、审查译著部的翻译书籍等,将此前设立的书籍译著部、图书部事务揽入。①

不久,饶毓泰因病辞职,各分股长回国者亦多,分股委员会工作无形中停顿。②

1916年10—11月中国科学社重组,次年夏增加医药、生计两股,并分化学为化学、化学工程两股,共计12股。委员长陈藩(已回国,由任鸿隽代理)、普通股股长郑宗海、生计股股长王毓祥、物算股股长竺可桢、机械工程股股长杨铨、电机工程股股长欧阳祖绶、土木工程股股长郑华、化学股股长邱崇彦、化学工程股股长侯德榜、矿冶股股长孙昌克、生物股股长钟心煊、医药股股长吴旭丹、农林股股长钱天鹤。分股委员会除加强社员联系和推动社务发展外,还设法与世界各专门学会联络,以发达学术,为社会谋幸福。

1917年第二次年会前召开特别职员会议,对分股委员会的性质及其权限做了详细的规定,其大致如下:

一、董事会下分经理部、图书部、编辑部和分股委员会,分股委员会下设各分股。在董事会下之各机关,立于平等地位……分股委员会下之各分股亦处于平等地位。

二、董事会对于图书部、经理部有监督及干涉之权,对于分股委员会及编辑部有劝告之权及扶助之义务。

三、各分股得自行斟酌情形,提议倡办一切事宜。事关一股者,该股长有自主之权。如牵涉他股时,须得他股长之同意。如牵涉委员会全会时,须得委员长之许可。如股长间有异议而又各不相让时,由各股长投票决之,若仍不能决,则由董事会投票决之。

四、各办事机关任职者不得兼任,兼任者辞去。

五、分股委员会对于该会内一切事宜,有提议创办之全权。但对于社外机关之交涉,如银钱、契约,以本社名义派代表等,须先得董事会之同意。

---

① 《分股委员会章程》,《科学》1916年第2卷第9期。
② 陈藩:《分股委员会长报告》,《科学》1918年第4卷第1期。

六、遇重大事件,非一股之力所能及者,分股委员长可嘱有关系之分股长选派委员联合办理。其所出委员,仍须得分股委员长之同意。

中国科学社成立不久,留美学界就兴起了建立专门学会的潮流,这对分股委员会的发展而言是一个巨大的挑战,也是中国科学社面临的问题。这次特别职员会议对这一问题也进行了讨论,社长任鸿隽认为:"为学界大局计,非有专门学会,各专门学术,未必能自由发达。本社对于此种建设,当表赞成之意,与扶助之义。唯此时国内专门人才尚少,合为一会尚难于有为,分之则两败俱丧,故本此时当取联合主义。"①

第二次年会选举产生了新的分股委员会,委员长为孙昌克。1918年2月,他发出通告,提出两件议案,一是分股长的选举事务归司选委员会管理,二是分股长及委员长任期改为两年,以利于工作的更好开展。面对留美学界组织专门学会的热潮,他要求各分股加倍努力,迎接挑战:

年来留美同学提倡创办其他专门学会者,日有所闻。创办之人,多系本社社友,而所欲办之事,又皆本社分股委员会或分股所当办、所能办者。发起诸君,固未尝不知创办学会之艰难,与其自立一会,两败俱伤之影响;而必欲出此者,毋亦以本社分股有放弃责任之处,凡所当办所能办者,均在未办之列耶?思维再三,徒有自责,窃谓补救之法,(一)各股长宜常与股员通信,征求意见,并设法联络一股团体,以提议举办一切。(二)各股长宜彼此联合,随时讨论,尤宜以责任为心,劳怨为职,庶不负社内外人之期望,亦足使中国科学社有其天然存在之正当理由。②

1918年,第三次年会选举新的分股委员会:委员长陆费执、普通股股长王文培、生计股股长卫挺生、物算股股长饶毓泰、化学股股长吴宪、化学工程股股长刘树杞、机械工程股股长王成志、土木工程股股长苏鉴、电机工程股股长李熙谋、矿冶工程股股长薛桂轮、农林股股长陆费执、生物股股长钟心煊、医药股股

---

① 《特别职员会报告》,《科学》1917年第3卷第8期。
② 《中国科学社纪事》,《科学》1918年第4卷第1期。

长吴旭丹。年会后中国科学社搬迁回国,这样在美的分股委员会与回国的董事会之间自然会出现沟通困难等问题,导致分股委员会工作毫无成效,最终走向消亡。

三、社友会的成立

1.南京社友会的成立

当中国科学社还在美国时,南京是社员聚集的城市,也是国内的活动中心。自1915年开始,中国科学社社员陆续回国,纷纷来到南京就业,在南京的社员们便倡议成立中国科学社南京支社。

1916年9月24日,中国科学社南京支社成立会议在南京第一农业学校举行。到会者18人。会议议决了10条简章,举定过探先、邹树文、钱崇澍3人为理事,并按照章程推举过探先为理事长。此时,南京支社有社员20人,分别为:邹树文、邹秉文、杨孝述、张准、吴家高、顾维精、过探先、钱崇澍、许先甲、李协、朱箓、陈嵘、吴元涤、唐昌治、曾济宽、余乘、陈方济、庞斌、范永增、吴致觉。[①]

1917年,中国科学社修改社章,添设支社以图扩张社务,删去书籍译著部。支社设理事长1人,理事2人,负责办理当地的交际事务并办理总部各机关委托事务等。[②]

到了1918年,中国科学社南京支社成员共计30人,如南京高等师范学校的郭秉文、陶行知、原颂周、吴康、王琎、邹秉文、徐尚、张天才、吴家高、贺懋庆、胡先骕、周仁、郑宗海、张准、陈容、朱箓;河海工程专门学校的许先甲、李协、范永增、杨孝述;江苏省第一甲种农业学校的过探先、钱崇澍、陈嵘、唐昌治、曾济宽、吴元涤、余乘等;金陵大学的钱天鹤、凌道扬等。[③]

南京支社还设有编辑支部,为《科学》编辑国内稿件,同时还预备借公共机关举行科学演讲,以普及科学知识。在美董事会虽然通过了南京支社章程,但加了一条:"本支社于必要时,经董事会之议决,得取消支部名义。"因为"本社与

[①]《本社南京支部成立》,《科学》1917年第3卷第1期。
[②]《修改总章草案通告》,《科学》1917年3卷第4期。
[③]《本社社员之调查》,《科学》1919年第4卷第7期。

他种党会不同,不欲多设机关以耗财力。他日本社总部移回国内,即无设立支部之必要也"。①

1919年9月28日,中国科学社南京支社在大仓园召开南京社员全体大会,到会23人,孙洪芬为主席。议决设立南京社友会,举许先甲为理事长,沈奎侯为书记,杨孝述为会计,由此建立了国内第一个社友会。②

2.南通社友会的成立

1916年12月,中国科学社南通支社成立,张孝若为干事长,孙观澜、范友兰为干事。1917年2月将章程寄到美国,2月25日董事会决议,"以本社向不主张多设支社,以防国内近日党会之流弊",将南通支社改为"南通社友会",并规定以后各地的社友组织也称社友会。这是"社友会"一词首次出现在中国科学社的话题中。中国科学社为了避免当时国内一些"党""会"已有流弊,一直努力将权力控制在总部,从而避免了各地社员以中国科学社的名义从事一些与社章不符的事务。同时,董事会还议决各地社友会不得支取社员常年费、没有吸收社员的权力、没有代表该社的权力。③

第三节 《科学》的创办

科学社最初成立的目的在于出版和发行《科学》杂志,这是科学社成立后第一件要办的事业,也是科学社的一项重要活动。1915年1月1日,《科学》创刊号经留学生在美国康奈尔大学编辑后,由上海商务印书馆在国内正式发行。1917年8月,在中国科学社第三次年会上,《科学》被正式定为机关报,成为中国科学社研究和传播科学的重要阵地。

---

① 《本社南京支部成立》,《科学》1917年第3卷第1期。
② 《南京社友会近况》,《科学》1919年第5卷第1期。
③ 《南通支社改称社友会》,《科学》1917年第3卷第3期。

一、《科学》创刊

为发刊《科学》,科学社起初采用的是股份公司的集股形式,将发行《科学》月刊当作一件生意去做。任鸿隽在1916年9月2日的演讲中说道:当时因见中国发行的期刊,大半有始无终,所以我们决议,把这事当作一件生意做去。出银十元的,算作一个股东。有许多股东在后监督,自然不会半途而废了。不久也居然集了二三十股,于是一面草定章程,组织社务,一面组织编辑部,发行期刊。[①]

为维持《科学》正常出刊,1915年1月设立特别捐助,分月捐和特别捐两种,意在"补充目前用款之不足,由社员认捐",到改组时已募集566.16美元。

科学社成立的时候,发起人尚在求学,课业繁重,编辑写稿人手不够,可忙坏了杨铨、胡明复、赵元任等人。赵元任转入哈佛大学后戏答胡明复催稿信的一首打油诗可见其情形:"自从肯波去(按:似指坎布里奇,哈佛大学所在地),这城如探汤。文章已寄上,夫子不敢当(按:胡明复来信中有"寄语赵夫子,《科学》要文章"之句)。才完又要做,忙似阎罗王。幸有辟克历(按:Picnic,野餐),届时还可大大的乐一场。"

《科学》第1卷第1期载有发刊词、例言,赵元任与任鸿隽、胡明复、周仁、秉志、过探先、金邦正、杨铨等人的文章,以及调查、新闻、附录等,共120页。《科学》创刊号在"例言"中申明本刊"专以传播世界最新科学知识为职志","求真致用两方面当同时并重",从总体上规定了《科学》的办刊宗旨及栏目:

文明之国,学必有会,会必有报以发表其学术研究之进步与新理之发明。故各国学界期报实最近之学术发达史,而当世学者所赖以交通智识者也。同人方在求学时代,发明创造,虽病未能,转输贩运,未遑多让,爰举所得就正有道。他日学问进步,蔚为发表新知创作机关,是同人之所希望者也。

本杂志虽专以传播世界最新科学知识为职志,然以吾国科学程度方在萌芽,亦不敢过求高深,致解人难索。每一题目皆源本卑近,详细解释,使读者由

[①] 任鸿隽:《外国科学社及本社之历史》,《科学》1917年第3卷第1期。

浅入深,渐得科学上智识,而既具高等专门以上智识者,亦得取材他山,以资参考。为学之道,求真致用两方面当同时并重。本杂志专述科学,归以效实。玄谈虽佳不录,而科学原理之作必取,工械之小亦载,而社会政治之大不书,断以科学,不及其他。

科学门类繁赜,本无轻重轩轾可言。本杂志文字由同人分门担任,今为编辑便利起见,略分次第如下:(一)通论,(二)物质科学及其应用(Physical Sciences and their Applications),(三)自然科学及其应用(Natural Sciences and their Applications),(四)历史传记,(五)杂俎,其余美术音乐之伦虽不在科学范围以内,然以其关系国民性格至重,又为吾国人所最缺乏,未便割爱,附于篇末……

本杂志印法,旁行上左,兼用西文句读点乙,以便插写算术物理化学诸方程公式。非故好新奇,读者谅之。[①]

《科学》创刊号上登载的"发刊词"则是一篇具体阐述"科学救国"的宣言,论述了科学的强大威力。第一,国家强弱与科学有直接的关系,"世界强国,其民权国力之发展,必与其学术思想之进步为平行线,而学术荒芜之国无幸焉";第二,科学在改进人类的物质生活水平上有强大力量;第三,科学可以提高人类的寿命;第四,科学可以提高、影响人类的智识;第五,科学与人类的道德也有莫大关系。在发刊词中,以任鸿隽为代表的科学先驱者喊出了"科学救国"的主张:"数千年来所宝为国粹之经术道德,亦陵夷覆败,荡然若无。民生苟偷,精神形质上皆失其自立之计……夫徒钻故纸,不足为今日学者,较然明矣。然使无精密深远之学,为国人所服习,将社会失其中坚,人心无所附丽,亦岂可久之道。继兹以往,代兴于神州学术之林,而为芸芸众生所托命者,其唯科学乎,其唯科学乎!"[②]科学成为芸芸众生可以安身托命的事业,可谓惊世之言。而反思那个时代,当时的人们是如何认识科学的?晚清学制建立后,基本上以"科学"教育取代了传统的儒学教育,在学校中设有理、工、农、医、文、法、商诸科。当时的人们以为,科学就是这些分科之学。任鸿隽原来也持有相似看法,但后来他到了美国留学,对科学的本质有了新的认识。

[①]《例言》,《科学》1915年第1卷第1期。
[②]《发刊词》,《科学》1915年第1卷第1期。

《科学》"发刊词"还指出"'科学'是与'民权'并列的国家强盛所必须(需)的两条'平行线'之一",倡导民主与科学。这可看作新文化运动之先声,这一呐喊比陈独秀的《新青年》杂志还早了8个月。

《科学》杂志创刊号刊载了赵元任于1914年谱成的《和平进行曲》。这是他首次发表的音乐作品,也是目前我们所能见到的发表最早的中国钢琴曲。

1915—1917年《科学》正常发刊,每年一卷,共3卷,每卷页码在1400页左右,所刊登的文章以宣传科学效用及解释科学原理为多。以1915年发刊的第1卷为例,该卷共有署名作者34人,刊载文章130篇,内容主要包括几个方面:一是"通论",如《说中国无科学之原因》《近世科学的宇宙观》《战争与工业》《发现与发明》《学会与科学》《科学上的分类》《科学与工业》《科学与教育》等。二是专门介绍某门科学的文章。此外,还有大量译述当时西方出版物的文章。这些文章的重点在于准确而规范地传播"科学"概念。

1918年底,科学社把从1915年至1918年4月间在《科学》月刊《通论》一栏中发表的论述有关科学性质的论文编撰成《科学通论》一书,任鸿隽在《初版弁言》中写道:

> 方不佞旅居美陆,颇闻人评论《科学》内容,以谓通论文字,方之他邦科学杂志,如美之《科学周刊》《科学月报》等,未遑多让;独专门中能以新发明为世界贡献者尚少耳。不佞既惭斯言,又以《科学》职志在彼不在此自解。顷者身入国门,与父老兄弟相问切,然后知承学之士,知科学为何物者,尚如凤毛麟角。是真吾人数年以来,抱献曝之忱,殷殷内望所不及料者也。夫求学以实不以言,能倡作之谓圣。科学主能,在发明新理,尤不当以继述为足。虽然,人情不知真善之所在,则忻美追求之念不生。兹编所收,虽不足语于科学,而于解释科学之役,庶几有当。卞和不悔于三刖之痛,是以荆山之璞,终为世宝。推斯意也,以读是编,明日黄花之诮,庶几免乎。[①]

《科学》创刊后,在国内也很快有反响,当时就读清华的叶企孙在图书馆阅

---

① 《科学通论》,中国科学社,1919,第1页。

读《科学》创刊号后,被深深吸引。受其影响,1915年9月18日,叶企孙与同学刘树墉、余泽兰、郑步青等在清华成立科学会,叶企孙起草章程,刘树墉任会长。后相继改为"1918年级科学社""清华科学社",叶企孙曾任会长。在叶企孙早年日记中,摘抄了不少《科学》杂志刊登的内容。1916年8月12日,叶企孙在寰球中国学生会订阅了《科学》杂志第2卷全年,[1]几乎用去他一年书籍费开支的八分之一。1917年4月,叶企孙加入中国科学社,其后成为该社主要领导人之一。

1920年2月,杨贤江以中国科学社向教育部申请备案的资料为基础,撰文介绍中国科学社,认为在当时中国学术团体里头,中国科学社居于"首屈一指"的地位,"现在中国比较有力量、有价值的学术团体,不能不推中国科学社"。其理由在于中国科学社具有两种根本精神:一是社员"肯牺牲、有毅力";二是中国科学社"完全是出于研究学术、发达科学的动机"。[2]

二、爱迪生与《科学》

《科学》创刊号出版之后,任鸿隽、杨杏佛等随即向蔡元培、李石曾、汪精卫等写信请求支持,请黄兴题写刊名,请伍廷芳、唐绍仪、黄炎培、沈恩孚等名流题词。其中爱迪生的来信值得详细叙述。

最早的由头,很可能是以唐钺撰写关于爱迪生的文章为名,由赵元任出面向爱迪生索要近期照片。爱迪生很快就将有他亲笔签名的照片寄来,这对编辑《科学》的人来说,无疑是一件鼓舞人心的好事。他们决定尽快将照片发表出来,以此吸引读者,扩大杂志的社会影响。他们在《科学》第1卷第5期的图版上刊出爱迪生的签名照片,以"爱迭生最近肖像"为题,附有说明文字:"此爱迭生君最近肖像,由爱君亲赠本社,其下西文则其自签名也。爱君事迹见本报第六期传记。"

1915年8月28日,赵元任写信给爱迪生,并附上刊有爱迪生传的那两期《科学》。随后就有了爱迪生9月10日的来信。爱迪生在回信中表达了对中华民族觉醒的长期关注,认为《科学》杂志的发行正是这一觉醒的证明,表示了对《科

---

[1] 叶铭汉、戴念祖、李艳平编《叶企孙文存》,首都师范大学出版社,2013,第443页。
[2] 杨贤江:《中国现有的学术团体》,载《杨贤江全集》第1卷,河南教育出版社,1995,第175-181页。

学》创刊的祝贺,并期待其在科学传播事业上取得成功。

收到爱迪生的回信之后,赵元任、任鸿隽等感到很振奋。他们把此信与国内几位名流的题词组合在一起同时发表在第2卷第1期前面的图版上,并将爱迪生的信置于首位,标题是《美国大发明家爱迭生君来书》,并附赵元任的译文:

以数千年沉睡之支那大国,瞿然而觉,知开明教育为国家势力与进步之基础,得非一极可惊叹之事?而方今世界实共瞻之。斯意也,吾怀之有日,昨读贵社来书,及所发行之科学第五六期,然后信吾见之不谬也。

贵国学子关于教育上之致力,实令远方识时之士闻而钦佩,贵国之有此,发达之征也。贵社同人择途既得,进步尤著,异日科学知识,普及全国,发荣滋长,永永无斁,可操券候[①]也,谨奉书以贺。

中国科学社接着又聘爱迪生担任名誉社员,这是中国科学社授予极少数几位权威人士的殊荣。

1931年10月18日,爱迪生逝世,享年84岁。1932年10月,爱迪生逝世一周年之际,《科学》第16卷第10期出版"爱迪生逝世周年纪念专号",发表了大量评介文章,后来该社又出了《爱迪生》单行本,以纪念这位科学巨匠。同时,设立"爱迪生纪念奖金",并发起了募捐活动。还设有"爱迪生电工奖金",用以奖给电工方面学术成绩优秀者,奖金为金质奖章一枚、现金一百元。

三、《科学》的创新

为适应科学传播的需要,《科学》在版面上首倡横排向右的排版方式,方便了数理化符号、公式、阿拉伯数字等科技信息的表达;为不使"词义之失于章句",引入和使用了西式标点法,放弃了传统的"句读"法。不管是汉字横排,还是采用西式标点,在中国出版史上,《科学》杂志都堪称"第一刊"。这种排版形

[①]原文为候,此处为编者校订。本节涉及较多民国时期文献,编者对其中的错别字等一一进行了修正。——编者注。

式上的革新,适应了现代科学传播的需要,在中国近代出版史上具有划时代的意义。在其带动下,许多科学性读物也都效仿这种版式。

《科学》杂志首次改用西式标点的做法曾遭到某些人的非难,被视为"好新无谓"。胡适为此特撰文进行辩护。1915年的7、8月之交,他"凡三昼夜始成"一文——《论句读及文字符号》。这是专为《科学》而作,既为"发刊例言"做了补充说明,也是对非难者的答复。1916年1月《科学》发表这篇论文时,文前附一编者按:

本报自出版之始即采用西文句读法,海内外颇有以好新无谓非之者,然科学文字贵明了不移;奥理新义,多非中土所有,西人以浅易句读文字为之,读者犹费思索。若吾人沿旧习,长篇累牍,不加点乙,恐辞义之失于章句者将举不胜举矣。胡君适有鉴乎文字符号之不容缓也,因为是文,以投本报。同人既喜其能补本报凡例之不及,且足以答海内外见难之辞,因刊之此期。读者不以越俎代谋讥之,则幸甚矣。编者识。①

《论句读及文字符号》一文是我国关于新式标点符号的第一篇系统完整的科学论文。在文中,胡适提出了划分句读符号(点号)和文字符号(标号)两大系统的初步设想,阐明了标点符号在书面语中的重要地位,条析各类标点的使用方法,梳理了句、读、顿三者的关系。1919年以胡适为首的6位学者联名向国语统一筹备会提出《请颁行新式标点符号议案》,1920年经教育部批准,成为我国第一部政府颁行的标点符号方案。

第四节　年会的形成

召开年会是中国科学社的一项重要事务,早在1915年社章第9章中就作了专门规定。1916至1936年间,中国科学社每年召开年会,从未间断。抗战全面

---

① 胡适:《论句读及文字符号》,《科学》1916年第2卷第1期。

爆发后,才未能连续召开。40余年间,中国科学社共召开年会26届,地点遍及全国各大主要城市。

一、年会制度的形成

社团在美国大学校园生活中占有极其重要的地位,每年举办年会是社团的重要活动之一。留美求学期间,科学社社员积极参与留美中国学生会的年会活动。任鸿隽曾担任1915年《留美学生季报》主编,过探先出任该年《留美学生季报》总干事。杨铨、胡明复、赵元任、邹秉文等常常为该报撰文,并借助此刊物宣传科学社和《科学》月刊。留美中国学生会每年在不同城市举行年会,这些年会活动不仅丰富了留学生活,其组织及运行规则,对中国科学社年会制度的形成无疑起到了借鉴作用。

改组为学术社团后,章程中专章规定了年会是重要的社务之一,但其主要目的并不是为了满足学术交流的需要,而是为了方便社友交谊联络与商讨社务。虽有发展中国科学的理想,但由于科研环境的不良与科研成果的缺失,学术交流的需求并不强烈,这决定了最初年会的功能与内容。

章程规定了每年的7月或8月举行一次年会。到会社员必须超过全体社员的十分之一,方可正式召开年会,议决各项事务。年会的主要职责有:选举3名司选委员,讨论和议决重要事件,检查账目和修改章程等。建立司选委员制度是为了保证由全体社员选举董事会。年会召开3个月前,由司选委员确定候选董事的名单,通告全体社员并请他们通过邮寄投票。社员也可以联名推举候选董事。选举结果在年会上由司选委员报告。总章修改需要举行年会时到会社员的三分之二或者全体社员的五分之一表决同意才能通过。

章程没有说明举行年会的目的和意义,但规定了年会上应办以下事务:(一)选举司选委员及特社员、赞助社员、名誉社员;(二)议决董事会提出事件;(三)提议及议决重要事件;(四)宣读论文;(五)修改章程;(六)检查账目。可见,年会的主要目的是进行年度社务总结、议决来年事务和进行长远社务发展规划,学术交流即"宣读论文"仅仅是诸多事项中的一项,并不占有特别重要的地位。

任鸿隽在《年会号弁言》一文中指出:"今之为学者必有会。会者非徒所谓团体之组织而已,必将有握手之欢,讲论谈笑之乐,而后有以尽其情,而砺德铄智之事,亦于是出焉。世之学会,皆于冬夏暇日,为会以聚其俦,盖以此也。"①在任鸿隽看来,举办年会的主要目的:一是报告并讨论社务,联络感情,并宣读论文以交流学术研究之心得。二是广为宣传科学知识。

二、在美期间的三次年会

中国科学社从1916年开始举行年会,在美期间共召开3次。除第三次年会设有开幕式外,年会内容主要包括三部分:社务会、演讲会和交际会。

中国科学社就开会地址、时间、会程等作了精心筹划。任鸿隽1916年8月1日致信胡适言:

闻将不赴学生会,甚失望,"科学"之文艺会方望足下去读一篇大文也。迩闻饶树人病瘵,已弃学养摄,科学会自不能到。赵元任亦割腹治所谓appendicitis(阑尾炎)。去此二人,科学年会岌岌可危。足下若又不往,愈减色矣。望勉为一行,或于最后二、三日内一往亦可。②

饶树人即饶毓泰,他和赵元任都是中国科学社骨干,好在最后赵元任光临会议并宣读论文一篇。胡适虽未与会,但提交了一篇论文(由杨铨代为宣读),为年会"增色不少"。

1916年9月2日至3日,中国科学社第一次年会在东美中国留学生会年会会场——麻省安陀阜(Andover)的菲力柏学校举行。到会社员30人,社长任鸿隽任主席,唐钺、赵元任任书记,主要议程有社务会、讲演会和交际会。任鸿隽致开幕词后各职员报告。③社务讨论中,"社徽"形状未定案,期刊加价提案没有

---

① 任鸿隽:《年会号弁言》,《科学》1917年第3卷第1期。
② 中国社会科学院近代史研究所中华民国史组编《胡适来往书信选》上,中华书局,1979,第3页。
③ 计有社长、书记、会计、期刊编辑部、书籍译著部、分股委员会、经理部等7个报告。此次年会资料参阅《科学》第3卷第1期。

通过;通过胡明复提议,分基本金与专用金募集款项,并拟向政府请款。交际会,旨在"引起到会者之兴趣,促进社内外之交谊"。

讲演会即以后论文讨论会的雏形,当时名曰宣读论文。共宣读论文5篇,分别是任鸿隽《外国科学社及本社之历史》、赵元任《中西星名考》、张贻志《科学系统论》、钟心煊《名词短评》、胡适《先秦诸子进化论》。

第一次年会取得圆满成功。1917年,仿他国学会之旧例,《科学》第3卷第1期以"年会号"详细收录了第一次年会报告记事之文。在《年会号弁言》中,任鸿隽说此次年会"晨有社务之讨论,午有学术之讲演,晚则以艺文之绪余,心能之发舒,相竞为戏。繁而有理,辨而不乱,竞奋而悦怡,庶几于会之二义各有合乎"①。《常年会干事部报告》中也说:"此会为本社有史以来之第一次,然以会中之成绩观之,尚为不劣,莅会社员亦颇称许。惟是到会人数究属太少,而论文之宣读者尤鲜,此急宜设法鼓励者也。"②

1917年9月5日至6日,中国科学社第二次年会依然在东美中国留学生会年会的会址上召开,地点选在罗德岛州普罗维登斯的布朗大学(Brown University),并且得到了东美中国留学生会年会会长王正序的大力支持。

第二次年会与会社员共29人。第一次社务会听取职员报告,选举张謇为名誉社员,伍廷芳、唐绍仪、范源濂、黄炎培为赞助社员,蔡元培为特社员,并议决向政府和私人筹款。第二次社务会修改章程,确定了由吕彦直设计的社徽,社徽上铭刻"格物致知,利用厚生"八字。讲演会参加者25人,由杨铨主持,他说由于演讲人数较多,但时间短促,故限定每人平均演讲时间为20分钟。宣读的论文有侯德榜《科学与工业》、吴宪《水于化学上之位置》、王孝丰《飞机》,因时间紧张而不得宣读机会的论文有任鸿隽《发明与研究》、杨铨《科学的管理法在中国之应用》、李寅恭《森林与农业之关系》、张贻志《桐油》、胡嗣鸿《以火蒸法于黄铜中取纯铜纯锌之索隐》等。③本次年会还有一个举措是当时留美学界一般社团组织的年会中所没有的,那就是参观工厂。"参观工厂可增长学识,此为吾

---

① 任鸿隽:《年会号弁言》,《科学》1917年第3卷第1期。
② 《常年会干事部报告》,《科学》1917年第3卷第1期。
③ 除《飞机》一文外,其他7文分别发表于《科学》第4卷第1期和第3期。另外,胡嗣鸿、李寅恭未到会。此次年会资料源于《科学》第4卷第1期。

学生之分内事。"

第二次年会结束后,任鸿隽赶赴麻省理工学院,参加9月10日至13日召开的美国化学会秋季会,"欲借他山之石,为吾科学社攻错也"。[①]

1918年8月30日至9月2日,中国科学社在其发源地——绮色佳的康奈尔大学举行。本次年会是一个转折点。首先,虽然会议地点离东美中国留学生会年会召开地很近,但毕竟与之分开举行,表明中国科学社年会在留学生中已经有了一定影响,至少可以半独立了。其次,此次年会议程对中国科学社年会的发展来说有里程碑式的意义,不但与中国工程学会联合召开,而且增加了开幕式邀请主任演讲这一以后固定的模式,开创了邀请社外名人演讲的先例。开幕式上,康奈尔大学著名教授Thilly和Barnes作了演讲,闭幕式上,康奈尔大学代理校长Kimball致词,时任教育总长的范源濂作了报告。从论文内容与质量、数量看,本次年会的学术交流功能有相当大的提升。

陆费执在他日记中记录了其参与本次年会的情形。8月30日抵达绮色佳,"遍询中国科学社会所不得,乃往万国学生会访秉君志,岂知踏破铁鞋无觅处,得来全不费功夫,科学社会所即在其地。报到者已廿四人矣。晚科学社年会开始"。31日,上午开议事会,"不外乎诸职员报告,选举新职员结果及琐事而已。下午范静生先生在科学社演说。大旨谓现在少年人(留学生尤甚)鉴于中国内乱外患及种种不宁之现状,多抱悲观主义。此乃大误,盖世无不可为之事,无不可救之事,且中国现在并非处于不可救药之地位"。9月1日,上午全体摄影,下午做游船之举,晚开交际会,"金君以英文演说,杨君为汉文传译……其中离奇处,颇堪发噱,亦可谓游戏中之雅者。赵君有问题五十条,读其问语,在座者应以答语,以首答者为胜,亦练人脑力之一法也"。9月2日,下午宣读论文,共有文12篇。晚以音乐闭会。[②]

在美的这三次年会,规模小,历时也不长,会议重心在社务讨论与社员之间的交谊上,特别是交谊方面与当时留美学界的学生会组织有"共通之处"。因此,在一定程度上,此时中国科学社年会可以名之曰学生会性质的交谊性年会,而非真正意义上之学术性年会。

[①] 任鸿隽:《美国化学会开会记》,《科学》1918年第4卷第1期。
[②] 陆费执:《暑假旅行日记》,《留美学生季报》1919年春季第1号,第186-187页。

1916年第一次年会后,胡明复参加了仅20余英里距离的哈佛召开的美国算学会年会,"急欲一观美国学社开会之条理与精神,以得与本社相比较"。"其会之最堪注意者,为其论文呈进之多,计前后共有四十余篇。回顾吾社,范围虽较广甚,而论文呈进之数,乃仅有四。相形之下,不觉自惭"。他为中国科学社年会论文之少寻找客观原因:"美国算学会为算学教师所组织,其社员类皆能为高深之研究,而其会员人数且达四五百以上,则其常会之有四十余篇论文者,亦其所宜。吾社则草创未久,社员虽亦有百八十人之谱,然多半尚在肄业时代,不能为独立高深之研究。其在本国者,以无图书馆及实验室,亦不能有所著述。则四篇之数,已不得谓少。所深望者,第二次常年大会时,能数倍此数耳"。最后褒奖中国科学社年会曰:"就开会之精神言,则吾社未尝少逊于美国算学会,而热心则过之。此尤为可贺者。"①

　　1916年至1918年在美期间的三次年会,尽管还属于学生会联谊性质,但是年会的各个事项基本确立,初步奠定了中国科学社年会的基本模式,特别是科学演讲和论文宣读环节,无疑提升了年会的学术分量,形成了比较完备的运行程序和活动流程。在年会活动中,讨论社务、宣读论文、联络交流、考察观光等活动安排,显示出中国科学社年会制度的规范和有效,从而扩大了中国科学社的影响,提高了其声誉,促进了社员们的团结,增强了组织活力。

---

① 《美国算学会常年会记事》,《科学》1918年第3卷第1期。

中国科学社的发展与成长
（1918—1927）

第二章

1918年中国科学社整体迁回国内,至1927年,其骨干成员多云集南京,东南大学成为中国科学社的"大本营"。回国初期,社务发展相对艰难,一度陷入困境,《科学》有8个月因资金问题而停刊。为了筹建固定社所与筹募经费等,任鸿隽、杨杏佛等骨干成员不辞辛苦、多方奔走,问题终得解决;同时,中国科学社加强自身组织建设,改组社务,修改章程,呼吁重视科学研究,建立中国科学社生物研究所,成立新董事会,加强与社会各界的联系。经过1922年社务改组,中国科学社得到了快速发展,社员数量稳定增长,各项事业呈现繁荣局面。

第一节　社务发展与改组

　　自1915年开始,中国科学社社员们陆续学成归国。由于南京特殊的地位,社员们多云集于此,并成立了南京支社,南京成为事实上的社务中心。随着骨干社员陆续回国,1918年中国科学社本部由美国迁回国内。筹建社所和募集经费成为重要任务。为了科学发展,中国科学社于1922年改组社务,修改章程,明确提出"研究学术"的口号,成立新的组织结构。

一、迁回国内

自1915年至1918年，中国科学社的一批骨干成员相继回国。

1915年夏，周仁、过探先、金邦正回国。周仁回国后，先是受《申报》馆主编史量才的邀请，担任《申报》馆的工程师，1917年2月，执教于南京高等师范学校；过探先回国后任江苏省第一甲种农业学校校长；金邦正先是任安徽省甲种农业学校校长，1917年任北京农业专门学校校长。

1916年，张准（张子高）、孙洪芬、王琎回国后执教于南京高等师范学校，钱崇澍先执教于江苏省第一甲种农业学校，后执教于金陵大学。这一年，邹秉文回国，初执教于金陵大学农科，1917年出任南京高等师范学校农科主任。

胡明复于1918年上半年回国，到其兄胡敦复所创立的大同学院执教。

1918年上半年，任鸿隽和杨杏佛分别结束在哥伦比亚大学和哈佛大学的硕士学业。6月24日，任鸿隽在给当时任教于北京大学的胡适的一封信中写道：

承嘱归国后径来尊寓下榻，盛意感甚。……如有暇时，或竟来北京拜识文学界之新人物，并与足下、孑民先生一罄别来之积愫。……虽尚逗留此邦，而归国之心则已如离弦之弩，不可复挽。所以尚迟迟未行者，徒欲待八月底间科学年会耳。[1]

在参加完8月底至9月初在美国康奈尔大学的第三次中国科学社年会后，任鸿隽和杨杏佛两人于1918年10月同乘"诹访丸"号海轮回国，旅途中，他们仍不忘科学社的事业。10月14日夜，杨杏佛在船上写道：

昨夜舟中不能成睡，既恨学不如人，须苦奋读书；又觉前途事业担子极重，小有失足，贻误终生，益不能自静。继念万事皆在人为，若能自持外界何能损益。然在黑暗社会自持亦大不易。必心地时时明白乃不为物污。[2]

---

[1] 中国社会科学院近代史研究所中华民国史组编《胡适来往书信选》上，中华书局，1979，第12-13页。
[2] 杨铨：《杏佛日记》，《中国科技史料》1980年第2期。

10月20日,"诹访丸"号停靠日本横滨后,旅客乘电车到东京游览,杨杏佛特地与原毕业于东京高等工业学校而当时正在日本工业试验所的张树杫会面,畅谈中国工业前途及科学社与工业同志会之希望。

10月26日,"诹访丸"号抵达上海。第二天,任鸿隽和杨杏佛就与已经先回国的胡明复,以及一直负责《科学》出版和发行的朱少屏聚在一起,商讨科学社的事业。杨杏佛曾在1918年10月27日的日记中记载了这一天的活动:

十时半归舟,候至十一时叔永始与明复来。吾因先运物至四川路青年会,渠二人与陈君在寰球学生会相会。及吾至学生会时,方下车而渠等适来。同入晤朱少屏君。一别盖六年矣,谈科学[社]事及时事约数十分钟。……下午二时半复回寰球学生会与少屏诸君等谈至三时同往南市半淞园游览。……由园中出,参观大同学院,院中屋宇极小,惟所授多大学科,精神极朴实,要为沪上之良校,不可以形式小之也。夜在雅叙园晚餐,少屏为东道主,食后即归惠中旅馆。[①]

任鸿隽和杨杏佛回到国内时,科学社的主要骨干除赵元任和秉志当时尚在美国外,其余的人都已回到国内。中国科学社总部也随之移到国内。上海、南京两地是中国科学社社员比较集中的地方,且胡明复在上海大同学院,周仁、邹秉文等在南京高等师范学校任教,因此得到南京高等师范学校校长郭秉文和上海大同大学校长胡敦复的支持,在这两校借得房屋分别设立了中国科学社南京事务所和上海事务所,由邹秉文和胡明复分别主持两地事务所的日常工作。

二、筹建社所

在1916年中国科学社召开的首次年会上,任鸿隽在社长报告中谈及今后工作要点时,指出"本社各种机关,既已略具规模,以本社社友之热心毅力,自不难蒸蒸日上。然使本社若无永久会所,常住机关,终觉根本不固,发达难期。鄙见本社当筹一宗的款,在国内建设一个会所。另有常年经费以维持之,会所中

[①] 杨铨:《杏佛日记》,《中国科技史料》1980年第2期。

须用一个永久书记,经理社内一切记录及日常往来文件。此等事情,既有一个专手经理,然后社内各事能相继不断,历久不乱,且能逐渐改良,发荣滋大"。①可见,建立一个永久会所,成为科学社之后一项重点工作。

1917年任鸿隽在《科学》发文,提出从长远计,必须谋建一永久社所,并对以后要建的社所作了一番描述:

> 兄弟倒要请诸君做一个短梦,看一看中国科学社未来的会所,这会所盖在中国一个山水幽胜、交通便利的地方,外观虽不甚华丽,里面却宏敞深富,恐怕比现在美国麻省工业学校新建的校舍不相上下,其中有图书馆,有博物院,其余则分门别科,设了几十个试验室,请了许多本社最有学问的社员,照培根的方法,在实验室研究世界上科学家未经解决的问题。本社所出的期刊书籍,不但为学校的参考书,且为各种科学研究的根据。②

这是任鸿隽的理想设计,也是他对中国科学社未来发展的美好憧憬。但要实现这一蓝图,中国科学社面临诸多困境和不易。

科学社迁回国内后,分别在南京高等师范学校和上海大同大学暂借了一间房屋作为事务所。

起初,中国科学社南京总部暂时设在过探先的住所。1918年9月上旬,在南京高等师范学校校长郭秉文支持下,中国科学社在南京高等师范学校借得一屋作为该社在南京的办事处,建立了国内第一个临时社所。

郭秉文(1880—1969),南京浦口人。1908年赴美留学,1914年获哥伦比亚大学教育学博士学位。留美期间,郭秉文曾担任中国留美学生联合会主席,主编会刊,与蒋梦麟、胡适、张彭春、陶行知等留美中国学生有着密切的往来。1914年郭秉文尚未完成博士论文之际,南京高等师范学校就已聘定他为教务主任。1915年自美归来即参加南京高等师范学校的创办。1918年3月,南京高等师范学校校长江谦因病离职休养,教务主任郭秉文任代理校长。郭秉文踌躇满志,广延名师,网罗一大批中国科学社社员来南京高等师范学校任教。中国科

---

① 任鸿隽:《社长报告》,《科学》1917年第3卷第1期。
② 任鸿隽:《外国科学社及本社之历史》,《科学》1917年第3卷第1期。

学社主要发起人及骨干,如任鸿隽、杨杏佛、秉志、过探先、周仁、竺可桢、邹秉文、胡刚复、张准、王琎、孙洪芬等,均受聘来南京高等师范学校执教。郭秉文本人也成为中国科学社社员。由此,南高师-东大(东南大学)成为中国科学社的"大本营"。

1919年8月8日,中国科学社鉴于"事务日多,所假南京高等师范学校房屋不敷应用",决定把事务所"迁移到城北大仓园一号洋房内办公"。[①]在解决固定社所问题的过程中,张謇对中国科学社的支持尤为突出。

张謇(1853—1926),字季直,江苏南通人。张謇对中国科学社及其《科学》月刊向来表示肯定,曾书"盛论新知"以示赞誉和勉励。1916年12月30日,中国科学社在南通举行南通支社成立大会,通过会章,公推产生了理事会与理事长。张謇之子张孝若当选理事长。1917年9月,在中国科学社于美国罗德岛州举行的第二次年会上,张謇被选为名誉社员。

1918年张謇得知中国科学社活动经费拮据,当即就捐款不少。

在闻知中国科学社发起5万元的筹款计划后,张謇慷慨捐款3000元。1922年8月18日,中国科学社生物研究所成立,张謇捐助1万元。在生物研究所开幕典礼上,由社员、北京大学生物系主任谭仲逵代表中国科学社对张謇的慷慨解囊表示感谢:"本社名誉社员张季直先生耆年硕德,利用厚生,科学昌明,端资先导,同人谨献生物研究所以志纪念。"[②]

1919年11月,在科学社社员王伯秋的建议下,中国科学社向财政部呈文,由江苏省政府拨给南京成贤街文德里的一所官房作为科学社社所。1920年2月29日,张謇致函中国科学社:

> 敬启者:昨奉大函,敬悉一一。论情事嫌于得陇望蜀,而一劳永逸,亦未始非计。东海及财政二函业已遵缮。鄙人之意一再为请者,良以科学为一切事业之母,诸君子热忱毅力,为中国发此曙光,前途希望实大。所愿名实相副,日月有进,毋涉他事意味及其恶习,则所心祝者耳。复颂大安。[③]

[①]《中国科学社南京事务所迁移通告》,《科学》1919年第4卷第11期。
[②]《本社生物研究所开幕记》,《科学》1922年第7卷第8期。
[③]张謇:《致科学社社长函》,载杨立强、沈渭滨、夏林根等编《张謇存稿》,上海人民出版社,1987,第216页。

同日,张謇上书民国总统徐世昌和财政部长李思浩:

徐大总统钧、赞侯总长大鉴:

敬启者,据科学社社长函称:"本社于八年十一月呈请财政部拨给江宁县城文德里官房,为中国科学社开办图书馆及研究所之用。经于是年十二月奉批:准予暂行借用,不收租金等因。惟查本社性质及事实,对于暂行借用一节,不得不请改为永久管业者,已拟续呈。希更为一言,以成国家维持学社之盛"等情。

按该社所持理由有三:一、该社为永久储藏及连续研究之用。一经陈设,势难轻移。陈列适宜,且须改作。一、美国卡尼基学社允赠该社图书,亦以该社必有永久藏书屋宇为交换条件。人之为我谋者至重,则我之自视未便过轻。一、该社全系研学问题,旨趣高尚。中外赞助者,前途之希望甚大。乃领一官房而不可得,将来修改之后,时时有收归官有之虞,亦非所以示提倡鼓励之意。是三说者,细思亦是实情,而对于卡尼基学社之表示尤要。除由该社正式续呈外,谨为达意。幸赐察准,既予杖以扶弱,毋刑印而不封也。不胜企感。敬请钧安。[①]

此房屋先为借用,经过长达6年的不懈努力,该社所最终由"借用"变为"永久占用"。1925年最终确定归中国科学社持有。

成贤街文德里社所有南北两栋西式楼房,中国科学社将南面一栋楼房用于设立研究所、博物馆,北面一栋楼房用于设立图书馆、编辑部、办事处。自此,中国科学社就有了固定的社所。

1920年3月,中国科学社董事会执行部和《科学》编辑部迁入新址。[②]胡刚复任图书馆馆长,严济慈就在这里帮助他审理《科学》稿件,整理图书,编目分类。1923年严济慈从东南大学毕业后被中国科学社破例吸纳为正式社员。[③]

成贤街文德里社所的取得对于中国科学社的发展具有重要的历史意义,任鸿隽称其为中国科学社"各种事业的发轫"。1920年8月,在中国科学社第五次年会及庆祝社所和图书馆成立致词中,任鸿隽说:

[①] 张謇:《致徐世昌、李思浩函》,载杨立强、沈渭滨、夏林根等编《张謇存稿》,上海人民出版社,1987,第215-216页。

[②]《中国科学社概况》,《科学》1936年第20卷第10期。

[③] 严济慈:《〈科学〉杂志与中国科学社》,《编辑学刊》1986年第4期。

现在观察一国文明程度的高低,不是拿广土众民、坚甲利兵作标准,而是用人民知识的高明,社会组织的完备和一般生活的进化来做衡量标准的。现代科学的发达与应用,已经将人类的生活、思想、行为、愿望,开了一个新局面。一国之内,若无科学研究,可算是知识不完全;若无科学的组织,可算是社会组织不完全。有了这两种不完全的现象,那末,社会生活情形就可想而知了。科学社的组织,是要就这两方面弥补缺陷。所以今天在本社社所内开第五次年会,并纪念社所及图书馆的成立,是一件极可庆幸的事……[1]

1921年,广州省政府拨给广州九曜坊一处官房作为科学社在广州的社所。

随着中国科学社事业的发展,南京成贤街文德里社所的房屋渐渐不够用了。

1928年2月,中国科学社在上海法租界亚尔培路533号处购入房地三亩余,作为总社社所及建筑图书馆之用。1929年4月,科学社总办事处以及《科学》月刊编辑部移设于上海。

1928年4月,中国科学社呈准国民政府财政部,将南京成贤街社所及其大门外之官地永久拨归中国科学社使用。1928年冬添购南京社所附近空地十余亩,为扩充生物研究所之用。同时在南京成贤街社所旧址建设生物研究所实验室,并作为生物研究所的永久基址。[2]

三、筹措经费

中国科学社创立初期的收入主要来自社员入社金、特别捐及常年捐,这远远不能满足发展的需要。早在美国召开的一次年会上,胡明复就说:"月捐之制,终不可以久恃,一旦停止或减少,社务即不得不受影响。"[3]为此,中国科学社广泛借力,通过募捐等方式筹措资金。

---

[1] 任鸿隽:《中国科学社社史简述》,《中国科技史料》1983年第1期。
[2] 《中国科学社概况》,《科学》1936年第20卷第10期。
[3] 《会计报告》,《科学》1917年第3卷第1期。

1918年9月25日,胡明复以科学社名义致函北大校长蔡元培,请求支持。9月27日,蔡元培主持北京大学编译处会议,在会上提议月助中国科学社,得到与会的李大钊、陈独秀等14位委员的一致赞同。北大提出的交换条件是:(1)请科学社代为调查书籍,并代为购置;(2)共同商定译名;(3)科学社编译之书,愿交北京大学编译处审定者,可由编译处出版。此后北京大学每月资助支持中国科学社200元。[①]

中国科学社要发展科学就必须有稳定的经费来源。杨铨回国之初,就多次与任鸿隽、胡明复商议筹款事宜。1918年12月7日,杨铨与任鸿隽、胡明复、朱少屏、尤怀皋、邹秉文等社友就筹款一事达成决议:(1)上海筹款定明年三月一日起;(2)用分团法筹款;(3)在三月前各人竭力先向各方募集。[②]

中国科学社为维持事业的长远发展,从一开始就格外注重永久基金的募集。社章规定基金的来源有两种:一是永久社员缴纳的社费,一是向社外募集的捐款。永久社员人数不多,社费的累积数不大,基金的大部分仍需要依靠社外的捐款。

1918年中国科学社总部迁回国内,任鸿隽、杨杏佛、胡明复以及周仁、邹秉文在上海共同商讨筹款事宜,决定于次年发起5万元基金募集活动,并得到了当时教育学术界领袖人物的支持。年底,蔡元培亲笔撰写《中国科学社征集基金启》:

当此科学万能时代,而吾国仅仅有此科学社,吾国之耻也;仅仅此一科学社,而如何维持,如何发展,尚未敢必,尤吾国之耻也。夫科学社之维持与发展,不外乎精神与物质两方面之需要:精神方面所需者,为科学家之脑,社员百余人,差足以供应之矣。物质方面所需要者,为种种关系科学之设备,则尚非社员之力所能给,而有待于政府若社会之协助。此征集基金之举所由来也。吾闻欧美政府若社会之有力者,恒不吝投巨万资金,以供研究科学各机关之需要。今以吾国惟一之科学社,而所希望之基金,又仅仅此数,吾意吾国政府若社会之有力者,必能奋然出倍蓰于社员所希望之数,以湔雪吾国人漠视科学之耻也。爰题数语,以为左券。[③]

---

① 《本校记事》,《北京大学日刊》1918年9月27日。
② 杨铨:《杏佛日记》,《中国科技史料》1980年第2期。
③ 高平叔编《蔡元培论科学与技术》,河北科学技术出版社,1985,第41页。

第三章 中国科学社的发展与成长(1918—1927)

1919年2月,范源濂也为科学社募集基金之事写了《为中国科学社敬告热心公益诸君》:

> 今之世界,一科学世界也。交通以科学启之,实业以科学兴之,战争攻守之具以科学之力成之。故科学不发达者,其国必贫且弱。反之,欲救其国之贫弱者,必于科学是赖,此证以当今各国实事无或爽者。吾国迩年以来渐知科学之重要。顾言者虽多,其能竭智尽虑、以振起科学为唯一职志者,舍中国科学社外,吾未见其二也。该社创办《科学》杂志,嘉惠学林,亦既有年。兹拟募集基金五万元为筹办图书馆及维持杂志之用。鄙人甚美其前进之志,并乐观其有成也。特书数语以为左券,并以告热心公益之君子。[①]

中国科学社社员为了募集资金,发动全体社员支持和参与募捐。《科学》第4卷第6期刊载了以中国科学社董事会名义而发的《中国科学社特别启事》,其中提道:"以筹集基金言,以本社社员350人计算,人能募集70元,已是定额之半。凡此皆非甚难之事,难在社友诸君之热心竭力耳。本社以图科学之发达为宗旨。欲达此宗旨,不可不以本社之发达为前提。欲图本社之发达,非社员人人各负责任不为功。"1921年《科学》第6卷第5期刊载一则消息:秉农山博士,自今年起,每年捐洋100元,为图书馆添购书报之用,又胡刚复临时捐洋45元。

在从事募捐宣传的同时,中国科学社骨干成员利用各自的关系,奔走各方,不遗余力。1918年12月至1919年4月,任鸿隽为了募集资金,南到广州,拜见岑春煊、伍廷芳、汪精卫;北到北京,拜见教育部傅增湘;西南到成都;东南到南通、杭州等处,历访当地政界学界要人,争取他们对中国科学社事业的支持,并广泛宣传科学。直到1919年10月才回到上海,历时将近一年。

除了向社会募捐,中国科学社还向当时的教育部及地方政府请求支持。1921年底,《科学》第6卷第12期刊载一则消息,即科学社因经费支绌向教育部申请一定经费补助,并得到教育部应准:"据呈已悉,该社提创学术,历有年所,应准本年10月起由部发给补助费200元,以系维持。"1922年8月在南通年会

[①] 林丽成、章立言、张剑编注《中国科学社档案资料整理与研究·发展历程史料》,上海科学技术出版社,2015,第71页。

上,中国科学社再次改组,由蔡元培、张謇、梁启超等9位社会贤达组成新一届董事会,负责中国科学社资金的募集与保管工作。1923年,董事会呈准国务会议,"向教育、财政两部及江苏督军省长呈文,经过阁议批准",得到江苏省财政厅自国库月拨2000元常年费。这一拨款一直延续到1935年。

1924年5月美国国会通过议案,退还中国自1917年10月1日起应付之庚子赔款,资助中国的文化教育事业。围绕庚款用途,包括中国科学社在内的诸多文化、教育团体参与进来,力争分得一杯羹。

1924年5月25日,在南京召开的中国科学社理事会上,与会者专门讨论了美国退还的庚子赔款余款的用途问题,大家一致认为此款既然已经确定用来发展中国的教育文化事业,应该争取其中一部分支持科学事业;并议决由任鸿隽专程赴北京与胡适商量此事。当天,任鸿隽即给当时在北京大学的胡适写了一封信,信中说:

> 美国赔款的残部退还中国,此刻已经定议了。他的用处,既指定为教育文化事业,科学社的同人以为趁这个机会,主张把美国的赔款,拿一部分来办科学事业(指普通科学研究事业而言,并不要科学社包办),大约也是应该的。但是我们很晓得现在为了这一笔款在那里忙着运动的,已经很不少了。我们科学社若是参加这种竞争,应该用一种什么方法,方能有效?近来上海和南京的同人为了此事,商量过不晓得多少次了。①

1924年6月7日,中国科学社理事会议决对英美各国退还庚款发表宣言,并推举任鸿隽、胡刚复、杨铨负责起草。7月1日,任鸿隽、竺可桢、王琎、秉志等27人署名的《中国科学社对美款用途意见》在《申报》上发表,对庚款的用途、保管提出意见,并指出庚款用途应遵循的原则:第一,以集中为原则,"此款为数无多,不宜过分,分则力弱而效微";第二,"宜用于学术上最根本最重要之事业,使教育文化皆能得有永久独立之基础"。故此,中国科学社认为庚款用途应用于"纯粹科学及应用科学之研究","尤以设立科学研究所为最适合需要"。对于庚

---

① 中国社会科学院近代史研究所中华民国史组:《胡适来往书信选》上,中华书局,1979,第250-251页。

款的保管委员会,"宜由两国政府征求两国学者及教育家之同意,规定办事大纲,将款项用途原则,及支配方法大略订定",使委员会在规定范围以内行使其职权。①

8月1日,中国科学社理事会决定发表杨铨所拟《中国科学社对庚款用途之宣言》,将其在上海中西各报刊如《申报》《大陆报》上刊载,并另印行中西文单行本分送各处,尽力宣扬其主张。宣言提出庚款用途应遵循的三个原则:

一、当尊重友邦退还赔款之意见。二、款数不多,宜集中谋全国公共事业之发展。三、所办事业当为:(甲)于中国最根本最急需者,(乙)能为中国谋学术之独立建永久之文化基础者,(丙)能增全世界人类之幸福者。

按照三原则,中国科学社提出退还庚款的适用范围:

(甲)关于纯粹研究者:
1.设立大规模之研究所(包括理化、生物、地学、实业等部)及津贴已有成绩之研究所。2.津贴各公私大学之研究设备。3.派遣已成材之学者留学各国。

(乙)关于辅助研究及普及知识者:1.设立图书馆。2.设立博物馆(如自然哲学馆、自然历史馆、工业馆与历史博物馆)。

(丙)关于沟通国际文化者:1.在英美有名大学设立中国文学哲学讲席;2.交换中外学者任教授及讲师;3.在中国有名大学中设额若干,备英美人来华留学。②

9月,任鸿隽先后致函胡适,对负责庚款退款安排的中华教育文化基金董事会的组成情况提出意见:"董事会的人选只限于政府及教育界中人而不加一两个真正的学者,我们认为不满意。"建议北京的学术团体应力争加入到董事会中,并提出"若是董事会人选绝对没有改变,我们想主张组织有力量的评议会,可以网罗多数学者,帮助董事审查及计划各事"。③

---

① 《中国科学社对美款用途意见》,《申报》1924年7月1日。
② 《中国科学社对庚款用途之宣言》,《科学》,1925年第9卷第8期。
③ 中国社会科学院近代史研究所中华民国史组:《胡适来往书信选》上,中华书局,1979,第264页。

竺可桢也在《科学》第9卷第9期上发表《庚子赔款与教育文化事业》一文，指出："庚子一役，各国挟其战胜淫威，以武力迫我国人出巨大之赔款，总数计达四万五千万两，年息四厘，分三十九年还清，其数之巨，当十百倍于各国实际之损失。"并强调："既名之曰退还赔款，既名之曰中国教育文化事业，则以中国人之款，办中国人之事业，我国人之当为处置此款之主人翁也明矣。"并认为，处置赔款用途委员会"不宜加入现任官吏"，"各学术团体，急应集合讨论吾国教育文化所应建设之事业，为全局之筹划，谋有系统的进行"。[①]

1924年9月，由中美双方15人组成的中华教育文化基金董事会（后改称中华教育文化基金会，简称中基会）正式成立。从1926年起，中基会开始补助中国科学社，当年即拨付常年费1.5万元，以3年为期，并提供一次性补助费5000元，主要用于生物研究。

1925年7月，范源濂出任中基会董事会干事长，邀请任鸿隽任中基会董事会专门调查委员。9月初，任鸿隽赴京担任中基会董事会专门秘书，其后继任副干事长、干事长及董事。这为中国科学社获得中基会董事会的持续支持提供了很大的方便。

1927年，国民党在南京建立政权。中国科学社董事会提议，向南京政府申请建设费及基金共100万元，以作发展科学研究之用。在蔡元培、杨杏佛等人的积极努力下，南京政府财政部于是年补助国库券40万元作为中国科学社基金。这是中国科学社所获得过的最大的一笔资助。关于这笔公债票得到的经过，任鸿隽曾说：

先是，本社虽然在南京设立了生物研究所及图书馆，但这仅限于生物科学方面的研究。关于理化科学及实业方面的研究，尚待设施，因此又有在上海筹设理化实业研究所的计划。后来因为这样一个计划需要款太巨，改为在上海设立科学馆，所需建筑及设备费用亦在10万元以上。又生物研究所虽然得了中华教育文化基金董事会（简称中基会）的补助，仍须另筹基金，方能维持久远，因此提出了筹集基金50万元的计划。这些数目过大，势难希望在私人方面募集。

[①] 竺可桢：《庚子赔款与教育文化事业》，《科学》1925年第9卷第9期。

因此，由本社董事会提议，向国民政府申请拨给本社建设费及基金共100万元，以作发展科学研究之用。结果由财政部拨给了公债票40万元。[1]

在公债票基金管理方面，中国科学社董事会委任蔡元培、范源濂、胡敦复三人为监察员，后来推中国银行总经理及社董事宋汉章承担保管及经理任务。此后在上海建立社所与明复图书馆以及中国科学图书仪器公司一部分的投资，皆由此项基金支拨，其数不下20万元，但40万元公债票的价值仍始终保持或尚有超过。这在1935年宋汉章因老退休，交接基金保管职务时，基金保管委员会与理事会联席会议记录上可以见到：

1935年1月12日中国科学社董事基金保管委员会与理事会在上海举行联席会议，蔡孑民董事长主持。主席致开会词，略谓"宋汉章先生保管本社基金，历6年有半，原数为公债40万元。历年用去京沪二社所购地及建屋之费约达18万元，连经常费共计支出28万余元。目前结算，尚余38万余元，连科学公司股本3万元，已超过原额40万元之数，足见其平日对于保管本社基金之苦心并善于运用，特代表本社向宋先生致谢。"宋先生答词谓"本人承本社董事之委托，保管基金，责任异常重大。六年以来，幸免陨越。……以后力所能及，仍当随时辅助"云云。[2]

至此，中国科学社资金紧缺问题基本得到了缓解，各项工作开始走入正轨，并迎来了发展的鼎盛时期。

需要说明的是，中国科学社的基金，除用于建设上海社所及图书馆外，尚存银行存款、公债票、科学公司股款等，共40万元有余。抗日战争全面爆发后，通货膨胀，经过国民政府的几次币制改革，所有债票皆成废纸，少数银行存款及科学公司股本，亦毫无价值。解放后，银行过期存款，由人民政府整理折价发还；科学公司股本，经公私合营后仍可按期领取利息，使中国科学社在一段时期内尚可维持运转。

---

[1] 任鸿隽：《中国科学社社史简述》，《中国科技史料》1983年第1期。
[2] 任鸿隽：《中国科学社社史简述》，《中国科技史料》1983年第1期。

四、1922年中国科学社改组

1922年3月,中国科学社向社员发出"紧要启事",大意为:社务日渐扩充,费用日增,而社员缴纳社费数反减缩,以致收支不能相抵。历年社员积欠之数,已达数千,其中甚至有数年未付者。推其原因,是因为职员之办事不力者半,社员之疏略者半。社中每年东移西补,竭力节省,甚至不惜妨碍事务之进行,幸免亏空。然长此以往,非特难言进步,对于社会不能有所贡献,恐即欲保守现状亦有所不能。望社员体会社中困苦状况与国中科学事业之幼稚,将各应纳之费如数上缴。

迁回国后的中国科学社社务发展陷入困境,诸如《科学》曾有8个月因无钱而不能刊发,社员缴纳社费数不增反减,社所不定。但更大的问题在于社员对社务的"冷漠"。从入社人数看,1919年至1922年增长几乎停止,1920年至1921年有17人入社,1922年仅有2人入社。中国科学社要实现振兴科学事业的目标,在国内获得发展,就必须"组织转型"。因而,社务改组提上了议事日程。

1922年8月20日,中国科学社在南通召开第七次年会。在南通年会上,中国科学社再次改组。改组后的新社章共14章76条,外加1个附则。宗旨为"联络同志,研究学术,以共图中国科学之发达",明确提出"研究学术"的口号。规定社员有承担调查研究、讲演及投稿社刊和维持社务发达之义务。社务增加了下列五项:设立各种科学研究所,进行科学实验以求实业与公益事业之进步;设立博物馆以供学术研究和参观;举行通俗科学演讲,以普及科学知识;组织科学旅行研究团,进行实地调查与研究;受公私机关委托进行科学咨询。

除在组织宗旨与社务上有上述转变外,此次改组最大举措是新董事会的成立,原董事会易名为理事会,丁文江、任鸿隽、赵元任、胡明复、杨铨、秉志、竺可桢、孙洪芬、胡刚复、王琎、秦汾等11人当选理事。同时,另设新董事会,章程规定,董事由9人组成,任期9年,每3年改选1/3。新的董事会由张謇、马良、蔡元培、汪兆铭、熊希龄、梁启超、严修、范源濂、胡敦复等9位社会贤达组成,对外代表该社募集基金和捐款,对内监督社内财政出纳,审定财务预算,保管及处理该社各种基金和财产,并将基金募集及其保管状况每年报告于年会。新的董事会实为中国科学社的名誉机构,理事会为实际领导机构,"议决本社政策,组织及改组各办事机关与委员会""司理本社财政出纳,并编造每年预算决算,呈董事会核准"等。

为了进一步管理与规范捐款活动与经费使用,新章程还设有"基金及捐款"专章,规定只有董事会有权力用该社名义募捐;捐助该社的资金如果没有该社的专门收据亦不得作为该社捐款;捐助基金分为特种基金、普通基金、特种捐金、普通捐金等4种。

新章程还专门对分社和社友会的组织原则进行了规定。新章程规定,凡国外重要都市,社员在30人以上者,经理事会同意可成立分社,接受理事会的领导,具有一定的财产支配权。1923年中国科学社美国分社成立。

较之以前的组织结构,第二次改组后的中国科学社增加了许多中间职能机构,组织体系更加完善,管理更加有效。新的组织结构中,有联络社员情感,维持社务发展的行政和交际部门,更有代表科学社形象的学术部门。至此,中国科学社基本上完成了向纯粹科学学会的转型。

南通年会于中国科学社有着特殊的意义,可看作其事业发展的一个转折点。自此,中国科学社逐渐走出困境和危机,目标更为明确。借助于董事会的影响力,其获得的社会资源和支持也更多,随着经费和社所等条件的改善,中国科学社的发展步入了快车道。其组织结构不断完善,影响日益扩大,入社人员开始呈稳定增长态势。1922年社员为522人,到1927年增至850人,5年来增长了328人,平均每年增长60余人。

第二节 《科学》的出版发行及办刊特色

五四时期,中国科学社以《科学》月刊为阵地进行广泛而深入的科学宣传,影响深远。

一、《科学》的出版发行

归国前后,《科学》编辑出版曾遇到一系列困难。首先是稿源不足的问题。1916年杨铨在首次年会上就提及《科学》来稿逐渐减少,"第2卷与第1卷相差

42%"。这主要是因为有相当一部分作者回了国,不再撰稿,"写信去要,回信不是说事忙,就说没有材料"。1917年在第三次年会上,编辑部长杨铨指出:"科学家最反对的是专靠运气,《科学》月刊偏偏要靠运气""恐怕编辑部离开美国的时候就是杂志关门时候"。[①]1918年12月,杨铨给同为科学社创始人的胡适写信讲述《科学》杂志编辑的事情,认为几乎没有人负责这个事情,大有"民穷财尽"之象。1919年4月,他再次向胡适陈述《科学》杂志没有稿源的窘境,指出"不知从何处得文章,兄能以讲义帮忙否?此事极重要,吾辈能在国外办报,不能在国内维持之,岂非笑话?"。[②]其次,《科学》在国内的经营状况也不甚理想。1918年1月,由于经费困难,《科学》杂志暂停出版。9月,经特社员、北京大学校长蔡元培提议,北京大学从学校经费中每月拨出200元补助《科学》杂志。蔡元培说:"《科学》为吾国今日唯一之科学杂志,绝不能坐视其中辍。"[③]《科学》杂志得以继续出版。

1918年10月,任鸿隽、杨铨等返回国内。11月29日,杨铨将《科学》第4卷第5期的稿件交给胡明复,自此《科学》杂志开始在国内编辑。《科学》杂志编辑部设在胡明复任教的上海大同大学。从第4卷第5期开始,《科学》杂志正式开启在国内编辑出版发行的历程,但一段时期内一直存在着美国和上海两个编辑部。

1921年1月,《科学》杂志出版了"年会论文专号"。它的发刊词写道:"世界学社莫不以论文为重。英皇家学社于成立之第四年(西历1664年)即出论文专刊,当时科学如日初升,而刊行论文之重要已见。"

1922年4月,中国科学社与商务印书馆订立合同,将《科学》杂志的印刷发行交给后者代理,前者只保留《科学》杂志编辑部,负责组稿、撰稿和编辑,杂志的盈亏与它无关。中国科学社希望借此减轻自身的经济负担,并且提高《科学》杂志的印刷质量和销路。《科学》杂志从第7卷第5期起正式由上海商务印书馆代售。

1922年11月,《科学》杂志出版了"科学教育专刊"。起首两篇文章是王云

[①] 杨铨:《期刊编辑部报告》,《科学》1917年第3卷第1期。
[②] 中国社会科学院近代史研究所中华民国史组编《胡适来往书信选》上,中华书局,1979,第39页。
[③] 樊洪业:《北大校长蔡元培与中国科学社》,《科学》1998年第3期。

五的《中学之科学教育》和推士(Twiss)的《美国中小学校之科学教育,附推广中国科学教育计划》,主张我国中学的科学教育应该取法美国中学的科学教育。从此,《科学》杂志大量刊登提倡科学教育的文章、关于科学教育状况的调查和商务印书馆的教科书广告。

1923年2月,商务印书馆出版了由中国科学社社员翻译的《汉译科学大纲》,该书译自英国生物学家J.A.Thomson编著的 The Outline of Science。

1923年,以南京东南大学(原南京高师)为阵地集聚的中国科学社社员已达30多人,包括任鸿隽、周仁、王琎、胡先骕、邹秉文和过探先等早期的发起人群体、董事会成员和杂志编辑群体,《科学》杂志编辑部也就转移到东南大学。但考虑到上海作为当时中国的经济中心、贸易中心和出版中心的地位,理事会决定将杂志的出版、发行职责仍留在上海。

1925年恰逢赫胥黎诞辰100周年,12月《科学》杂志出版了"赫胥黎纪念号",在扉页上刊印了赫胥黎晚年的照片,并发表了5篇关于赫胥黎的纪念文章。

1926年起,中华教育文化基金董事会开始补助《科学》杂志和中国科学社的科学传播活动。自此以后,《科学》杂志获得了一个相对稳定的生存和发展空间。1927年11月,杂志在第12卷第11期中直接地提出"科学家与革命家联姻"的口号。

商务印书馆代理《科学》杂志以后,经常因为印刷的问题造成拖期,科学社对此感到不满。由于商务印书馆没有及时将稿件付印,1927年的《科学》杂志有5期延期。在1927年的上海年会上,中国科学社理事会决定将《科学》收回自办,并成立以杨铨、竺可桢、朱少屏等为主的经理委员会;同时改组编辑部,按学科不同,将《科学》编辑分为四大类,分别是:物质组(严济慈)、社会组(董时)、生物组(蔡堡)和工程组(汪胡桢)等,并适当增加科学普及、书报介绍等方面的内容。

1928年1月,中国科学社将《科学》杂志收回自办,由华丰印刷铸字所承印。到8月,《科学》杂志仅印出第一期,而且"印刷纸张俱欠精美"。中国科学社与华丰印刷铸字所多次协商,都没能解决印刷稽延的问题,最终决定自己创办印刷所。1929年,中国科学社社员集股成立中国科学图书仪器公司后,《科学》改由该公司印刷所印刷。7月,印刷所开始运行,每月可印数十种杂志。

1928年起,中国科学社陆续将总社、办事处、图书馆和《科学》杂志编辑部等迁到上海。3月,第13卷第3期刊发《科学》杂志投稿简章,提出来稿应侧重对中国科学实用问题的研究,呼吁学术研究从学理层面向实用层面转变。5月,第13卷第5期的编辑部报告提出,根据国内科学发展的具体形势,建议对杂志进行改版,朝着通俗研究的方向努力;同时大幅度压缩《论文》栏目的篇幅,增加《科学新闻》和《社会记事》的内容。

1929年2月,中国科学社理事会议决《科学》转以通俗为原则,实行稿酬制。4月28日,在上海召开的第78次理事会上讨论通过了《科学》的推广办法:(1)赠送《科学》于全国中学以上之科学教员,每人送阅3份,而后请其订阅,先从江浙省入手;(2)凡由社员介绍订报全年者得以9折缴费,以示优待,即制印订报减价券,分送各社友。其后,《科学》发行渐有起色,订阅用户逐渐增加。

二、《科学》的办刊特色

1920年代,世界科技在加快进步,然我国科学尚处于萌芽时期,彼时国人"知科学为何物者,尚如凤毛麟角"。故《科学》发表的文章力求内容浅显易懂,使读者由浅入深,渐得科学上之智识。在内容上,《科学》杂志具有以下特点:

1. 宣传近代科学知识及当时国内外科学界的新发现、新成果

《科学》十分重视科学理论知识的介绍传播,广泛介绍了诸如数学、物理学、化学、生物学、天文学、地质学、地理学、气象学、生理学和医药卫生,以及一些人文科学诸如哲学、心理学、教育学、人类学、语言学等方面的基础知识和基本原理,如第5卷第11期任鸿隽的《爱恩斯坦之重力新说》、第9卷第1期任鸿隽翻译的博尔的《原子的构造》、第5卷第1期胡先骕关于细胞学的《细胞与细胞间接分裂之天演》、第5卷第3期侯德榜关于热力学的《热能学详诠》、第7卷第1期严济慈关于电磁学的《电力线与平位面》等等。

《科学》积极将当时国际科学界的新发现、新成果及时介绍到国内来。在第1卷中,留美学生对物理学领域的革命,包括X射线、放射性元素和电子三大发现以及相对论、量子论的建立作了较多介绍。任鸿隽、赵元任、杨铨等人一面翻译发表西方学者介绍相对论的论文,一面撰写通俗简洁的文章解说相对论。至于普朗克的量子假说、爱因斯坦的光量子论以及玻尔的原子模型理论,《科学》都有比较完整的译述和说明。

《科学》还刊载国内原创性科研成果,发表科学技术方面的新构思、新发明,如第8卷第4期的《试验最新冰鲜机报告》、第9卷第1期的《自动地雷鱼雷之发明》、第12卷第2期的《利用潮汐为原动力之理想及其工程之设计》等,这些文章真实记录了中国近现代科技进步的点滴,《科学》由此也成为中国人发表自己学术成果的重要阵地。

1920年前后江苏一带棉花、水稻连续遭受虫害,江苏省政府专门设立昆虫局,负责防治虫害,留美学生是其中的主要成员。《科学》月刊对这项工作及其相关知识作了大量宣传报道。钟心煊的《鸟类利人论》,不但以大量事实证明鸟类对农牧业有益,而且实质上提出了生态科学的问题。

1923年陈桢为《科学》撰写的《新式熔蜡炉》一文,介绍了他在东南大学研究工作中如何克服设备的困难,因陋就简地解决了石蜡切片技术中脱蜡的难题。他于1922年10月仿照他在美国哥伦比亚大学研究室使用的熔蜡炉的构造,经过多次试验,创造了一种用国产煤油灯加热、体积小巧的熔蜡炉,由于该项设备是在东南大学实验室制造成功的,故命名为"东南式熔蜡炉"。[①]

《科学》对中国生物学的创立与发展贡献殊大,以秉志为代表的一大批早期动物学家在《科学》上发表了一批重要成果。《科学》第10卷第2期发表了陈桢的《金鱼的变异与天演》,在国内引起广泛关注,被认为是1920年代中国第一篇动物遗传学论文。1925年《科学》第10卷第6期发表了辛树帜(1894—1977)撰写的《中国鸟类目录》,介绍了中国鸟类分类与分布的情况,为国内鸟类学家提供了十分珍贵的鸟类学文献。胡先骕的译述《达尔文天演学说今日之位置》介绍了国外生物学家针对达尔文学说提出的一系列疑问,而钱崇澍的《天演新义》、钱天鹤的《天演新说》和上官垚登的《染色体学说》则对孟德尔、摩尔根的遗传学理论及其意义作了比较完整的介绍。

[①] 陈桢:《新式熔蜡炉》,《科学》1923年第8卷第8期。

2.重视对科学概念和科学史的普及宣传,倡导科学研究,呼吁创建中国科学事业

1918年秋,中国科学社从美国迁回国内,任鸿隽在《科学》上连续发表《发明与研究》《科学研究之又一法》等文章,呼吁开展科学研究。杨铨撰文认为科学研究是发展中国科学的唯一正途,1920年他连续在《科学》上发表《科学与研究》《战后之科学研究》等文章。

《科学》分别设置《通论》和《历史传记》两栏,对科学进行多方面阐述和讨论。1919年,中国科学社将前四卷《通论》文章汇总形成单行本《科学通论》发行,1934年扩充再版。1924年将《历史传记》专栏文章结集为《科学名人传》出版。

《科学通论》汇集的38篇文章中,大多数发表于1915年至1920年的前五卷,仅有9篇发表于第6卷至第11卷,通论内容分为"科学真诠""科学方法""科学分类""科学与发明""科学应用""中国之科学""学会与科学"等7个方面。

1924年年会上,杨杏佛提议《科学》编辑部添设天算理化、工程、社会科学和自然历史等股,分别由叶企孙、鲍国宝、叶元龙、翁文灏担任股长。

《科学》还注重对科学问题进行讨论、考证。如《科学》第8卷第3期刊发章鸿钊先生《中国用锌的起源》一文。他从古字"链"之色、字音、字义、产地与方言5个方面证实,"链"不是指锡和铅,而是锌,认为中国用锌的历史可上溯至汉代。王琎对此提出反驳意见,在第8卷第8期发表《五铢钱化学成分及古代应用铅、锡、锌、镴考》一文,提出"唐以前钱内含锌,不足为中国发明锌之证据",认为发明"锌"应起源于明代。接着,章鸿钊先生在《科学》第9卷第9期上发表了《再述中国用锌之起源》,曾远荣在《科学》第10卷第12期发表了《中国用锌之起源》,继续做了探讨。

再如,《科学》对"中国何以无近代科学"问题进行探讨,任鸿隽在《科学》第1卷第1期《说中国无科学之原因》一文中明确提出:"吾国之无科学,第一非天之降才尔殊,第二非社会限制独酷,一言以蔽之曰,未得研究科学之方法而已。"竺可桢认为中国科学不发达之一极大原因实为"对于数字素来极不精确"。[①]

[①] 竺可桢:《北宋沈括对于地学之贡献与纪述》,《科学》1926年第11卷第6期。

胡适提出,"实用是科学发展的一个绝大原因",但中国学术界所主张的是"道著用,便不是","这种绝对非功用说,如何能使科学有发达的动机?"。故他认为,中国科学不发达是由于"没有科学应用的需要"。[①]

《科学》第9卷第8期沙玉彦《五行说与四原说》一文,则从中国文化传统角度对这一问题进行了剖析。

《科学》还刊登了大量科普类文章,对自然现象进行科普性解释,让读者由浅入深,渐得科学上之智识。如周仁、任鸿隽的《照相术》、杨铨的《电灯》、赵元任的《科学会话》、董时的《科学常识》、竺可桢的《钱塘江怒潮》等文,都是引人入胜的科普杰作。

3.创设"年会论文专号",发表大量调查性文章

1921年《科学》开始设"年会论文专号",其后相继出版许多期,内容涉及科学教育、工程、无线电、实用化学,以及某学科的历史流变、著名科学家的纪念、国际科学会议等。如1922年"科学教育专号"、1923年"通俗科学讲演专号"、1924年"工程专号"、1925年"无线电专号""赫胥黎专号"、1926年"中国科学史专号""食物化学专号"、1927年"泛太平洋学术会议专号"、1928年"胡刚复博士纪念专号"、1929年"有机化学百年进步号"、1930年"第四次太平洋科学会议专号"、1932年"爱迪生逝世周年纪念专号"等。

《科学》还刊登了大量调查性文章,如第7卷第12期《青岛测候所视察报告书》《中国靛青业之调查》《中国机器厂之调查》《中国水泥事业之前途》,第8卷第10期《调查湖北全省地质计划书》,第8卷第11期《远东水泥事业之调查》等。对矿山的调查包括其位置、环境、开采历史、储藏量、开采机械、矿石品质、存在的问题等;对工厂的调查包括交通、工厂概况、组织机构、设备厂房、采用的生产方法和工艺流程、生产量、存在的问题等;对研究机构的调查包括历任领导、科研内容、已取得的成果等。这类文章关系国计民生,内容充实详细,成为今日研究中国近现代科技史的重要资料。

---

① 胡适:《清代汉学家的科学方法》,《科学》1920年第5卷第2期。

第三节 生物研究所的创办

中国科学社进行科学宣传的同时,十分重视开展科学研究,尤其是在迁回国内之后,设立科学研究机构一事就提上了工作议程。中国科学社原拟设立理化研究所、矿铁研究所、生物研究所、卫生研究所等,但囿于经费等因素,唯有生物研究所逐渐发展起来,成为近代中国第一个生物学研究机构。

一、成立缘起

关于中国科学社创办生物研究所的缘由,任鸿隽曾指出:"所以独先生物者,则以生物研究,因地取材,收效较易,仪器设备,须费亦廉,故敢先其易举,非必意存轩轾也。"[①]1921年任鸿隽在第6次年会上演讲说:

只要有研究的人才,和研究的机关,科学家的出现,是不可限量的。学校有学校的办法及设备,要办到能够制造科学家的时势,可不容易。但是我们现摆着一个终南捷径,为什么不走呢?……我们只要筹一点经费,组织一个研究所,请几位有科学训练及能力的人才作研究员,几年之后,于科学上有了发明,我们学界的研究精神,就会渐渐的鼓舞振作起来,就是我们学界在世界上的位置也会渐渐增高,岂不比专靠学校要简捷有效些么?[②]

1915年邹秉文获康奈尔大学农学学士学位后,继入该校研究院专攻植物病理。次年邹秉文回国,任金陵大学农科教授。1917年改任南京高等师范学校农科教授兼主任,并参加同年成立的中华农学会。此时,中国科学社在美成员陆续学成回国,也多在南京供职,因而中国科学社于1916年9月24日在南京第一农业学校成立支部,举过探先、邹树文、钱崇澍为理事,过探先为理事长,其成员共有18位之多。

[①]任鸿隽:《中国科学社之过去及将来》,《科学》1923年第8卷第1期。
[②]任鸿隽:《中国科学社第六次年会开会词》,《科学》1921年第6第10期。

第三章 中国科学社的发展与成长(1918—1927)

1918年7月,胡先骕受南京高等师范学校农科主任邹秉文之聘,任该校农林专修科教授。胡先骕在南高师开展现代植物学教学的同时,曾率学生往浙江、江西采集植物标本。

1920年,秉志自美留学归来,任教南京高等师范学校,开展生物学教学与研究工作,主讲动物学,尝领门徒赴沿海采集海产鱼类标本。回国之前,秉志写成《韦斯特解剖生物学研究所报告》一文,寄予《北京大学日刊》发表。文中,秉志不仅向国人介绍韦斯特研究所,还想仿效该所建制,在中国创建一类似机构。

1921年东南大学成立后,设立生物系,此为当时国内大学之首创。由此,以秉志、胡先骕为核心的生物学研究人才云集东大,生物学在中国的本土化,遂由胡先骕、秉志两人在东南大学联袂推进。1922年夏,东南大学建立了植物标本室。

此后,秉志、胡先骕等一批生物学科的社员积极呼吁建立生物研究所:

海通以还,外人竞遣远征队深入国土以采集生物,虽曰致志于学术,而借以探察形势,图有所不利于吾国者,亦颇有其人。传曰,货恶其弃于地也,而况慢藏诲盗,启强暴觊觎之心。则生物学之研究,不容或缓焉。且生物之研治,直探造化之奥秘,不拘于功利,而人群之福利实攸系之。进化说兴,举世震耀,而推属之生物学。盖致用始于力学,譬若江河,发于源泉,本源不远,虽流不长。向使以是而启厉学之风,惟悍志于学术是尚,则造福家国,宁有涯际。至于资学致用,进而治菌虫药物,明康强卫生之理,免瘟瘴疫疠之灾,犹其余事焉。[①]

这一建议得到中国科学社的重视,并纳入议事日程。

1921年10月中国科学社在南京召开职员会议,正式提出"生物研究所与陈列品之建设":

设立研究所一事,久为本社之志愿,皆因社所与经费无着而止,今社所已成立,又有胡石青、王敬芳先生颇乐于捐助款项,为本社设立生物研究所。已由秉

[①]《中国科学社生物研究所概况》(第一次十年报告),转引自薛攀皋《中国科学社生物研究所——中国最早的生物学研究机构》,《中国科技史料》第13卷第2期。

农山君向王先生接洽矣。又秉农山君去夏曾至烟台各处为东南大学各校采集动物标本，胡步曾君则至长江各省，采集植物标本，皆拟将所余一份赠与本社陈列。此殆为吾社科学博物院之起点欤。①

秉志、胡先骕将他们在东南大学任教时采集的长江沿岸各省的部分植物标本赠送给中国科学社，中国科学社将南京成贤街文德里社所的部分房间划归筹建生物研究所使用。同时，又募集到社会人士胡石青、王敏等的捐款，这样，成立生物研究所的条件日趋成熟。中国科学社遂任命秉志、胡先骕、杨杏佛三人为筹备委员，主持生物研究所的开办事宜。

在1922年7月南通召开的第七次年会上，中国科学社进行第二次改组，宗旨改为"联络同志，研究学术，以共图中国科学之发达"，提出"研究学术"的主张，相应地就要扩展社务，其中就包括设立各种科学研究所。中国科学社生物研究所就是在这样的背景下设立的。之所以先设立生物研究所是因"生物研究因地取材，收效较易，仪器设备，需费亦廉"。②

1922年8月18日，中国科学社生物研究所正式成立，并在南京成贤街文德里举行开幕式。秉志任所长，与胡先骕分管动、植物二部。开幕典礼盛况空前，宾客云集，社员、北京大学生物系主任谭仲逵教授任大会主席，来宾中有梁启超及东南大学校长郭秉文等人。仪式上，谭仲逵提及之所以创立生物研究所，原因有二：其一，中国地大物博，研究新材料极多，可以供于世界，吾国科学程度与欧美先进各国相较，已觉瞠乎其后，故应即起研究，俾有所得以为涓滴之助。其二，本社社员于生物研究采集动植物标本等已有成绩，当便继续进行，且有社员表示极热心赞助，故遂决定。③梁启超做了题为《生物学在学术界之地位》的演讲。

---

①《中国科学社纪事》，《科学》，1921年第6卷第11期。
②薛攀皋.《中国科学社生物研究所——中国最早的生物学研究机构》，《中国科技史料》1992年第2期。
③《本社生物研究所开幕记》，《科学》1922第7卷第8期。

二、秉志与生物研究所的发展

秉志(1886—1965),字农山,原名翟秉志,河南开封人,幼承庭训,专习文史,1903年中举人。1909年,秉志入美国康奈尔大学农学院昆虫系学习。1918年5月,秉志获得康奈尔大学哲学博士学位,随即往费城申请韦斯特解剖学和生物学研究所(简称韦斯特研究所)的研究员津贴,获准后由费尔斯(Samuel S. Fels)提供一笔特殊经费,跟随唐纳森(H.H.Donaldson)教授从事人体解剖和白鼠交感神经节细胞生长研究。秉志在韦斯特研究所不仅从事科学研究,还关注该所之历史及组织管理等。1920年冬,他受南高师农科主任邹秉文邀请,在农林专修科讲授普通动物学。因为教学生动有趣,引起学生极大的兴趣,以至于本是学农的学生后来转学动物学的将近半数之多。

1922年中国科学社生物研究所成立,秉志为所长,所内设动物、植物两部,由秉志、胡先骕分别管理,主要从事动植物分类学和形态学的研究。成立之初,生物研究所仅有秉志、胡先骕、陈焕镛等人,均为东南大学教师。1923年聘请王家楫为研究助理,陈常年和常继先先后分任动植物标本采集员。

初创时,生物研究所设施简陋,在南楼辟出几间房屋,楼下两大间陈列标本,楼上两小间给秉志、胡先骕及东南大学其他教授作研究用房。因为研究经费拮据,研究人员多为兼职,他们大多为东南大学生物系教师,课余到所里工作,没有薪水,研究设备暂借于东南大学。秉志还多次捐出自己的薪金,为研究所添置必要的仪器设备。

中国科学社勉力拨出常年费240元后,研究所才聘请常继先为专职人员,白天到东南大学学习剥制标本,晚上宿在所里处理杂务。生物研究所的标本室对外开放,虽简单,却是国内第一家对外开放的博物馆。

1923年,江苏省每月补助中国科学社2000元,社里拨给生物研究所经常费每月300元,动、植物二部各得其半,生物研究所这才开始购置书籍、设备和标本,添聘少许采集员进行采集工作,将社所南楼下层辟为标本陈列馆。由此,参观者日众,社会影响扩大。同年秋天,胡先骕赴美国深造,秉志遂聘请东南大学生物系陈桢、陈焕镛来所分别主持动、植物部的工作。

当时,秉志、陈焕镛、陈桢和胡先骕都将自己的图书放在所内,生物研究所又在东南大学借用了一些仪器、药物。所内经费仍十分拮据,大部分研究人员都没有薪水,生物研究所便在这样的条件下开展科研活动。当时大家的生活虽很清苦,但是为了促进我国生物学的发展,都忘我地苦干。常常夜阑人静时,研究所里依然灯火明亮。

生物研究所研究人员在秉志的倡导和培育下养成了勤俭刻苦、努力有恒的优良作风,在当时的学术界有口皆碑,颇负声望。张孟闻在《回忆业师秉志先生》一文中说道:

> (秉志先生)平日自奉甚俭,而坚持工作很严:每日八时到所,下午六七时始去,风暴雨雪不误;住在所内时夜间也工作到十时始息。南京夏天热如蒸笼,他伏案工作汗透衣衫或顺颊沿臂流淌下来,用毛巾揩抹一下又照样坚持下去。星期天邀同青年人一起郊游采集,他体魄健全,脚力极好,一走就是几十里。沿途亲手把着教会他们怎样处理标本,一面和大家闲扯上天入地,古今中外,从西洋学者的勤学轶事,到古文诗词以及《水浒》《红楼梦》典故小说。秉先生于中西文学都有渊深知识(他是前清举人),尤健于谈。不仅有精辟的自己见解,而且"谈言微中",往往有所启发,使人好学深思,听后回味,极耐咀嚼。大处着眼,小处着手,日积月累,必有大成。说科学决不辜负苦心钻研的勤学之人。言传身教,朝斯夕斯,秉先生自己平日就是这么做过来的。他对青年学生总是劝人勤俭努力,持之有恒,形成了独特的学风。今日国内出自秉先生门下的好多动物学者都继承着勤俭刻苦,努力有恒的作风。①

任鸿隽说:"秉农山,钱雨农诸君,无冬,无夏,无星期,无昼夜,如往研究所,必见此数君者埋头苦干于其中。"②

这一年,中华教育文化基金董事会决定给予生物研究所每年15000元的常年补助(以3年为限),此外第一年另加5000元,作为购置设备的费用。其后,资助又多次增加,资助时间延长。

生物研究所自此有了专门研究人员,研究仪器及设备得到扩充,研究条件

---

① 张孟闻:《回忆业师秉志先生》,《中国科技史料》1981年第2期。
② 任鸿隽:《中国科学社二十年回顾》,《科学》1935年第19卷第10期。

大为改善,"自受款补助以来,学人尽其力,财用尽其利,三年之间,终始努力。中华文化基金董事会深为嘉奖,以为难得"①。生物研究所在得到快速发展的同时,也取得了显著的成绩。国内许多著名生物学家都曾在该所接受训练,开始学术研究的生涯。

1928年,北平静生生物调查所(即静生生物研究所)成立,聘请秉志为所长。秉志一身两职,遂邀请胡先骕北上共同治理,生物研究所植物部由钱崇澍主持工作。

三、《中国科学社生物研究所丛刊》

生物研究所对我国动植物资源进行了大量的调查研究,除开展形态学和分类学的研究外,还进行生理学、生物化学和遗传学方面的研究。

生物研究所致力于动植物的调查、标本采集,进行分类学、动物形态学、植物形态学、动物组织学、动物遗传学等研究。研究所的科技人员为此奔波于全国各地,足迹所至,北及齐鲁,南抵闽粤,西迄川康,东至于海。尤其注重长江流域和沿海的动物,以及江、浙、赣、皖、川、康各省的植物种态和生态调查。

为了发表研究成果,1925年,生物研究所创办了《中国科学社生物研究所丛刊》(*Contribution from the Biological Laboratory of Science Society of China*)。到1930年,《中国科学社生物研究所丛刊》共刊登29篇论文。作者大多数是中国生物学各学科的奠基人,动物学方面有秉志、陈桢、王家楫、伍献文等,植物学方面有胡先骕、钱崇澍、张景钺、戴芳澜等。

据徐文梅考证,1925年创刊的《中国科学社生物研究所丛刊》(以下简称《丛刊》)是中国创办最早的生物学学术期刊。在《丛刊》之前,生物学方面的早期调查报告、研究论文在国内主要发表于3种博物杂志和中国科学社的《科学》月刊(1915)上,这些杂志的内容中,属于生物学的占80%以上。

《丛刊》是当时国内最早的发表原始调查报告和研究论文的外文版的生物学学术期刊。该刊以英文为正文,附中文摘要。从创刊至1929年,为动植物学

---

① 《中国科学社生物研究所概况(第一次十年报告)》,载林丽成、章立言、张剑编注《中国科学社档案资料整理与研究·发展历程史料》,上海科学技术出版社,2015,第251页。

论文合刊,共出5卷,每卷5号。1930年第6卷起分为动物和植物两组出版,每组每卷不限于5号,动物学部分出10号为1卷。到1942年停刊时,动物组发行了16卷,112篇论文;植物组发行了12卷,100多篇论文,总共发表论文200余篇。《丛刊》以发表分类学、形态学论文为主,也刊发过遗传学、生理学、营养学等方面的论文。

该刊所发表的论文中,有许多在国内有关学科研究中具有里程碑意义。如第1卷第1号发表的由陈桢撰写的《金鱼之变异》是我国最早的动物遗传学研究论文;1926年张景钺的《蕨类组织之研究》是我国学者独立发表的第一篇植物形态学的研究论文;1927年第3卷第1号钱崇澍的《安徽黄山植物之观察》是我国学者发表的首篇植物生态学和地植物学的研究论文;1930年植物组第6卷第1期戴芳澜的《三角枫上白粉菌之一新种》是中国真菌学研究工作的第一项成果。

秉志常奖掖青年,《丛刊》为初入研究之门的青年生物学工作者提供机会,许多后来成名的生物学家的第一篇研究论文,都是在《丛刊》上发表的,如原生动物学家王家楫、鱼类学家伍献文与张春霖、两栖爬行类动物学家张梦闻等。

在《丛刊》创办的年代,国际科学界的主流语言是英文,中文一直处于边缘地位,科学成果几乎必须发表在英文期刊上才能得到世界的承认。办刊之初,秉志等筹办人就清醒地认识到了这一点,定《丛刊》以英文为正文,才使《丛刊》与国内外800多个学术机构建立了期刊交换关系,对促进学术交流起到了较大的作用。其办刊模式为随后成立的其他研究机构所沿用。

《丛刊》自创办起就十分注重学术成果的质量,不盲目追求学术成果的数量。胡先骕曾说:"甚愿吾国出版界,少发表未成熟之著作,以免开吾国学术界浅薄之风气也。"[1] 英国著名杂志《自然》评价该《丛刊》说:中国在强敌压境下困难万端,而能产生有价值的科学贡献,是最值得敬重的。从此"世界各国已无不知道有这样一个研究所"。

---

[1] 胡先骕:《留学问题与吾国高等教育之方针》,《东方杂志》1925年第9期。

第四节 参与科学名词的审定

中国科学社为统一科技译名做了大量工作。1914年6月,中国科学社成立时,其宗旨中就有"审定名词"这一内容。可见,成立伊始,中国科学社就将名词术语的审定统一作为与"提倡科学""鼓吹实业""传播知识"同样重要的社务。中国科学社在美时期成立名词讨论会进行术语的研讨,《科学》成为名词讨论的一个重要平台;归国后积极参与科学名词审查会工作,并发挥其聚集各门学科众多学者的优势,成为国内名词术语审定统一的重要力量。

一、在美期间开展科学名词审定工作

早在美国,中国科学社就拟定了科学名词的审定计划。改组后的中国科学社视审定科学名词为要务,首先从《科学》月刊做起:"本杂志所用各名词,已有旧译者,则由同人审择其至当;其未经翻译者,则由同人详议而新造。将竭鄙陋之思,借基正名之业。"①《科学》第2卷第12期便刊载了《中国科学社现用名词表》,所列科学名词涉及天文、算学、物理、化学等各门科学,还包括人名、学社名及公司名、地名。同时,《科学》编辑部提出:"本表中名词皆就已用者汇集,非为有秩序之翻译。故一科之中,至要之字有时亦付阙如。补完之事,俟诸异日";"诸名词虽经本社暂定,仍随时可以改易。凡社内外学友惠示卓见,匪所不逮,无任欢迎。"②

1915年10月中国科学社改组为学术性社团后,设立书籍译著部和分股委员会。书籍译著部的宗旨是"让科学用中文说话"。名词术语的统一是非常重要的事务,1916年4月通过的《中国科学社书籍译著部暂行章程》规定,译著所用名词,"应遵用本部所规定者。其未经本部规定者,得由译者自定,惟书成之后,应将此项名词另列一表送交部长转交分股委员会评定"。③1916年通过的

---

① 任鸿隽:《中国科学社社史简述》,《中国科技史料》1983年第1期。
② 《中国科学社现用名词表》,《科学》1916年第2卷第12期。
③ 《中国科学社书籍译著部暂行章程》,《科学》1916年第1卷第7期。

《分股委员会章程》,规定分股委员会以"讨论学术,厘定名词,审查译著"为职志。对于名词的"厘定",该章程包含了诸如中国科学社所用名词"由本会厘定之"等8条规定。[①]可见,在名词厘定上,分股委员会负责厘定,书籍译著部负责编辑发布。

1915年,赵元任曾代表科学社致函《留美学生月报》,报告科学社在科技术语方面的一些尝试,并提出术语翻译过程中的一些准则与应当避免的一些问题。

1916年7月,中国科学社正式成立名词讨论会。在名词讨论会之"缘起"上这样写道:

名词,传播思想之器也。则居今而言输入科学,舍审定名词末由达……科学名词非一朝一夕所可成,尤非一人一馆所能定……而我以旦暮之隙,佣不明专学之士,亦欲藏事,窃恐河清难俟而名辞且益庞杂也。同人殷忧不遑,因有名词讨论会之设,为他日科学界审定名词之预备。[②]

中国科学社董事会公开选举周铭、胡刚复、顾维精、张准、赵元任5人为名词讨论会委员,负责名词审定的具体事宜。并制定简章四条:讨论字数以三百字为限、译名附原名(多国文字同附尤佳)、认同已有译名请说明理由、自创译名更要说明原因。11月4日,分股委员会委员长陈藩致函杨铨、任鸿隽,讨论审定名词事宜。

1917年,中国科学社修改社章,取消书籍译著部,其所管事务归诸分股委员会。分股委员会的科学名词翻译工作受各种因素所限,进展缓慢。

二、归国后参与科学名词审定

归国后,中国科学社积极参加由江苏教育会、中华医学会等团体组成的科学名词审查会。科学名词审查会前身为医学名词审查会,1918年经教育部批准

[①]《分股委员会章程》,《科学》1916年第2卷第9期。
[②]《名词讨论会缘起》,《科学》1916年第2卷第7期。

正式更名。科学名词审查会自成立以来,每年开会,分别审查医学、化学、物理、动物学各项名词。《科学》成为科学名词审定刊布的重要刊物。

1919年7月4日,科学名词审查会第五次会议在上海举行。大会讨论并通过了科学名词审查会章程,规定分组审查组织学、细菌学和化学名词。中国科学社派邹秉文、张准、钱崇澍、王琎、胡先骕和程延庆出席。其中邹秉文、钱崇澍、胡先骕参加了细菌学组的讨论,张准、王琎、程延庆参加了化学组的讨论。这是中国科学社首次与会。大会议决下次会议审查分细菌学、化学、物理学三组,物理学草案委托中国科学社拟定,张准负责修订已审查通过的化学名词。[①]

1919年8月,中国科学社在杭州召开国内第一次年会,会上就名词审查召开专门会议,过探先担任主席。年会议决在《科学》杂志上为科学名词审查会发布名词专留版面,胡敦复担任科学名词审查会的执行员,胡刚复、竺可桢、周仁、杨孝述、罗英为物理名词的起草人,胡刚复任委员长。

1920年7月,科学名词审查会第六次会议在北京召开,由中华博医会主持。中国科学社补推杨豳参加化学组。4日,在协和医学校召开预备会,由汤尔和主持,议决每日审查时间及其他团体的加入。5日起,分细菌、化学、物理三组审查。本次会议公推中国科学社负责动物名词的审查工作,并议决次年会议由中国科学社在南京主持。

1921年7月,科学名词审查会第七次会议在南京举行,由中国科学社主持。与会团体增加至12个,中华农学会、南京高等师范学校、广州高等师范学校、厦门大学、华东教育会也派代表出席,规模日益扩大。中国科学社开欢迎会,杨铨主席述欢迎主旨及此后之希望,并略陈中国科学社历史。接着,秉志和吴和士分别演说。[②]会议分四组审议病理学、化学、物理学和动物学名词。与会代表除病理学组外,不少是中国科学社领导人或骨干,如杨孝述、胡刚复、许肇南、杨铨、李协、熊正理、孙洪芬、陈庆尧、王琎、张准、曹惠群、陈聘丞、钱崇澍、过探先、秉志等。会议议决1923年审查动物学、数学、生理或生理化学、地质、矿物名词,除动物学原有草案外,数学名词将由中国科学社起草。为此,中国科学社组成数学名词审查委员会,由姜立夫、何鲁、胡明复、段调元、段育华、顾珊臣、周剑

[①]《科学名词审查会闭会纪》,《申报》1919年7月13日。
[②]《科学名词审查会记事》,《民国日报》1921年7月13日。

虎、吴广涵、胡敦复、吴在渊等组成,姜立夫任主席,何鲁任书记。可见,中国科学社在名词审查会中的地位越来越重要,孙洪芬、曹惠群、王琎、许肇南、杨铨等在具体的审查工作中都担当了非常重要的角色。会后,《科学》开始刊载科学名词审查会审查的名词术语,如1922年第7卷第5期刊载了《科学名词审查会所审定之有机化学名词草案》。其后还刊载了由中国科学社起草的物理学名词(磁学电学)、算学名词等。

1922年7月,科学名词审查会第八次会议在上海召开。会前开列了中国科学社参加者名单:病理组,吴谷宜;物理组,胡刚复、熊正理、杨允中;动物组,秉志、钱天鹤、张巨伯。会上,中国科学社负责起草的物理学名词审查完毕;公推中华博物学会和中国科学社共同负责起草动物学名词草案。

1923年7月,科学名词审查会第九次会议仍在上海召开,分医学(病理、寄生虫、生理化学)、算学、动物学、植物学四组审查,中国科学社与会代表有:医学组吴谷宜,算学组胡明复、段育华、何鲁、段调元、姜立夫,动物学组吴子修、郑章成,植物学组钟心煊、胡先骕。其中出席算学审查的代表有胡明复、段育华、何鲁、姜立夫等,姜立夫为主席,何鲁为书记,审查数学、代数学、解析学三种。议决次年在苏州医学专门学校开会,推定曹惠群、陈庆尧、王琎加入生理化学组。

1924年3月14日,中国科学社理事会开会,讨论科学名词审查会致函中国科学社,以教育部停止拨付该会每月四百元津贴费为由,要求中国科学社拨江苏省补助费十分之一二以维持该会一事。5月9日,中国科学社理事会召开会议,推举该年出席科学名词审查会的各组代表:医学组吴谷宜、周仲奇、宋梧生,数学组姜立夫、胡明复、何鲁、段育华,动物组秉志、陈桢、郑章成,植物组钟心煊、钱崇澍、戴芳澜,矿物组谌湛溪、徐宽甫、翁文灏。25日,中国科学社理事会开会,再次讨论科学名词审查会致函中国科学社,要求给付津贴一千元,以弥补教育部停止津贴之款一事,议决由曹梁厦与科学名词审查会接洽。7月4日,科学名词审查会第十次会议在苏州医学专门学校召开。会上补推曹惠群、胡经甫分别作为医学和动物学组代表,推举中国科学社拟定电机名词草案。7月14日,中国科学社理事会推定李熙谋、杨孝述、杨肇爔、周仁、裘维裕、叶企孙为整理电机名词草案委员会委员,李熙谋为委员长。[①]

1925年7月,科学名词审查会第十一次会议在杭州召开。中国科学社推举各组代表:有机化学、生理化学、药理学组曹惠群、沈溯明、吴谷宜,植物学组钱崇澍、戴芳澜、陈宗一,动物学组陈桢、郑章成,算学组姜立夫、段育华、熊庆来,外科组及生理组吴谷宜。在此次年会上,中国科学社介绍中国工程师学会及中华学艺社加入科学名词审查会。

1926年7月,科学名词审查会在上海举行,中国科学社推举各组代表:内科学组宋梧生、吴谷宜、周仲奇,药学组赵承嘏,植物学组钱崇澍、戴芳澜、钟心煊,动物学组秉志、陈桢、胡经甫,数学组姜立夫、胡明复、靳荣禄,生理学组林可胜、蔡无忌。

1927年,鉴于中华民国大学院已筹备成立译名统一委员会,科学名词审查会执行部决定,一旦译名统一委员会成立,科学名词审查会的工作将自动移交。年底,科学名词审查会宣告解散。

1928年4月4日,中国科学社理事会推举曹惠群代表中国科学社参加科学名词审查会5月20日会议,商讨与公决将科学名词审查事业移交大学院译名统一委员会的详细办法。6月21日,推定叶企孙、饶毓泰、钱崇澍、薛德焴、胡先骕、秉志、胡刚复、王琎、何鲁、陈庆尧、曹惠群、段子燮为整理已审定的科学名词(医学除外)委员会委员,参与科学名词审查会名词整理工作。最终委托鲁德馨汇编医学名词和动植物学名词,曹惠群汇编算学和理化学名词。

自1919年中国科学社正式加入科学名词审查会以来,参与其间的代表均为中国近代各门学科的奠基人和中国科学社的领导或骨干成员,极大地推动了科学名词审查会工作。除医学相关学科外,中国科学社起草了物理学、算学和动物学草案,也积极参与化学、植物学和生理学的名词审查,整理化学审查名词。并派出医学组代表,代表中国科学社在医学名词审查中发言。由此可见中国科学社在科学名词审查会的作用。1931年,中国科学社在总结中说:"自民国八年以来,本社参与科学名词审查会,其已经审定之名词,如数学、物理、化学、

[①] 何品、王良镭编注《中国科学社档案资料整理与研究·董理事会会议记录》,上海科学技术出版社,2017,第44、51、52、58页。

生物各科,多出本社社员之手"①任鸿隽也曾说,后来由国立编译馆主持的审定统一工作,其"所有材料,大部分仍是根据本社及三个团体已有的成绩"。②

三、《科学》与科学名词审定

科学名词审定是《科学》杂志的一项重要事务。1915年1月出版的《科学》创刊号《例言》说:"译述之事,定名为难。而在科学,新名尤多。名词不定,则科学无所依倚而立。本杂志所用各名词,其已有旧译者,则由同人审择其至当;其未经翻译者,则由同人详议而新造。将竭鄙陋之思,借基正名之业。当世君子,倘不吝而教正之,尤为厚幸。"③《科学》编辑部专门设立"名词员","专司选理汇集名词"。④《科学》第2卷第12期公布了《中国科学社现用名词表》,分名学(逻辑学)、心理学、天文、算学、物理、化学、照相术、气象学、工学、生物学、农学及森林学、医学、人名表、学社及公司名、名地,大约1500个术语。⑤

《科学》上第一篇有关名词术语的文章是《权度新名商榷》,以中国科学社的名义发表于第1卷第2期。文章在对当时北京政府公布的以国际度量衡为标准的"权度条例"表示赞赏的同时,也提出了该标准存在的一些问题,诸如"名称之混淆""单位之殊异"。其中国科学社所提建议,诸如长度之毫米、厘米、分米、米、千米,面积之平方米,质量之毫克、克、千克等,均已经成为今天中国国际度量衡的标准用名。

在美期间,《科学》发表相关名词术语讨论文章共有十来篇,主要集中在植物学和化学名词讨论上。钱崇澍在《科学》第1卷第5期上撰文《评〈博物学杂志〉》,对其名词术语的运用提出了疑问;1916年邹秉文在《科学》第2卷第9期上发表《万国植物学名定名例》,介绍世界植物学定名凡例,呼吁编纂中国植物图谱。1917年《科学》第3卷第3期刊发吴元涤、钱崇澍、邹树文《植物名词商榷》一文。

---

①《中国科学社概况》,载林丽成、章立言、张剑编注《中国科学社档案资料整理与研究·发展历程史料》,上海科学技术出版社,2015,第241页。
②任鸿隽:《中国科学社社史简述》,《中国科技史料》1983年第1期。
③《例言》,《科学》1915年第1卷第1期。
④《科学期刊编辑部章程》,《科学》1917年第3卷第1期。
⑤《中国科学社现用名词表》,《科学》1916年第2卷第12期。

1915年2月出版的《科学》第1卷第2期,发表了任鸿隽《化学元素命名说》一文,开启了《科学》化学名词术语的讨论,提出了一个已发现化学元素的译名体系,并据1914年世界化学原子量报告,制成《1914年化学原子名量表》。

《科学》杂志及时刊布审查结果,如第9卷连载科学名词审查会审定的磁学、电学名词。从第10卷起连载算学名词,取英、法、德、意、日、中文对照的方式列表,到第16卷为止,登载了普通算术、代数、代数解析、微积分、函数论、初等几何、平面三角、球面三角、解析几何、投影几何、代数几何等数学名词。1938年,曹惠群主编的《算学名词汇编》正式出版。书中收入名词7500余条。

《科学》杂志前15卷中刊载有关科学名词的文章达40余篇,其中一半以上是由社员们撰写的商榷、讨论文章,这些文章多集中于对生物学、化学、数学等学科名词的讨论。

在生物学名词的审定上,中国科学社社员邹秉文、钱崇澍等贡献较大。关于化学名词的审定,任鸿隽的《无机化学命名商榷》一文颇具代表性。

1920年3月,时在南京高等师范学校从事数学教学的何鲁发表《算学名词商榷书》,对当时学界兴盛的名词审查事业予以高度评价,认为这是"科学将发达之先兆"。[1]1920年4月任鸿隽在《科学》第5卷第4期上刊登无机化学命名草案。1926年3月出版的第11卷第3期《科学》刊载吴承洛《有机化学命名法平议》,对以往各种有机化学译名进行总结,提出看法。1927年,吴承洛在《科学》第12卷第10、12期发表《无机化学命名法平议》。1929年12月陆贯一在《科学》第14卷第4期发表《译几个化学名词之商榷》;1930年5月,曾昭抡以他参与教育部名词委员会的经历,对有机化学译名发表意见。[2]《科学》第15卷第3—7期连续刊载郦侗立的《有机化学名词之商榷》。除了化学名词译名争论之外,《科学》也刊登了不少其他学科名词译名的讨论文章,如地质学、生物学、钢铁冶金学等。1923年9月,翁文灏发表文章对"地质时代"译名发表意见。[3]1924年3月李四光发表《几个普通地层学名词之商榷》一文,对翁文灏的观点予以回应。[4]

---

[1] 何鲁:《算学名词商榷书》,《科学》1920年第5卷第3期。
[2] 曾昭抡.:《关于有机化学名词之建议(一)》,《科学》1930年第14卷第9期。
[3] 翁文灏:《地质时代译名考》,《科学》1923年第8卷第9期。
[4] 李仲揆:《几个普通地层学名词之商榷》,《科学》1924年第9卷第3期。

生物学方面，1923年7月，南通大学冯肇传在《科学》上发表文章，公布他与冯锐、王珏、陈宰均及唐在均等对遗传学译名进行研讨修订的结果，他们对651个译名进行了统一。[①]1926年10月，秉志发表文章，从生物学名词译名角度，提出译名"双名制"原则。1934年12月，杨惟义发表《昆虫译名之意见》，提出昆虫译名统一原则。早期常常参加中国科学社年会，发表相关钢铁冶金论文的黄昌谷，1822年12月发表文章提出了钢铁名词译名方案。[②]1924年4月，方子卫、恽震对无线电名词及图表符号发表了意见。[③]1929年3月和10月，萨本栋和翁为分别发表文章对电工名词译名提出建议。[④]在有关科学名词术语的讨论及国立编译馆名词术语的审订统一方面，《科学》曾以"社论"形式发表文章，表达看法。

四、1930年代参与科学名词审定工作

1930年代，科学名词的审查统一工作逐渐进入由国家全面负责的全新阶段。中国科学社社员作为个体广泛参与国立编译馆的名词审定与统一工作，如秉志、王琎、刘咸等。国立编译馆更多依靠与专门学会合作开展工作，中国科学社作为一个综合性社团不再担任重要角色。随着中国各门学科的发展，名词术语的审定统一也就不再成为中国科学社的重要社务和学术界的重要事业。

1933年，中国物理学会推定吴有训、周昌寿、何育杰、杨肇燫、裘维裕、王守竞、严济慈等7人组成名词审查委员会，讨论审查物理学名词草案。名词审查委员会根据中国科学社审定的物理学名词、1931年中华教育文化基金董事会委员会萨本栋订定的物理学名词以及中央研究院、商务印书馆周昌寿等所拟各稿，共审定名词5000余则（42册），于1934年1月由教育部正式核定公布。这是中国首次审定公布物理学名词。

1935年，国立编译馆委托电机工程师学会审查电机名词，分普通、电力、电讯、电化四大部。审查员20人，上海方面，杨肇燫、杨孝述、包可永、张廷金、裘

---

① 冯肇传:《遗传学名词之商榷》,《科学》1923年第7期。
② 黄昌谷:《钢铁名词之商榷》,《科学》1922年第7卷第12期。
③ 方子卫、恽震:《射电工程学(无线电)名词及图表符号之商榷》,《科学》1924年第9卷第14期。
④ 萨本栋:《常用电工术语译文商榷》,《科学》1929年第13卷第8期；翁为:《常用电工术语之商榷》,《科学》1929年第14卷第2期。

维裕、寿彬、周琦、李熙谋、潘履洁、刘晋钰等10人,均系中国科学社社员。

20世纪30年代,中国科学社自行接续科学名词审查会工作,1931年镇江年会期间,召集熊庆来、姜立夫、胡敦复、钱宝琮等专家,将算学名词审查完毕。

第五节 科学宣传与科学教育

科学宣传与科学教育一直是中国科学社的重要社务。迁回国后,中国科学社设立了图书馆,积极开展科学讲演活动,推广科学教育,并参与科学与人生观的讨论。此外,为促进科学传播,中国科学社还曾寻求与其他报纸杂志社合作。如1923年任鸿隽、杨铨、戈公振之间书信往来频繁,商讨中国科学社定期向戈公振主持的《时报周刊》投稿事宜,欲由此扩大中国科学社的社会影响。后来《申报》成立《科学丛谈》专栏,与中国科学社合作,由该社代为征稿。

一、图书馆设立与出版

中国科学社在美国初建之时,就有设立图书馆的计划,制定了《中国科学社图书馆章程》。1916年8月1日,中国科学社发出寻求赞助的"启事",其中提道:

> 夫学问之事,沿流溯源,固须稽之载籍;即物穷理,亦有待于图书。方今国内藏书,挂一漏万;百科图籍,尤属寥寥,是图书馆之设为不容缓,夫人而知。维辰下本社根基虽立,能力未充。一切事业,同时并举,实有顾此失彼之虞。所愿海内外诸君子奋发热诚,玉成盛业,使学术前路日即光明,则中国之幸,亦本社之幸矣。①

1919年3月,中国科学社开始在上海事务所筹建图书馆。3月10日,发布《中国科学社图书馆征集书报启事》:

---

① 《中国科学社图书馆章程》,《科学》1916年第2卷第8期。

本社图书馆筹备有年,惟因馆址经费无着,未能成立,前者南京上海事务所相继成立,宁沪诸校多愿借屋为本馆临时馆所,俾得早观厥成。国外友邦各学社,亦有许于本馆正式成立以后捐赠名著者。是本馆之设立,已势不容缓。兹经董事会择定,上海大同学院本社事务所为本馆临时馆所,先行向社内外各私人或团体征集关于科学之各种图书报志,以及科学以外有价值之图书。[1]

中国科学社总部转移到南京之后,建立图书馆成为当时的一项重要社务。任鸿隽曾提道:"吾社于民国八年中开始组织图书馆,其时仅就南京社所群室数椽,为社员公共庋藏书籍之处。"[2]

1920年中国科学社在南京设立图书馆。8月,中国科学社在南京召开第五次年会,并庆祝图书馆正式成立。图书馆有中西书籍5000余册,杂志1000余册。图书馆主任最初由胡刚复担任,其后路敏行继任。此外,还设立了图书馆委员会,负责图书馆的规划和图书的征集与购进。竺可桢、李协、孙洪芬、柳诒徵、秉志等都曾担任过图书馆委员。

1921年1月,图书馆正式开业,时有5040册中外图书和1382册杂志。西文书籍,多系中国科学社就新出科学书中择购,无关紧要之书,为他处所易得者,概不录入。各专门杂志为研究参考所不可缺者,在中国尤不易获得。中国科学社购置各国专门杂志计130余种,在中国当时的图书馆中,未有及此宏富者也。

1923年,中国科学社得到江苏省的按月补助后,便开始有计划地订购一些图书。1925年图书馆的中西图书达数万卷,中西杂志达数百种。1926年又得到中华教育文化基金董事会的补助,其中就有一部分款项指定为购书专用,由此开始大量购置有关各门科学的书籍和杂志。

图书馆还注重与外国学社开展交流活动。国外一些杂志也纷纷与中国科学社图书馆建立联系,如交换书籍、杂志,或代行书籍、杂志保管工作。其中英美学会与中国科学社交换杂志不下十余种。例如,中国科学社得到美国斯密索林及卡列基两学社寄赠的其所出书籍报告等2000余册,其他交换之书籍杂志

---

[1] 转引自冒荣:《科学的播火者——中国科学社述评》,南京大学出版社,2002,第70-71页。
[2] 转引自冒荣:《科学的播火者——中国科学社述评》,南京大学出版社,2002,第71页。

亦有数十种。又美国斯密索林学社之国际交换书籍,其赠诸中国者,由中国科学社呈准外交部及上海交涉使署,由中国科学社图书馆保管,这也是中国科学社引以为荣的地方。

二、举行科学讲演

为了传播科学,让人们更直观地了解科学、走近科学,中国科学社成立之后十分注重各种科学演讲,热心于科学传播事业。科学讲演主要分为定期与非定期两大类。定期讲演主要在科学社所在地举办,就一个科学问题开展系列讲演。非定期讲演主要集中在年会期间。此外,中国科学社还利用各种机会邀请国外著名科学家来华进行科学演讲。

1916年9月,中国科学社南京支部成立时,就有"拟借公共机关举行科学讲演,以为通俗教育之助"[①]的设想。1919年杭州年会,邹秉文曾提议在南京定期举行科学演讲。

回国之后,任鸿隽与杨杏佛积极开展科学演讲,宣传科学主张。杨杏佛日记中多处记载了他刚到上海时所作的两次讲演。1918年11月2日,杨杏佛、任鸿隽、胡明复三人在寰球中国学生会作讲演。"七时半至寰球中国学生会晤少屏及约翰大学教员沈君。八时开会,演讲者为叔永、明复及余三人。叔永题为'何谓科学家',吾之题为'个人效率主义',明复题为'最新之电子学说'。会以十时完,余等十一时归。"11月8日,杨杏佛在南洋商业专门学校作演讲,"三时至寰球学生会晤少屏君,取《科学》二卷四期而归","夜,……冒雨至哈同路之南洋商业专门学校演说,听者乃校中学生教员约六十人,题为'科学的工商管理法'……七时起至八时止"。[②]

1918年,任鸿隽作《何为科学家?》演讲。他认为,国人在科学的认识上存在一些误区,指出科学是学问而不是艺术,科学的本质是事实而不是文字,"科学家是个讲事实学问,以发明未知之理为目的的人"[③]。1919年任鸿隽在北京大学

[①]《本社南京支部成立》,《科学》1917年第3卷第1期。
[②]杨铨:《杏佛日记》,《中国科技史料》1980年第2期。
[③]任鸿隽:《何为科学家?》,《新青年》1919年第6卷第3期。

讲演"科学方法讲义",对科学的起源、科学与逻辑、归纳的逻辑、科学方法之分析、科学方法之应用等进行论述,指出要懂得科学,须懂得科学的构造;要懂得科学的构造,须懂得科学构造的方法,向人们宣传科学方法的重要性。5月8日任鸿隽在致胡适的信中就提到他在重庆"连日在各学校、商会等处演说,略略鼓吹科学,颇受一般人欢迎"。[①]

1920年夏季开始,中国科学社开始在南京社所举行科学演讲。8月2日,黄昌谷演讲《科学与知行》,指出之前输入中国的"是科学上枝叶末节的皮毛,不是科学上根本的精神"。此次演讲后,中国科学社认识到通俗科学演讲对于推广科学教育甚为重要,遂在社中设立演讲股,举王琎、徐乃仁、钱崇澍三人为筹备委员,专门经办在南京社所进行通俗科学演讲事宜。从此形成定例,每年春季、暑假、寒假进行通俗科学演讲。

1921年,中国科学社推举王伯秋、杨铨、竺可桢、秉志、钱天鹤等五人组成新的演讲委员会,统一安排演讲事务,进一步推进通俗科学演讲事业之发展。此后,中国科学社基本上每年都在社所举行一次或两次"长期讲演",每次分数讲或十几讲,就公众关心或必须让公众了解的一些科学问题,约请有一定专门研究的科学社社员和其他专家作比较系统的讲演。

1922年中国科学社在南京社所组织的春季讲演会就有18讲,一周两讲,从4月底到6月底,前后延续两个月。通俗科学演讲内容广泛,论题涉及天文、地理、气象、物理、化学、生物、工程、心理学及社会学等。而且"题目次序俱作有统系之排列,欲使听者依次听毕,于现今世界之重要科学问题,差可了然于心"。演讲人都是当时著名的科学家或社会活动家,他们对自己所讲论题都有独到的研究,如秉志于生物学,王琎、张子高于化学,胡刚复于物理学,竺可桢于气象学等。《科学》第7卷第5、6期曾对这一年春季演讲会的情况作了较详细的介绍:

> 本社为普及科学及传播新知起见,每年春间举行长期演讲一次,行之有年,颇为学界所欢迎。本年春季仍在南京成贤街本社讲演,经本社讲演委员特别组织,在题目次序上俱作有统系之排列,欲使听者依次听毕,于现今世界之重要科

[①] 何志平、尹恭成、张小梅主编《中国科学技术团体》,上海科学普及出版社,1990,第94页。

第三章　中国科学社的发展与成长(1918—1927)

学问题,差可了然于心。……每次到会者俱约三百人至四百余人之谱,讲室小不能容,故俱行露天演讲。任君于科学之影响,于近世物质与思想两方面,俱言之极当。……竺君言地理,则用图表多张,所论俱极有兴趣。[①]

中国科学社对每一次演讲都作了精心组织和周密安排,讲演者也进行了认真和充分的准备。科学演讲活动受到公众欢迎。

1923年夏天的通俗性演讲稿,集结为《通俗科学讲演》,并以专号的形式刊载于《科学》第8卷第6期。其中有赵承嘏《科学之势力》、杨铨《社会科学与近代文明》、茅以升《工业与近世文明》、钱天鹤《近世文明与农业》、陆志韦《应用心理学之大概》、吴济时《肺痨病之预防法》、陈桢《遗传与文化》等,均为相关专家就相关问题所作的通俗演讲。其发刊词说:

科学演讲的目的很多,有时可极其专门,譬如发表新发明,讲解新原理,绍介新应用。这一种演讲是专门家借以交换智识,却不容易得到一般人的兴趣。有时科学演讲,亦可极其普遍,如科学常识、科学方法及科学影响。这一种演讲不但专门家乐听,并且可引起社会对于科学的了解同兴趣。若一般社会对于科学表同情,则科学事业进行便无阻碍,且多帮助,所以各国对于普通科学演讲俱极注意。即以伦敦一处而论,差不多每日总有一个。例如自本年三月五日起至三月十五日止,此十日便有十四处的通俗演讲,并且他所讨论的范围又极广。……本社的演讲大半由本社社员担任,固然不敢和世界名家的演讲比较,不过我们的目光,却与他们相同,就是想把科学普及,且要人晓得他的重要。[②]

南京的科学演讲切合了国人的需要,效果很好。1922年中国科学社第二次改组时,将通俗科学演讲写入了"章程"中,规定重要社务之一是"举行科学演讲,以普及科学知识"。其后,南京社所定期讲演随生物研究所的扩张,影响范围也日渐扩大,改为每月举行一次。其他设有社友会的地方也不时举行此类演讲以传播科学知识,如上海社友会曾与文庙上海市通俗教育馆合作,借该馆大

[①]《举行春季演讲》,《科学》1922年第7卷第5期;《本社春季演讲续志》,《科学》1922年第7卷第6期。
[②]《科学通俗讲演号发刊词》,《科学》1923年第8卷第6期。

厅,每两星期举行一次公开性科学演讲活动,听众有学生、劳工阶级、居民等。

除了这类有组织的系列演讲外,中国科学社还经常利用各种集会,如年会、庆祝会、纪念会等,举办各种通俗科学讲演,促进科学传播。正如任鸿隽所说,充分发挥年会社员集中、地点变化频繁的优势,可以使内地比较偏僻的地方得到科学专家的关注,把科学的新发现或当时的科学问题,作成讲题,向当地的公众讲演,这对于通风气与宣传科学都起了一定的作用,年会开到哪里就把科学带到哪里。1919年首次在国内召开的杭州年会,由胡敦复、过探先分别演讲《科学与教育》《中国在世界农业之位置》。

1922年,在南通召开的年会上,演讲内容就有胡刚复的《研究与科学之发展》、杨铨的《科学的办事方法》、丁文江的《历史人物与地理之关系》、秉志的《人类之天演》、钱天鹤的《实业家对于农民之新态度》、王琎的《衣食住之化学常识》、竺可桢的《飓风》等。此后,演讲成为年会的规定内容。年会讲演为科研人员提供了交流讨论的机会。

1920年代,中国科学社主动邀请国外著名专家学者作通俗科学演讲,宣传普及科学,影响甚巨。

1920年4月22日,中国科学社邀请来华讲学的杜威(J.Dewey,1859—1952)在南京社所演讲《科学与德谟克拉西》。这是中国科学社首次开展通俗科学演讲,主持人胡刚复曾说,第一次通俗研究,"即得名学者如杜威教授发端,斯诚难得而可荣幸者也"。[①]9月10日,中国科学社上海社友会邀请法国数学家、前国务总理班乐卫(P.Painlevé,1863—1933)在上海青年会演讲《中国教育及科学问题》,班乐卫建议中国仿效法国,建立科研机构。10月,罗素在中国科学社演讲《物之分析》,并由任鸿隽译记、赵元任编记,连载于《科学》第6卷第2—6期。

1922年3月,美国昆虫学家、加利福尼亚大学教授吴伟士受邀在南京社所演讲在华治虫及在南京消灭蚊蝇的计划。7月,来华考察的美国教育家推士在中国科学社演讲科学教育问题。10月,德国哲学家杜里舒(H.Driesch,1867—1941)应邀在中国科学社演讲《科学与哲学的关系》。

---

① 《杜威在中国科学社之演讲》,《申报》1920年04月27日。

三、推行科学教育

1920年9月,班乐卫在演讲中提出,当时的中国应该在全国组织初级教育,除小学教育外创设专门教育,作为开办一切工程实业之预备,并采取世界最新颖最适宜之法,以及种种机械,以促成文明之进步。

1922年,中国科学社在《科学》第7卷第11期推出"科学教育"专号,共刊载相关文章9篇,其中有8篇文章集中讨论中小学的科学教育问题。秉志发表的《生物学与女子教育》为近代为数不多的有关女性科学教育的论文,文中指出:

> 女子教育所最尚者,系最博洽之知识,首宜求真实科学之训练而已。次宜求通达,则科学教育与美术教育相合者,次宜求雅致,纯于美术者也。所谓博洽知识者,除文学、哲学、历史、地理天文、算术,皆宜讲求外,其一大部分则属于生物学……故今言女子教育,首宜注意者,为使女子必明悉于生物界各现象,经一种科学上有条理有组织之训练,待其学成,出而任事,其于社会上可有最大之裨益。[①]

此外,何鲁、胡先骕、竺可桢和谢家荣发表了各自对相关学科教学法改良的意见。1922年,中国科学社发起"科学教育讨论",不仅对中小学科学教育的重要性、科学性等问题做了解答,而且由此深入,对一些教育理论问题进行了讨论。通过讨论,中国科学社认识到,要走科学救国的道路,就必须普及科学教育,提倡科学精神,在思想观念上进行"科学革命"。

从1922年第七次年会起,中国科学社正式将"科学教育"列为每年年会讨论的重要内容。在这次年会上,推士"拟有调查中国科学教育计划署,拟提出征求建议"。这次讨论虽因时间仓促未能形成决议,但有了"请本社组织长期科学教育委员会研究此项问题"的提案。

1923年第八次年会上,中国科学社再次召开科学教育讨论会,由胡敦复主持。大会采纳了翁咏霓的建议,认为中国科学社可以在两方面尽义务:一是确定中学科学教师应有的参考书目;二是确定中学应有的各科学实验目录及所需

[①] 秉志:《生物学与女子教育》,《科学》1922年第7卷第11期。

之仪器与价目单。会议结束时,代表们再次提议成立"科学教育委员会",以便将上述讨论办法付诸实施。

1924年10月21日,中国科学社理事会举行第一次大会,任鸿隽、丁文江、胡明复、杨铨、秉志、竺可桢、孙洪芬、胡刚复、王琎等人出席。会议通过了规定中学教员参考书目及编订科学实验指南与设立实验研究委员会的提案,并正式成立"科学教育委员会",选举了翁文灏、王琎、秦汾、秉志、胡刚复、饶毓泰、张准为委员。这无疑对当时的中国教育改革产生了一定的影响。

"科学教育委员会"的成立,意义重大,成效显著,对中国科学教育发展影响深远。科学教育委员会是中国近代科学社团中最早成立的负责中小学科学教育改革事务的机构。它的成立,说明了中小学科学教育在科学家们心目中已占有重要位置,标志着中国的科学家已经把中小学科学教育的改进视为自身的责任,并与教育界联手来推进这项工作。自此,关注和讨论中小学科学教育问题成为中国科学社日常事务的重要组成部分。1932年11月,中国科学社在上海社所专门招待了江苏中小学理科教员,和他们一同讨论当时科学教育中存在的问题及解决的方法。1944年,中国科学社在第24届年会暨成立三十周年纪念会上专题讨论了中小学科学教育问题,与会代表对大学、中小学和民众教育中的科学教育问题进行了广泛的讨论。1947年,中国科学社与其他6个科学团体召开联合年会,会上再次推出关于科学教育的讨论主题——"改革我国科学教育的途径",把更多的科学家拉入关于中小学科学教育的讨论之中。可以说,从1922年开始中国科学社就一直关注、参与并组织了关于中小学科学教育的讨论。社员们虽然不在中小学任职,但为推进近代中小学科学教育事业贡献了独到的观点和宝贵的思想。

中国科学社的很多社员直接投身教育领域,如陶行知、陈鹤琴、廖世承、朱经农、程其保、高阳、刘廷芳等。他们一方面在中小学包括幼稚园中积极开设科学类课程,实施科学教育;另一方面引入西方先进的教育理论、教学方法进行研究,形成了自己的教育理论,如陶行知的小先生制、陈鹤琴的活教育理论、廖世承的教育实验研究等。1921年,廖世承、陈鹤琴合编出版《智力测验法》,系统地介绍了各种智力测验方法。这一时期,中国科学社社员编纂出版的科学书籍还有:1924年谢家荣编的《地质学》、1924年章之汶著的《植棉学》、1926年任鸿隽著的《科学概论》(上篇)等。中国科学社社员编写的中学教科书有不少通过了教育部的审定,被定为全国通用教材,有的教科书多次再版,成为近代中学某些学科的经典教材,如凌昌焕编纂、胡先骕校订的《现代初中教科书植物学》,自1923年7月初版,到1930年已再版117次;陈桢编著的《生物学》,使用时间长达16年,由此可见中国科学社社员在科学教育方面所作出的独特贡献。

参与科学教育实践,指导和培训中小学科学教员。中国科学社科学教育委员会于1923年成立后,以"提倡及改进本国科学教育"为准则,在1924年推出了改进科学教育的第一个项目——中国科学社推行江苏省科学事业之计划。[①]这是一份关于江苏全省科学教育改革的详细规划,包含6项内容,其中3项内容"调查科学教育计划""改良科学教育计划""采习苏省动植矿物标本计划"均与中小学科学教育有关。为此,中国科学社组织科学家设立"江苏科学教育调查委员会",与江苏省教育厅合作,共同调查全省中学及师范学校内科学教育的设备(包括建筑、仪器、书籍、标本之类)与人才;研究科学教学法及课程表的编制法、各科学课程的调剂与联络办法;调查各学校附近之科学教学资源、地方上的科学事业及公共科学机关等。在实地调查研究的基础上,科学教育委员会提出了江苏省中小学科学教育的"改良计划:一是设"科学教育讲习会",二是"编写中学科学实验课程"。

1926年中国科学社与中华教育改进社联合举办第二届科学教员暑期研究会。第二届科学教员暑期研究会推举董事7人,其中中国科学社占了两个席位,由任鸿隽担任董事,由时任中国科学社社长的翁文灏担任会长。中国科学社积极组织和参与各种中小学科学教师的培训工作,从提高科学素养抓起,组织强有力的培训师资队伍,如北京大学丁燮林,北京师范大学张贻惠,清华学校叶企孙、梅贻琦、杨光弼,东南大学张准、胡先骕,福建协和大学F.C.martin,金陵大学E.J.Jones,燕京大学Alice.M.Darling等国内外知名教授。

[①]《中国科学社推行江苏省科学事业之计划》,《教育杂志》1924年第16卷第5期。

四、参与科学与人生观的讨论

1920年代人们在对科学和科学教育的认识上还存在分歧甚至严重偏见。1923年2月14日,张君劢在清华学校作题为《人生观》的演讲,将人生观和科学作比较,强调科学有一定范围,认为人生观有着主观、直觉、综合、自由意志、单一性五大特点,因而"科学无论如何发达,而人生观问题之解决,决非科学所能为力,惟赖诸人类之自身而已";"盖人生观,既无客观标准,故惟有返求之于己,而决不能以他人之现成之人生观,作为我之人生观者也"。[1]

地质学家、"夙以拥护科学为职志者"、时任中国科学社社长丁文江看过演讲文章之后,认为其"提倡玄学与科学为敌,深恐有误青年学生",随即率先提出异议,于1923年4月在《努力周报》上发表了《玄学与科学——评张君劢的〈人生观〉》一文。其后还发表了《玄学与科学——答张君劢》《玄学与科学的讨论的余兴》等文章。在文章中,他将玄学斥为"玄学鬼",它在"欧洲鬼混了二千多年,到近来渐渐没有地方混饭吃,忽然装起假幌子,挂起新招牌,大摇大摆的跑到中国来招摇撞骗"。丁文江以诙谐的语言对张君劢的主张进行反驳,指出"科学的万能,科学的普遍,科学的贯通,不在他的材料,在他的方法"。[2]继丁文江之后,学术界出现了"一场差不多延持了一个足年的长期论战,在中国凡有点地位的思想家,全都曾参与其事"。[3]

这场论战,从表面上看,似乎是围绕科学与人生观之争论,其实质乃是中西文化碰撞的结果。

西方科学的移植与引进,一开始就面临本土文化的适应与创新问题,随之而来的还有阵痛和不适。1918年到1920年初,梁启超遍游欧洲,看到西方经历大战之后所遗留的问题,对西方科学带来的进步产生质疑。他在《欧游心影录》中表达了对西方文明的失望之情:

---

[1] 张君劢:《人生观》,载张君劢等:《科学与人生观》,黄山书社,2008,第31—38页。
[2] 丁文江:《玄学与科学——评张君劢的〈人生观〉》,载张君劢等:《科学与人生观》,黄山书社,2008,第39—58页。
[3] 中国社会科学院近代史研究所中华民国史组编《胡适来往书信选》下册,中华书局,1980,第571页。

第三章　中国科学社的发展与成长(1918—1927)

当时讴歌科学万能的人,满望着科学成功黄金世界便指日出现。如今功总算成了,一百年物质的进步,比从前三千年所得还加几倍;我们人类不惟没有得着幸福,倒反带来许多灾难。好像沙漠中失路的旅人,远远望见个大黑影,拼命往前赶,以为可以靠他向导,那(哪)知赶上几程,影子却不见了。因此无限凄惶失望。影子是谁？就是这位"科学先生"。欧洲人做了一场科学万能的大梦,到如今却叫起科学破产来。①

梁启超本人并未否认科学的价值,他在文章的注释中补充道:"读者切勿误会,因此菲薄科学,我绝不承认科学破产,不过也不承认科学万能罢了。"梁启超在文中提醒人们对科学要有正确的认识,但在当时科学刚引入国内,还没有立足站稳之际,他的看法对于科学的传播无疑会产生不利影响。故胡适论道:

谣言这件东西,就同野火一样,是易放而难收的。自从《欧游心影录》发表之后,科学在中国的尊严就远不如前了。一般不曾出国门的老先生很高兴地喊着:"欧洲科学破产了！梁任公这样说的。"②

"科玄论战"之前,关于科学的价值,胡明复、王琎的看法颇值得关注。胡明复认为:

科学者,研究宇宙中事物间种种关联(不限于数量之关联)之学。其目的则一方面在观察宇宙中事物之常理而求其运行之通律,一方面又自其已得之通律求新事实,而更因之以增人类之知识及幸福。惟自有其目的,遂自有其方法及范围。事物间关联,恒有许多方面,科学遂因之而有各分门,各有其特异之观点,而其特异观点实定其门应得之范围。③

胡明复认为:科学"自有其目的",也"自有其方法及范围",而方法与精神本

---

① 梁启超:《饮冰室专集》,中华书局,1936,第12页。
② 胡适:《〈科学与人生观〉序》,载张君劢等:《科学与人生观》,黄山书社,2008,第11页。
③ 胡明复:《算学于科学中之地位》,《科学》1915年第1卷第2期。

为一体,"精神为方法之髓"。对于科学之功能,胡明复认为,科学在"求真"而已,可以教化人性,改良风俗。

王琎(1888—1966),中国科学社发起人之一,担任过中国科学社董事、《科学》编辑部部长。1921年,王琎发表《中国的科学思想》一文,表达了对科学的价值及其独立性的思考。他说:

时至今日,其形势复一大变。国内"科学""科学"之声,洋洋盈耳。社会中教育界实业界之望科学,如饥渴者之望饮食,此后科学在中国,或将培植得宜,耕耘不替,庶良禾不致复为稂莠所毁也。惟杞人之忧,以为学术专制及学术依赖之风,在中国犹未全减。一般学者之视科学,或但以方法视之,或但以技术视之,立论稍一不慎,即能使科学丧其独立之资格,以至于退化。须知科学者,其职务为搜求天然真理,维持人类文明,其自身之价值,固不在道德宗教政治之下也。[1]

王琎认为,科学有其独立的价值,非保持其相对独立性则难以促进其进步。王琎对科学价值的看法在那个年代显得十分可贵。

论战爆发后,科学派依托《努力周报》,结成宣传科学的阵营,对玄学派进行攻击;而玄学派则依托上海《时事新报》和北京《晨报》进行反击。在参战的科学派中,中国科学社的成员占多数,如丁文江、任鸿隽、唐钺、王星拱、胡适等。其中丁文江是地质学家,中国科学社改组后的第一任社长。胡适是中国科学社早期的发起人之一,多次在中国科学社年会上发表演讲。任鸿隽是中国科学社的老社长,此时刚刚卸任,为中国科学社理事兼董事会书记。唐钺是中国科学社早期的骨干。梁启超则是中国科学社董事会成员,一向对中国科学社表示支持。

什么是科学?任鸿隽认为国人对科学以及科学家的理解存在着三大误区:第一,说科学这东西,是一种把戏,戏法,无中可以生有,不可能的变为可能,讲起来五花八门,但对于我们生活上却没有什么关系。所以,科学家"也就和上海新世界的卓别林、北京新世界的左天胜差不多"。第二,说科学这个东西,是一个文章上的特别题目,没有什么实际作用。因此,把科学家仍旧当成文章家,

---

[1] 王琎:《中国的科学思想》,《科学》1921年第7卷第10期。

"只会抄后改袭,就不会发明,只会拿笔,就不会拿试验管"。第三,说科学这个东西,就是物质主义和功利主义。所以要讲究兴实业的,不可不讲求科学。科学既然如此,科学家"也不过是一种贪财好利、争权徇名的人物"。任鸿隽认为,之所以形成这样错误的认识,是由于"但看见科学的末流,不曾看见科学的根源,但看见科学的应用,不曾看见科学的本体"①。

《科学》杂志在第9卷第1期发表了社论《科学教育与科学》,任鸿隽评论道:"虽然科学教育重要矣,而科学本身之尤为重要。""问今之科学教育,何以大部分皆属失败,岂不曰讲演时间过多,依赖书本过甚,使学生虽习过科学课程,而于科学之精神与意义,仍茫未有得乎?"反思当时的科学教育的各种弊端,其一重要原因在于对科学本质的误会。"即有科学乃有所谓科学教育,而国内学者似于此点,尚未大明了。"所以,"言科学教育而不可不先言科学"。②

任鸿隽于1923年5月在《努力周报》上发表了《人生观的科学或科学的人生观》一文,其中指出,尽管笼统意义上的人生观并非科学的研究对象,但具体的人生观却可以用科学方法来改变,通过特殊的科学活动达成外物与内心的统一,以形成伟大高尚的人生观;并大声疾呼:"我们应该多提倡科学以改良人生观,不当因为注意人生观而忽视科学。"任鸿隽认为,"科学者,智识而有统系者之大名。就广义言之,凡智识之分别部居,以类相从,井然独绎一事物者,皆得谓之科学。自狭义言之,则智识之关于某一现象,其推理重实验,其察物有条贯,而又能分别关联抽举其大例者谓之科学"。③他又指出,"科学当然之目的,则在发挥人生之本能,以阐明世界之真理,为天然界之主,而勿为之奴,故科学者,智理上之事,物质以外之事也";"盖科学特性,不外二者:一凡百理解皆基事实,不取虚言玄想以为论证;二凡事皆循因果定律,无无果之因,亦无无因之果"④。"科学精神者何?求真理是已。""科学家之所知者,以事实为基,以试验为稽,以推用为表,以证验为决,而无所容心于已成之教,前人之言。又不特无容心已也,苟已成之教,前人之言,有与吾所见之真理相背者,则虽艰难其身,赴汤

---

① 任鸿隽:《何为科学家》,《新青年》1919年第6卷第3期。
② 任鸿隽:《科学教育与科学》,《科学》1924年第9卷第1期。
③ 任鸿隽:《说中国无科学之原因》,《科学》1915年第1卷第1期。
④ 任鸿隽:《科学与教育》,《科学》1915年第1卷第12期。

蹈火以与之战,至死而不悔,若是者吾谓之科学精神。"①"故言及科学精神,有不可不具之二要素:(一)崇实。吾所谓实者,凡立一说,当根据事实,归纳群象,而不以称诵陈言,凭虚构造为能。……(二)贵确。吾所谓确,凡事当尽其详细底蕴,而不以模棱无畔岸之言自了是也。"②

杨杏佛在论战期间发表了《科学与反科学》一文,为科学辩护。在文章中,他反对把战争灾难、国事日非归罪于科学:"夫科学之为科学,自有其本身之价值,不因物质文明之有无而增减。即物质文明之本身,亦但知利用厚生,造福人类,未尝教人以夺地杀人也。人自无良,何预科学?"③同时,他也否认科学万能。早在中国科学社迁回国内不久,杨杏佛就撰文指出:"科学之材料诚无垠,谓其研究万有可也。然研究万有者未必万能。试以科学所已知之事物与未知者较,犹微云之在太空耳。疾病、饥寒、天灾,人祸方相寻而未已:即此物质之世界,去吾人所梦想之极乐乡,尚渺乎其远,科学何敢以一得遂自命万能乎!"④此社论发表在《科学》第5卷第8期,基本上代表了中国科学社的立场和态度。1920年,杨铨在《科学与研究》一文中指出:"科学非空谈可以兴也。吾既喜国人能重科学,又深惧夫提倡科学之流为清谈也。"他认为:"科学之定义吾闻之矣,泛言之为一切有统系之知识,严格言之,惟应用科学方法之事物乃为科学。"⑤

胡适在《科学与人生观》序中说道:

这三十年来,有一个名词在国内几乎做到了无上尊严的地位;无论懂与不懂的人,无论守旧和维新的人,都不敢公然对他表示轻视或戏侮的态度。那个名词就是"科学"。这样几乎全国一致的崇信,究竟有无价值,那是另一问题。我们至少可以说,自从中国讲变法维新以来,没有一个自命为新人物的人敢公然毁谤"科学"的。直到民国八九年间梁任公先生发表他的《欧游心影录》,"科学"方才在中国文字里正式受了"破产"的宣告。⑥

---

① 任鸿隽:《科学精神论》,《科学》1916年第2卷第1期。
② 任鸿隽:《科学精神论》,《科学》1916年第2卷第1期。
③ 杨铨:《科学与反科学》,《科学》1924年第9卷第1期。
④ 杨铨:《非"科学万能"》,《科学》1920年第5卷第8期。
⑤ 杨铨:《科学与研究》,《科学》1920,5第7期。
⑥ 胡适:《〈科学与人生观〉序》,载张君劢等:《科学与人生观》,黄山书社,2008,第10页。

在《科学与人生观》序中,关于论战发生的原因,胡适说得很清楚:

> 中国此时还不曾享着科学的赐福,更谈不到科学带来的"灾难"。我们试睁开眼看看:这遍地的乩坛道院,这遍地的仙方鬼照相,这样不发达的交通,这样不发达的实业,——我们那里配排斥科学?至于"人生观",我们只有做官发财的人生观,只有靠天吃饭的人生观,只有求神问卜的人生观,只有《安士全书》的人生观,只有《太上感应篇》的人生观,——中国人的人生观还不曾和科学行见面礼呢!我们当这个时候,正苦科学的提倡不够,正苦科学的教育不发达,正苦科学的势力还不能扫除那迷漫全国的乌烟瘴气,——不料还有名流学者出来高唱"欧洲科学破产"的喊声,出来把欧洲文化破产的罪名归到科学身上,出来菲薄科学,历数科学家的人生观的罪状,不要科学在人生观上发生影响!信仰科学的人看了这种现状,能不发愁吗?能不大声疾呼出来替科学辩护吗?[①]

唐钺(1891—1987)在留学时期很留心图书馆工作,曾任中国科学社图书部的负责人。在论战中,唐钺在《努力周报》上先后发表了《心理现象与因果律》《"玄学与科学"论争的所给的暗示》《一个痴人的说梦——情感真是超科学的吗?》《科学的范围》等文章。唐钺认为,一切心理现象都受因果律的支配,一切心理现象都是有因的。"关于情感的事项,要就我们的知识所及,尽量用科学方法来解决的。至于情感的事项的'超科学'的方面,不过是'所与性',是理智事项及一切其他经验所共有的,是科学的起点。"[②]唐钺强调,在提倡科学的同时,更重要的是进行实际的科学研究,今日的中国已过了提倡科学时期而应该入于实地研究的时期了。但是,这番又翻起科学方法的问题,是由于有人误解科学的性质,并不是因为学科学者要仍旧提倡抽象的方法的缘故。[③]

王星拱(1888—1949)是中国近现代史上重要的教育家、科学家和科学哲学家。1908年,王星拱抱着科学救国的信念,负笈英伦,于伦敦大学从预科读到硕

---

① 胡适:《〈科学与人生观〉序》,载张君劢等:《科学与人生观》,黄山书社,2008,第11—12页。
② 张君劢等:《科学与人生观》,黄山书社,2008,第267—268页。
③ 唐钺:《科学的范围》,载张君劢等:《科学与人生观》,黄山书社,2008,第241页。

士,历时8年之久。1912年前后,与丁绪贤、石瑛等人在伦敦发起成立"科学社",后与留美学生任鸿隽等人发起的"中国科学社"合并,力图传播科学知识,促进实业发展。1916年王星拱获硕士学位回国,被北京大学校长蔡元培聘为化学系教授兼二院主任。1920年,由王星拱讲稿结集出版的《科学方法论》一书,对以培根、穆勒为代表的西方归纳逻辑进行了系统阐发,成为中国第一部现代科学方法论专著。王星拱认为,科学方法即实质的逻辑,"就是制造知识的正当方法"。在1923年至1925年的"科玄论战"中,王星拱旗帜鲜明地支持丁文江及科学派,其在《科学与人生观》中,明确主张"科学为智慧发达之最高点",认为科学的因果原理和齐一原理可以用于解决人生问题。他认为,科学是凭借因果和齐一两个原理而构造起来的;人生问题无论为生命之观念,或生活之态度,都不能逃出这两个原理的金刚圈,所以科学可以解决人生问题。[①]1930年,王星拱的《科学概论》一书出版,他将哲学看成"科学的科学",以马赫的感觉复合化为思想渊源,对经验论科学主义进行了系统总结,并建立了一个相当完备而系统的科学宇宙论体系,成为自严复以来20世纪中国科学主义思潮发展史上的里程碑式人物。

在论战中,梁启超持的是折中态度,既批评张君劢的观点,也不赞同丁文江的见解,认为他们都能"各明一义"。他说,"人生问题,有大部分是可以——而且必要用科学方法来解决的。却有一小部分——或者还是最重要的部分是超科学的""人生关涉理智方面的事项,绝对要用科学方法来解决;关于情感方面的事项,绝对的超科学"。他批评丁文江"过信科学万能,正和君劢之轻蔑科学同一错误"。[②]

胡适对此次论战予以了高度评价:"丁在君先生的发难,唐擘黄先生等的相应,六个月的时间,二十五万字的煌煌大文,大吹大擂地把这个大问题捧了出来,叫乌烟瘴气的中国知道这个大问题的重要,——这件功劳真不在小处!"[③]但在他看来,丁、唐等的反驳还远远不够,论战忽视了根本问题,即科学的人生观是什么。

[①]张君劢等:《科学与人生观》,黄山书社,2008,第285-286页。
[②]张君劢等:《科学与人生观》,黄山书社,2008,第139-141页。
[③]张君劢等:《科学与人生观》,黄山书社,2008,第18页。

第六节　年会与国际学术界的交流

中国科学社以"共图中国科学之发达"为宗旨,对内定期举办年会、讨论社务、宣读论文、考察交流、举行科学演讲等,同时加强与国际学术界的联系,邀请国际著名学者来华讲学,并一度作为中国学术界代表参加国际科学会议,成为这一时期中国学术界对外交流的重要团体。

一、1919—1927年年会述略

自1919年到1927年,中国科学社一共召开了9届年会,其中杭州2届、南京2届、北京2届、南通1届、广州1届、上海1届。在这9届年会当中,1919年的杭州年会与1922年的南通年会具有特殊意义。

1919年8月15日至19日,中国科学社在杭州举行第四次年会,到会社友30余人。这是中国科学社在国内召开的第一次年会。开幕式由竺可桢主持,胡明复代表社长任鸿隽致词。竺可桢在开幕式致辞中时说道:"20世纪文明为物质文明,欲立国于今之世界,非有科学知识不可,欲谋中国科学之发达,必从(一)编印书报,(二)审定名词,(三)设图书馆,(四)设实验研究所入手,此皆本社之事业也。"[1]针对国人对科学的冷漠态度,胡明复恳切指出:"吾人根本之大病,在看学问太轻,政府社会用人不重学问,实业界亦然;甚至学界近亦有弃学救国之主张,其心可敬,其愚则可悯矣。"[2]他认为当务之急就是在中国发展科学,而中国科学社足以担当宣传科学、发展中国科学之重任。年会上,邹秉文提议中国科学社举行通俗科学演讲,获得董事会的一致赞同。从此,通俗科学演讲成为年会中的一个固定"节目"。此外,从1920年暑假开始,中国科学社亦在南京社所举行定期的通俗科学演讲。事实证明,它在宣传科学知识、推广科学教育等方面卓有成效。

1920年,中国科学社在南京有了正式社所,同时,图书馆也已建成。为表庆

---

[1] 杨铨:《中国科学社第四次年会记事》,《科学》1919年第5卷第1期。
[2] 杨铨:《中国科学社第四次年会记事》,《科学》1919年第5卷第1期。

贺,中国科学社决定将第五次年会定于8月15日至19日南京社所举行。本次年会"论文独多",增加了学术演讲和学术交流的机会,出版了年会论文专刊,并在《科学》杂志上刊发"年会论文专号"。杨铨在"年会论文专号"发刊词中提及"年会论文专刊"由来时说:"凡学会几无不岁刊论文一巨册,以至十数册,学者视为鸿宝,科学借以日新","兹篇所载,非有新知创论以饷国人,聊举同人研究所得以与吾国学者相切磋而已,年来国人皆知提倡科学之不容缓,然惟研究乃真提倡,亦惟研究然后知吾国科学之不足"。[①]指出科学研究才是提倡科学的唯一正途,打出了科学研究的旗号。专刊论文中,胡先骕《浙江植物名录》是实地调查研究的结果,钱天鹤《金陵大学新式蚕种制造》是作者潜心研究所得。

1921年9月1日至3日,中国科学社与地质调查所、北京大学联合起来在北京举行第六次年会。年会开幕式由时任清华学校校长金邦正主持。在年会期间,召开了社务会、科学教育讨论会和论文宣读会,宣读论文9篇。其中,翁文灏、秉志、竺可桢、李四光、赵元任等均有论文宣读,涉及地质、生物、气象学等最新研究成果,体现了学术交流的真正内涵。会后,中国科学社开始汇集年会论文,用西文发行,出版了《中国科学社论文专刊》(*The Transactions of the Science Society of China*),与国际学术界开展成果交流与对话,传递中国学术的声音。

1922年8月20日至24日,中国科学社在南通召开第七次年会,参加社员与来宾共40余人。在南通年会上,中国科学社再次改组。改组后的新社章共14章76条和1个附则。加大了科学调查研究与科学宣传的力度,开拓了普及科学的新方法,并愿意接受社会委托解决实际科学问题。

除在组织宗旨与社务上有上述转变外,此次改组的最大举措是新董事会的成立,原董事会易名为理事会,丁文江、任鸿隽、赵元任、胡明复、杨铨、秉志、竺可桢、孙洪芬、胡刚复、王琎、秦汾等11人当选理事。章程规定,成立新董事会,董事由9人组成,任期9年,每3年改选1/3。新的董事会由张謇、马良、蔡元培、汪兆铭、熊希龄、梁启超、严修、范源濂、胡敦复等9位社会贤达组成,对外代表该社募集基金和捐款,对内监督社内财政出纳,审定财务预算,保管及处理该社各种基金和财产,并将基金募集及其保管状况每年报告于年会。新的董事会可

[①] 杨铨:《发刊词》,《科学》1921年第6卷第1期。

看作中国科学社的名誉机构。理事会是实际领导机构,决定中国科学社的方针政策,组织各办事机关等。新章程还规定,设立各种科学研究所进行科学实验;设立博物馆供学术研究;举行通俗科学演讲,普及科学知识等。工作重心由初期单纯的科学宣传转入科学宣传与科学研究并驾齐驱。改组后的社章将中国科学社宗旨定位为"联络同志,研究学术,以共图中国科学之发达",突出了学术研究的地位。由集股公司,到以"科学宣传"为核心的科学学会,最后到以"科学研究、学术交流"为学会发展之重心,中国科学社日渐趋于成熟。

1923年8月10日至14日,中国科学社在杭州召开第八次年会。本次年会共安排了三次社务会,吴伟士、翁文灏、朱其清、董常、谢家荣、冯肇传、张景欧、陈桢、王琎、吴承洛等人提交了学术论文,并宣读。论文以地质、农学、生物、工程为特色。柳诒徵、马相伯、胡适、汪精卫、李熙谋、曹惠群等人作了通俗科学演讲,对有关科学的各个方面进行宣传和普及。年会还召开了一次"实业讨论会"。本次年会上,美国昆虫学家、时任江苏昆虫局局长吴伟士首次以外国科学家的名义参加学术交流。

1924年7月1日至5日,中国科学社成立十周年,第九次年会改在南京举行。年会提交论文24篇,涉及地质、生物、物理、化学、工程、农学、气象等各门学科,但以生物、地质为多。年会上,葛利普提议将中国科学社英文名改为"Chinese Association for the Advancement of Science",使中国科学社真正成为促进中国科学发展的组织。赞成和反对的人各占一半,这个问题只能留待来年年会解决。[①]次年北京年会上决定修改社章,增加"其他科学团体会员入社办法"一章,英文社名同意葛利普意见,丁绪宝、叶企孙还提议与其他团体联合召开年会,以"联络国内学术团体"。

1925年8月24日至28日,第十次年会在北京召开,论文宣读会共举办了3次。第一次在北京大学,讨论生物学论文6篇,过探先、秉志、陈焕镛、金叔初、葛利普等对论文进行了宣读;第二次是在政治学会上,李济、马寅初、刘大钧、丁文江等宣读社会科学论文4篇;第三次在地质调查所,竺可桢、蒋丙然、叶良辅、谢家荣、饶毓泰等,宣读地质、气象、物理学等方面的论文5篇。本次论文宣读

[①]《中国科学社第九次年会及成立十周(年)纪念会记事》,《科学》1924年第10第1期。

已有了分组的事实,同时更突出了地质、生物学的地位,袁福礼、孙云铸、叶良辅的加盟使地质学足以与生物学相媲美。

1926年8月27日至9月1日,在广州中山大学召开中国科学社第十一次年会。开幕式在中山大学农科院举行,孙科主持开幕式并致欢迎词,接着由谭延闿致词,何香凝、经子渊、韩竹坪、钟荣光、吴稚晖、杨杏佛相继演讲,王琎代表中国科学社社长翁文灏作了《改进中国科学社之意见》的主题发言。宣读生物、物理和工程等方面的论文16篇。年会上,吴稚晖、过探先、杨端六、李熙谋、曾昭抡、胡先骕、褚民谊、王琎、何鲁和孟森等举行公开演讲;胡先骕、黎国昌、冯锐之、窦维廉、秉志、吴承洛等宣读论文。本次年会最大的特色是科学与政治关系的讨论。会上,沈鹏飞提议请求国民政府拨地助款建设广州科学博物馆。后推褚民谊、邓植仪、黎国昌、杨杏佛、沈鹏飞等办理此事;设立建设服务委员会,代人计划工程、委托研究及介绍人才,举王琎、李熙谋、胡明复为筹备委员。

1927年9月3日至7日,中国科学社在上海总商会召开第十二次年会,蔡元培、胡敦复、马相伯、杨杏佛、竺可桢、任鸿隽、胡适、陶孟和、郭任远、叶企孙、严济慈、周仁、钱崇澍、饶毓泰、姜立夫等60余人到会。年会决定将《科学》收回自办。9月4日上午召开胡明复理事追悼会,并讨论纪念办法。在本次年会上,仅召开了一次论文宣读会,而且仅有竺可桢、叶企孙、严济慈等人的论文7篇,还因赴白崇禧、郭泰祺宴而提前散会。因此,社长竺可桢于次年年会批评道:去年在上海开会,几将大半之时光消废于各种酬应宴会,似觉于社务方面减却几分讨论之机会。[①]1927年的年会论文专刊停刊,直到1930年才恢复。

二、开展中外学术交流

1920年代,中国科学社与国际学术界有着密切的往来。中国科学社一方面积极利用各种机会,主动邀请海外著名学者来华讲学,与国际学术界保持联系和沟通,推进学术交流;另一方面以该社或社员个人名义参加国际学术会议,参与国际学术活动,并逐渐赢得了国际学术界的认可。

[①]《中国科学社第十三次年会记事》,《科学》1928年第13卷第5期。

第三章　中国科学社的发展与成长(1918—1927)

1920年7月2日,美国渥海渥(俄亥俄)大学教授推士应中国科学社邀请,作了题为《科学事业与科学团体》的演讲。1922年中国科学社在南通召开第七次年会,与会者中就有推士。

1920年6月22日至9月11日,法国前国务总理、著名数学家班乐卫率领由法国文化界、知识界知名人士组成的访问团来中国访问。8月31日,蔡元培在北京大学亲自主持仪式,聘请班乐卫担任北大名誉教授,并授予其"理学荣誉博士"称号,这是我国大学第一次授予外国著名学者荣誉博士称号。9月10日,中国科学社上海社友会特地召开会议欢迎班乐卫,并请他演讲中国教育及科学之问题。班乐卫在演讲中提出中国应组织科学团体,争回曾经有过的先进地位。

1920年10月12日,英国著名学者伯特兰·罗素抵达上海。在华期间,中国科学社理事赵元任一路担任翻译,陪同罗素周游全国各地,每到一个地方,就用当地方言翻译,在加强罗素和中国学术界的联系上起到了重要的作用。到北京后,罗素先住在旅店,后即租住一栋四合院,赵元任与他同住在这个四合院中。罗素在北京大学讲学时,任鸿隽当时正在北京,并曾应蔡元培之邀在北京大学任过一段时间的化学教授,因而也曾担任罗素"物之分析"等讲演的翻译和记述工作,并同时参与了相关接待工作。[1] 10月21日在南京,应中国科学社邀请,罗素在南京社所作了一场题为《爱因斯坦引力新说》的演讲。

1922年,美丽尔博士(Dr.Merrille)来华考察植物,应邀在中国科学社社所讲菲律宾科学局设立经过,并详论了菲律宾、马来西亚、爪哇及太平洋诸岛的植物分布及其地质特征。

与此同时,中国科学社主动"走出去",参与国际学术交流活动,最具代表意义的是参加太平洋国际学术会议。

太平洋国际学术会议原名泛太平洋学术会议,始于1920年,是太平洋沿岸国家学术机构组织召开的国际学术会议。前两届分别在美国檀香山、澳大利亚墨尔本举行,中国虽无正式的学术代表参与,但中国科学社在其中扮演了重要角色。

1922年,法国科学团体要求与中国科学团体交换书报,北京教育部将此任务转给中国科学社。

---

[1] 冒荣:《科学的播火者——中国科学社述评》,南京大学出版社,2002,第216页。

1923年,中国科学社被邀参加第二届泛太平洋学术会议,因经费不足放弃了。

1924年,太平洋协会在檀香山召开太平洋各国食物调查会,该会干事任鸿隽为中国出席总代表,并希望中国科学社派代表参加。理事会讨论后决定,若经费接洽就绪,拟派秉志或竺可桢出席。后来因经费问题,决定不派代表,但可以继续"征求论文",并推定赵承嘏、秉志和竺可桢为"征求及审查太平洋食品讨论会论文委员"。

1925年,日本邀请北京政府教育部派员参加在日本东京举行的太平洋学术会议。开始,当局竟束之高阁,视同虚文。但是这一讯息为中国科学社等在内的一些学术团体得知,随即发动人员督促相关机构派代表赴会,后终得以实现。在这一年举办的中国科学社第十次年会上,社长丁文江就提出应预备次年秋间在日本东京举行的太平洋学术会议,议决由中国科学社联络国内各团体筹备出席,并推定翁文灏、秦汾、任鸿隽、秉志为筹备委员。次年3月,在中国科学社理事大会上,翁文灏报告说动物、植物、地质、气象已征集到会议论文。

1926年10月30日至11月11日,第三届泛太平洋学术会议在日本东京召开。中国科学社正式派翁文灏、竺可桢、胡先骕、陈焕镛、沈宗瀚、胡敦复、任鸿隽、秦汾等12人出席,提交论文8篇。

会上通过了太平洋学术会议章程,并正式定名为太平洋学术会议,选举产生了太平洋科学评议会。该组织章程规定,凡太平洋沿岸的国家或地区,皆可以各自国家的科学院或相当的机构为代表进入会议的领导机构。经过与会议组织者的一番交涉,与会中国代表一致同意以中国科学社为中国科学界的代表机构进入该会议组织的行政委员会。

1927年4月《科学》第12卷第4期刊发"泛太平洋学术会议专号",对会议进行报道。任鸿隽在《泛太平洋学术会议的回顾》一文中曾专门提道:"此次太平洋科学评议会,不让中国加入,他们唯一的借口,就是中国没有一个代表全国的科学机关。后来我们虽然把中国科学社抬了出来,搪塞过去,但在外国人心目中,我们中国还是没有一个学术的中心组织的。我们在东京的时候,每每有人问:你们中国有学术研究会议(National Research Council)吗?我们的答应是:没有。他们再问:那吗(么),你们有科学院(Academy of Science)吗?我们的答应还是:没有。说到第二个'没有'的时候,你可看得见失望或轻蔑的颜色,立刻出现于你的问者的面上,你自己的颜面也不免有点赧赧然罢?固然,一个学会的有没有,于一国的文化,并没什么大关系,但至少可以代表我们学术的不发达,或我们的不注意,所以到了时机勉强成熟的时候,希望我们有这种相当的组织。"①

这里,任鸿隽提出中国应建立学术组织中心,这也是他一直以来所倡导和努力的。

竺可桢在《泛太平洋学术会议之过去与将来》一文中,也提出应立即成立中国科学研究会议,加入国际科学联盟,适时作为东道主组织召开国际科学会议,"引起各国人民之爱敬,增进国际之地位"。②

1928年4月,爪哇政府致函中国科学社,邀请组织中国科学家参加1929年在爪哇举行的第四次泛太平洋学术会议。6月,中央研究院成立,中国科学社以"中央研究院业已成立,足可代表吾国"为由,呈请中央研究院筹备。大学院复函:"中央研究院组织尚未完竣",仍请中国科学社负责筹备。中国科学社于是召集学术团体及专家开会讨论,遴选代表及论文。

1929年5月14日至29日,在爪哇举行第四次泛太平洋学术会议,与会代表共269人,中国代表原定为18人,后实去13人,其中,中国科学社派出6人:竺可桢、翁文灏、胡先骕、黄国璋、寿振黄、陈焕镛。在此次会议上,中国科学社正式提出,鉴于中央研究院作为代表中国政府的唯一国家科学机构已经成立,下一届会议应由中央研究院全权负责。其后,第五次泛太平洋学术会议定在加拿大召开,并向中国科学社发出正式邀请函。中国科学社复信重申由中央研究院来接替。可见,中国科学社在1920年代已经获得了国际学术界的认可。

1920年代,中国科学社也派员参与了其他国际科学会议。如1926年张景钺参加在康奈尔大学举行的第四次国际植物学会,1927年余青松参加在荷兰举行的国际天文学会,1929年竺可桢出席在东京召开的万国工业会议,等等。

一些在中国高等学校任教的外籍学者成为中国科学社社员。如1926年至1927年间,就有金陵大学的美籍教授卜凯(J.C.Buck)、莫古礼F.A.McClure、葛德

---

①任鸿隽:《泛太平洋学术会议的回顾》,《科学》1927年第12卷第4期。
②竺可桢:《泛太平洋学术会议之过去与将来》,《科学》1927年第12卷第4期。

石（G.B.Cressey）、吉普思（C.S.Gilbs）、罗德民（W.C.Lowdermilk）、伊礼克（J.T.Illick）、唐美森（J.C.Thomson）、郭仁风（J.B.Griffing）等加入中国科学社。当时,他们分别从事乡村经济学、植物学、地质学、细菌学、森林学、动物学、食物化学和植物育种学等方面的教学和研究。[①]

中国科学社当时在中国科学界与国际科学界之间,起到了重要的纽带作用。

第七节　中国科学社北美分社的成立

中国科学社北美分社诞生于1922年,是中国科学社实际发展起来的唯一海外分社。1918年中国科学社总部迁回国内,在美骨干成员多已转到哈佛大学,《科学》编辑部在美分部也从康奈尔大学迁到哈佛大学。9月,总编辑杨杏佛回上海总部工作,行前将工作移交赵元任,委托他担任《科学》月刊的驻美编辑部部长。1922年5月,美国社员代表向中国科学社董事会来函请求设置分会,8月,中国科学社改组,正式提出创办"分社",随后组建北美分社。

一、叶企孙与北美分社的成立

1918年8月,叶企孙从上海乘"新南京"号赴美求学。9月入读芝加哥大学物理系。1920年获芝加哥大学物理学学士学位后旋即转入哈佛大学继续攻读物理,1921年6月获哈佛大学硕士学位,9月在哈佛大学布里奇曼教授的指导下攻读博士学位。就读哈佛大学期间,叶企孙与中国科学社在美骨干成员有了密切联系。

1921年8月,中国科学社董事会公推叶企孙为中国科学社驻美临时执行委员会会长。当时虽为临时机构,但叶企孙热心主持,花了大量精力去办理社务。除团结社友、联络感情,为国内出版的《科学》杂志定期组稿外,叶企孙每周一

[①]《新社员录》,《科学》1927年第12卷第11期。

次、从不间断地组织社友讨论科学及如何在中国发展科学。

在叶企孙的积极领导和筹备下,中国科学社北美分社的组建工作有了明显进展。叶企孙拟订了《中国科学社驻美分社章程》。该章程依据1922年10月9日修改的中国科学社章程第53条规定,将分社定名为"中国科学社驻美分社",宗旨为"联络驻美社员,协助总社进行,共图中国科学之发达"。分社办事机关定名为理事委员会,理事7人,其中设职员5人,即社长、书记、会计、分股委员会委员长、驻美编辑部部长。除此之外,章程还对理事委员会的职责、选举以及分社的经费、年会、社友会、修改章程等均作出了若干规定。

1922年12月19日中国科学社董事会讨论美国社友会拟定的分社章程,决定由董事会交大会章程修整委员会,审查委员为杨杏佛、熊雨生、王季梁三人;美国分社社员纳费,应将若干分归至总会,亦归章程内讨论;所有分社一切事情,先由分社委员会酌量办理;分社之杂志经理员,暂由分社执行委员会派定,再由董事会决定。[1]

1923年夏初,叶企孙致函中国科学社:

社友钧鉴:

弟自执行中国科学社驻美事务以来,幸诸社友热忱相助,得使美洲分社基础巩固,规模略具。今正式理事已经举出,将来社务之必蒸蒸日上,可预料也。弟之责任,因系临时性质,有欲举行之事,而不敢贸然行之,今特举大要之数端为诸社友陈之。

(一)留学界为中西思想之交通机关,对于国内杂志,自当常有贡献。本社总社所出版之《科学》杂志中,诸社友尤宜时常投稿。特为美洲诸社友投稿便利起见,总社之董事会,曾嘱分社每年担任编辑《科学》三期。每期稿件完整后,送国内印刷。

(二)本社原为研究学术而设,社员之同科者,宜常接触,以资切磋,故分股委员会,宜积极整顿以副此旨。

(三)各地社员宜如何巩固其团结之精神。

---

[1] 何品、王良镭编注《中国科学社档案资料整理与研究·董理事会会议记录》,上海科学技术出版社,2017,第12页。

以上诸端,弟未能使之实现,甚以为恨。深望诸社友热心协助正式职员,俾有成绩,是所至盼。

驻美临时执行委员会会长叶企孙启

附:临时执行委员会书记唐启宇附笔

本年事务,殊形发达。计由临时执行委员会通过入社新社员,有三十九人之多。习农学者四人,习林学者一人,习医学者四人,习理化学者十人,习植物学者一人,习土木工程者四人,习水工程者一人,习化学工程者五人,习电气工程者三人,习机械工程者二人,习兵器学者一人,习历史学者一人,教育心理学者一人,是皆赖各地会员及征求委员李君顺卿,丁君绪宝,郝君坤巽热心征求之效果。年内中国科学社驻美分社章程附则,亦由社员通过。并由执行委员会委任陈枢、李善述、唐在均三君为司选委员,执行选举事务。现在下届职员,既经选出,驻美分社组织,已告完成。用人等事务,自本年六月底以后,完全交与驻美分社。来日驻美分社之发达,可以预卜也。

临时执行委员会书记唐启宇谨启[①]

从信中可知,在叶企孙离美回国之前,中国科学社驻美临时执行委员会举行会议,在会长叶企孙主持下,制定了驻美分社章程,成立了由丁绪宝、顾谷成、曾昭抡、钱昌祚、丁绪贤等7人组成的理事会,使中国科学社驻美分社基础更加牢固,规模略举,日见发达。本次会议宣告中国科学社驻美分社正式成立。

1925年《科学》第10卷第5期对驻美分社情况进行了报道:

本社驻美社员甚夥。自民国十二年驻美分社成立以来,社务发达,组织益备。去冬以来,又有无线电筹备委员会之设,从事研究推广及提倡无线电之方法。数月以来,该委员会考虑之结果,已有具体办法。闻不久将有详细之设计书及施行细则寄请总社董事部理事部核定施行云。现驻美分社不下一百二十人。[②]

[①]《美国分社之新气象》,《科学》1923年第8卷第9期。
[②]《驻美分社消息》,《科学》1925年第10卷第5期。

由此可见叶企孙的领导下驻美分社当年发达之情形,并非信中所说的"整顿"效果不佳。

应该说,自中国科学社总部迁回国内,骨干成员相继回国之后,从1918年到1921年间,中国科学社在美的组织出现了空档期。直到1921年,叶企孙担任驻美分社临时执行委员会会长之后,这一情况才发生了改变。1923年冬,北美分社还设立了无线电筹备委员会,研究及推广无线电的使用。到了1925年,仅当年新增加的社员就达到19人,总人数更是达到了120人之多。可见,叶企孙在其中发挥了多么重要的领导作用。

二、北美分社重组

叶企孙1923年6月在哈佛大学提交博士论文,当年夏末取道欧洲回国。其后自1924年到1926年,北美分社均进行了选举,组织活动正常开展。据1924年《中国科学社概况》记载,首届美洲分社(驻美分社,也即下文所说的美国分社、北美分社)理事会成员有社长顾谷成,书记钱昌祚,会计丁绪宝,分股委员会会长程耀椿,驻美编辑部部长曾昭抡,理事丁嗣宝、唐启宇。1925年驻美分社正常改选,社长为程耀椿,书记为曾昭抡,会计为方光圻,分股长为倪尚达,理事为张绍忠、葛成慧。1925年11月,驻美分社理事会再次进行了改选,选出新的理事会成员:社长杨光念,书记孔繁祁,会计王箴,分股长李运华,理事周兹绪、洪绅。但自1927年到1929年,驻美分社似乎没有正常开展活动。1927年8月29日,在中国科学社第十二次年会上,总干事路敏行在报告中指出:"本年度美国分社竟无新社员加入。"1928年7月31日,在中国科学社第十三次年会上,总干事路敏行在报告中指出:美国分社消息不通,更无新社员加入。这一状况引起了中国科学社总部的重视。

1929年11月22日,中国科学社理事会成员和总干事杨孝述致信清华大学留美监督梅贻琦,请其重组美国分社:

本社成立于美,向来留美社员甚多,故有美国分社之设置。近数年来,分社职员四散,主持乏人,几同消灭,其影响所及,留美社员人数逐年减少。本社刊物向赖分社征集之,文稿来源遂陷于绝境。本社失此支生力军,自感困苦。以另一方面言之,本社为科学人才集中之机关,每年各学术团体来社接洽人才者甚众,而本社以中美消息隔阂,每苦无从绍介而失国内科学人才之调剂。是以美国分社有急须重行整理之必要。兹经本社理事会议决,公推先生出任艰巨,重组分社。①

接到杨孝述来信之后梅贻琦马上对在美社员展开调查,重建美国分社。1930年5月美国分社举行选举,梅贻琦当选理事长,吴鲁强当选书记,黄育贤当选会计。当年8月30日至9月1日,美国分社与中国工程学会美洲分会合办年会。中国科学社美国分社再一次焕发出生机和活力。

北美分社重组后,与国内总社加强了联系与交流。1931年1月20日,《科学》杂志编委会致函梅贻琦,请求北美分社能定期向国内传递最新科学讯息,以充实杂志的新闻栏目。梅贻琦以新任理事长身份呼吁分社社友支持《科学》。

1931年10月14日,梅贻琦出任清华大学校长,卸任中国科学社北美分社社长一职。中国科学社委托赵元任、丁绪宝负责整理社务,完成交接工作。1932年10月,北美分社进行换届选举,汤佩松为社长,任之恭为书记,周田为会计。1934年北美分社选举裘开明为社长,陈世昌为书记,高尚荫为会计。1935年在裘开明的协调下,经华美协进社社长孟治同意,中国科学社北美分社永久办公室设在了华美协进社总部办公室,以便收发信件与保存文件。1936年裘开明卸任,回国担任北京大学教授。

---

① 转引自王作跃:《中国科学社美国分社历史研究》,《自然辩证法通讯》2016年第3期。

中国科学社的发展与鼎盛
（1928—1936）

第四章

1928年至1936年,中国科学社以上海为中心,各项事业得到快速发展,如建立明复图书馆,扩充南京生物研究所,创办《科学画报》,创立中国科学图书仪器公司,设立科学奖励制度,召开联合年会等,各项事业蒸蒸日上。除此之外,中国科学社还力争融入国际科学界,积极开展国际学术交流与合作,《科学》开始具有世界影响力。

第一节　社务发展概况

1927年南京国民政府成立后,政策趋于统一,中国科学技术在这一时期得到较快发展。中国科学社也获得了快速发展的空间,各项事业快速扩张。

一、经费与社所

1927年12月5日,中国科学社董事会向国民政府申请经费100万元,以作发展科学研究之用。在蔡元培、杨铨等人的努力下,中国科学社获得国民政府40万元国库券,是为中国科学社历史上最大一笔款项,也是其后来发展最为重要的基金。

1928年2月,中国科学社购买上海法租界亚尔培路309号房屋为上海社所。

1929年11月2日，明复图书馆举行奠基礼，墙角的奠基石上刻着孙科的题词："中华民国十八年十一月二日中国科学社为明复图书馆举行奠基礼"。1931年1月，明复图书馆落成，成为我国第一座公共科技图书馆。

1928年4月11日，中国科学社上书请求国民政府将南京社所及其围墙外的成贤街文德里官产划归中国科学社永久使用。23日得国民政府财政部核准。其后，中国科学社向南京市工务局申请建筑执照，扩充社所。得中华教育文化基金董事会专项资助后，中国科学社对生物研究所进行了扩建。1931年3月，生物研究所新馆在南京落成，为三层建筑，面积5550平方英尺，高42英尺，建有植物研究室、动物研究室、图书储藏室、阅览室、标本陈列室与储藏室等。1934年7月，生物研究所增设动物生理实验室、生物化学研究室，以加强生物学研究。

1929年3月15日，《科学》编辑部由南京迁往上海社所。4月，总办事处由南京搬迁到上海，社务重心由南京转向上海，南京的生物研究所及其附属图书馆成为专门的生物学研究基地。

1929年7月，中华教育文化基金董事会为生物研究所提供的补助金5万元期满（1926年7月至1929年6月）后，又决定继续补助3年共13万元，其中2万元为建筑费，其后又追加了1万元。

1933年8月1日，中国科学社董事会发表《中国科学社生物研究所筹募基金启》，基金总额拟定为国委币50万元。自该年起，美国洛克菲勒基金会每年补助生物研究所研究员两名额经费共2000余元。后于1935年补助该所新生理学设备费6000元。

二、组织结构及变化

1928年6月，中央研究院正式成立。中国科学社许多社员参加了中央研究院的创办工作，中央研究院各研究所委员也多为中国科学社社员，两者关系极为密切。中央研究院院长蔡元培一向关心和支持中国科学社，是中国科学社董事会成员，也是第一个特社员；中央研究院总干事杨铨是中国科学社主要发起人之一，长期担任《科学》编辑部部长、理事；中央研究院化学所、工程所、气象所、心理所所长王琎、周仁、竺可桢、唐钺均系中国科学社核心成员,长期担任理事。中央研究院物理所、地质所、天文所、社会所、史语所、动植物所所长丁燮林、李四光、高鲁、杨端六、傅斯年、王家楫等均为中国科学社社员。

1929年1月9日,中国科学社理事会聘请杨孝述为总干事及《科学》杂志经理。1933年9月16日,中国科学社理事会通过杨孝述提案,改革《科学》杂志内容。另议决《科学》目标是"为介绍精深之科学",《科学画报》为"普及科学知识于儿童与一般民众之工具"。

1929年3月22日,《科学》杂志发起人、中国科学社理事过探先因病去世。1910年,作为第二批庚款留美学生,过探先与胡适、竺可桢等一同留学美国。他先入威斯康辛大学,后转入康奈尔大学农学院学习,专攻农作物育种学,获学士、硕士学位。在美期间,他积极参与中国科学社的创建工作,并编印《科学》月刊。回国后,中国科学社由于当时会员很少,经费支绌,过探先就在三牌楼自己的住宅中划出一间作为科学社的办公室。20世纪20年代参与创办国立东南大学农科和金陵大学农林科,培育了一批农林科技教育人才,是我国现代农业教育和棉花育种事业的开拓者。5月4日,中国科学社与金陵大学等12家机构举行追悼会,中国科学社代表杨杏佛等先后致追悼词。

1933年6月18日,杨杏佛在中央研究院门口遇害,年仅40岁。7月2日中国科学社为其举行社葬。1912年,杨杏佛与任鸿隽作为稽勋生留学美国。作为《科学》月刊创始人和第一任编辑部部长,杨杏佛从1915年到1921年,前后7年,主编了第6卷第69期《科学》月刊。其中他亲自撰稿达59篇。他关心中国科学的发展,积极传播科学,将最先进的科学成果介绍到中国,先后发表《伽利略传》《牛顿传》《电学略史》《战争与科学》《学会与科学》《电灯》《瓦特传》《人事之效率》《东西厄灵辟克运动会与中国体育之前途》等文章,向中国介绍西方的科学知识。其翻译的《爱因斯坦相对说》成为国内介绍相对论的较早文章之一。杨杏佛以其出色的工作能力为中国科学社的发展和壮大奠定了基础,不愧是中国现代史上杰出的科学事业组织者和社会活动家。

1934年8月22日,鉴于编辑部存在负责人产生方式和相关权责问题,理事会决定聘请总编辑一人(带薪职),编辑人员由总编辑遴选,理事会聘任。后于11月11日聘请刘咸专任编辑部部长,处理该社一切刊物之编辑事宜。

1935年1月12日,董事会基金委员宋汉章因身体原因辞职,由徐新六接替。基金40万元,因宋氏运作有方,6年来除南京、上海两处社所购地和建筑投入约18万元以及经常费开支18万元外,实际结余仍超出原额。

1935年9月21日,中国科学社图书馆委员会举行第一次会议,由委员胡刚复、王云五、尤志迈、杨孝述、刘咸一起,议商订购书刊之原则。

三、各项事业蓬勃发展

中国科学社进一步扩展社务。

1929年6月,招股合资创办"中国科学图书仪器公司",租址于上海慕尔鸣路(今茂名北路)122—126号。该公司经营业务主要为印刷出版科学书刊和生产较简单的科学仪器。1932年11月,中国科学图书仪器公司为扩大业务范围,迁入福煦路(今延安中路)。

11月2日,在上海举行"明复图书馆"奠基典礼。次年10月上旬,明复图书馆竣工,南京馆4万册藏书中除生物学和农学类外,其他全部移送上海。

1929年末,成立科学咨询处,凡实业团体以及青年学子遇有科学上疑问无处咨询者,均可径函该社咨询处,由本社专家社员详为答复。《科学》杂志自第14卷第6期(1930年1月)起开设《科学咨询》栏目。

1930年10月25日,上海、杭州、苏州、沈阳、北平、广州等地社友会举行社庆活动。胡适作词、赵元任作曲的《拟科学社社歌》在北平社友会上首次试唱。同日,由杨孝述任编辑兼发行人的《社友》第一期印行,为社内通讯,设有《建议》《评论》《各部消息》《分社及各社友会消息》《社友通讯》《社友文艺杂录》等栏目,拟每月至少出一期。

1931年1月1日,举行明复图书馆开幕典礼,同时举办全国版本展览会,展出7天。图书馆面积5546平方英尺,高50英尺。

1933年8月1日,中国科学社主办的综合性通俗科学刊物《科学画报》创刊,由中国科学图书仪器公司发行,为半月刊。初由冯执中任经理编辑,未久由杨孝述兼任。

1933年2月18日,秉志在上海明复图书馆演讲《生物学发达史略》,此为该社在演讲停顿多年之后面向公众开展的通俗科学演讲活动之首讲。

1933年,中国科学社出版《科学通论》,全书分7编,分别为"科学真诠""科学方法""科学分类""研究与发明""科学应用""中国之科学"和"科学学会"。收录了任鸿隽、翁文灏、梁启超、杨杏佛、葛利普等人的文章。

自1929年以来,中国科学社相继设立、管理的学术奖金有高君韦女士纪念奖金、范太夫人奖金、考古学奖金、爱迪生电工奖金、何育杰物理学奖金、梁绍桐生物学奖金、裘氏父子理工著述奖金等。

1930年,国民政府号召学术机构设立科学咨询处,并订立了"科学咨询处办法"。中国科学社积极响应,设立科学咨询处,并将咨询的问题和答案刊布在《科学》杂志上。

1934年,中国科学社开始联合中国植物学会、中国动物学会、中国地理学会等专门学会在庐山召开联合年会,至1936年,中国数学会、中国物理学会、中国化学会等先后加入,年会已成为数学、物理、化学、生物、地质、地理、气象等学科交流合作的平台。1936年年会被誉为民国时期"最大也是最后"的学术盛会。

到1937年,中国科学社各项事业蓬勃发展。其中,有上海总社所(包括总办事处、明复图书馆、《科学》和《科学画报》编辑部、中国科学图书仪器公司等),南京社所(生物研究所与图书馆)和广州社所;董事会和理事会成员均为学术界精英。全国还有12个社友会,由各地学术界领军人物主持。中国科学社已经成为当时具有广泛影响力的学术组织,被誉为"社会之福、民族之光"。

四、举行二十周年纪念大会

1935年10月25日,中国科学社成立20周年社庆日,《科学》发行纪念特大号,记述20年来中国科学之进步,同时各地社友会召开庆祝会。10月27日,在南京中央大学(即后文的中央大学、"中大")大礼堂举行中国科学社20周年纪念大会,京、沪、平、汉、苏、杭、奥、桂、川、青、湘、赣等地的社员及来宾共2500人参会。

会议由社员、中央大学校长罗家伦主持。罗家伦在致词中说:

今日中国科学社在此举行盛大纪念典礼,参加者在二千五百人以上,足见各位对于科学之热心,对我国科学前途实为可贺,本社在此二十年之历史中,因各个社员一致之努力,故有今日之成绩,此实值得纪念者,同时就中国科学方面论,二十年以前我国对于科学之研究,与学术刊物之贡献,其情形与今日实不可比拟,且今日中国科学界已获得国际间之认识,其所以有如此之进步,实由于社员与非社员一致努力所致,此尤值得纪念者,复次欲挽救国家衰弱,惟有对一切不现代化之病根,以科学的精神与方法来改造,大家能负起此种责任,则中国前途方有曙光。①

任鸿隽社长报告社务,宣读各方贺电,首述该社自在美国康奈尔大学发起成立至现在之经过情形,甚为详尽:

本社社务方面,虽对于研究所图书馆之设立,杂志之刊行,与夫社会科学事业之尽力,已有相当之成就,但尚不及应做到者十分之五,殊引为愧,处此时局艰危之中,本社犹能继续进行,形成今日规模,获此成绩,实有赖于(一)社会所给予之鼓励与同情,(二)社员为科学事业,愿尽其全力所致,此应深切感谢者,但科学事业远大,今后不仅在社员方面希望更加努力,尤盼政府予以提倡,际此国难关头,惟有利用科学方法,方克打破难关,亦唯有努力科学,始能挽救国难。②

理事马君武致词:

今日本社举行成立二十周年纪念,依古礼二十而冠之义,是表示本社已届成年,实应举行庆祝。中国六百年来,士大夫均埋头于八股之中,根本不知社会与自然科学为何物,直至庚子以后,国人始觉悟其非,来研究科学,直至最近更迎头直追,但以中国地广人多,已有之科学人材,在本社社员仅为一千五百余

---

① 重熙:《中国科学社二十周年纪念大会记盛》,载刘咸选辑《中国科学二十年》,上海书店出版社,1989,第315页。
② 重熙:《中国科学社二十周年纪念大会记盛》,载刘咸选辑《中国科学二十年》,上海书店出版社,1989,第315-316页。

人,合全国不过二三万人,若按照苏俄之两次五年计划规定,该国所需之建设人才为百五十万人(全人口百分之一),则我国依全人口计算,则需四百七十万人之多,而实际相差之数,又如此悬殊,故希望十年以后,举行三十周年纪念时,本社社员之数量,能有庞大之增加,并盼国人从努力科学来挽救国家。①

胡适讲演"民族自信力的根据",引经据典,滔滔不绝。胡适讲演至十二时半始毕,此盛大纪念会典礼遂告成功。社员全体趋礼堂外阶前合影,后赴中大午宴。是日特备中国科学社出版之二十周年纪念号《科学》1000册、《科学画报》1500册赠与会来宾,散会时,人手一册,欣欣然有喜色。

下午,在多个地点举行通俗科学演讲会。中国科学社聘请专家作通俗讲演及表演,社员孟心如、许应期、陈时俊、壬启贤分别负责化学战争、电工表演诸项目。此外,还有一部分社员分别参观中央广播电台、自来水厂及紫金山、天文台等处。

同时,中国科学社成贤街文德里生物研究所开放展览各研究室及陈列室,参观者熙熙攘攘,不下千百人,尤以妇孺为多,直至下午六时方始散去。

下午六时至六时半由理事竺可桢借中央广播电台作广播演讲,题为《中国实验科学不发达之原因》,听者遍全国。

下午七时在励志社聚餐,到的社员及眷属共计88人,仍由罗家伦主席。餐半,罗家伦特约数人各作五分钟之演说,任鸿隽、马君武、梅贻琦、秉志、翁文灏先后作了演说。餐毕,即改坐该社大礼堂,观本年双十节在上海举行之全国运动会影片,至晚十一时许,尽欢而散。

此次纪念会为传播科学,除公开演讲及科学表演外,更于是晚七时分别在中央大学及民众教育馆两处同时放映科学电影,大众免费入览。在中大放映的有《流气体》《自然界之发明能力》《动物自卫》《由鸡卵变鸡》各片,在民众教育馆放映的有《丝》《花生》《肥皂》《飞鸟之类》《童子军》《国术》及风景画片等,两处均人满为患,后来者几无立足之地。

刘咸在《中国科学社二十周年纪念大会记盛》一文中记述:

---

① 重熙:《中国科学社二十周年纪念大会记盛》,载刘咸选辑《中国科学二十年》,上海书店出版社,1989,第316页。

在此二十年中,经过世界之空前大战,吾国之多次内乱,以及近年之诸般改革,本社处此"突变"时期,历尽艰险,始终抱定"格物致知,利用厚生"之救国宗旨,不激不随,循序渐进,至于今日,粗具根基,吾人于缅怀过去之缔造艰难,体察现在之事业状况,与希望将来之无穷进展。[①]

第二节 《科学》的转向与改版

《科学》创刊之初所强调的"专述科学,归以效实。玄谈虽佳不录……而社会政治之大不书,断以科学,不及其他"的主张,到了20世纪30年代,随着科学的发展和国内外形势的变化,尤其是民族危机的爆发发生了改变,无论是刊登的专门科学论文还是社论、通论,都明显关切现实,"科学救国"成为时代强音。

一、《科学》的转向

1927年9月3日至7日,中国科学社在上海总商会召开第十二次年会,蔡元培、胡敦复、马相伯、杨杏佛、竺可桢、任鸿隽、胡适、陶孟和、郭任远、叶企孙、严济慈、周仁、钱崇澍、饶毓泰、姜立夫等60余人到会,决定将《科学》收回自办。1928年春,中国科学社发布启事,自第13卷起,《科学》之印刷与发行,均由中国科学社自理。因印刷拖延,第13卷第1期延至8月出版,第6期约于年底出版。封面署记出版时间与实际不符。

到了20世纪30年代左右,科学在中国得到了较快的发展,科学研究成果迭出。《科学》开始注重发表专门的研究著作,刊登重点转向学术研究论文,成为当时反映我国科学研究进展的综合性学术刊物。其中有不少文章在我国科学研究中占有一定地位。仅就化学领域而言,这一时期《科学》发表的胡嗣鸿的《以火蒸法于黄铜中取纯铜纯锌之索隐》一文,"开中国工业化学研究之端";王琎的

[①] 重熙:《中国科学社二十周年纪念大会记盛》,《科学》1935年第19卷第12期。

"颇受西方学者称道"的论文《中国制钱之定量分析》,"是我国最早用实验方法进行化学史研究的工作";王琎的另一篇论文《五铢钱化学成分及古代应用铅、锡、锌、镴考》通过对我国不同朝代的钱币进行分析化验,来判断五铢钱的年代,是"我国化学史研究中开创性的研究成果";曹元宇的《中国古代金丹家的设备和方法》一文,则是我国学者研究炼丹术的最早的论文。

1932年,为了方便读者查阅,中国科学社出版《〈科学〉首十五卷总索引》。该索引由陆敏行和姚国珣主编,将1915年至1931年间《科学》所刊登的文章,按照科目分类汇编,分为通论、科学史、算、理、化、天、地、生物、农、医、工、矿、电、航空、社会科学、教育、心理、科学名词、杂件、人学、哲学等三十三大类,每类下再分若干门,每条索引包括"论文题目、卷、期、页数"四项内容,使读者一目了然,查找文章较之前更为方便快捷。

《科学》编辑部出版了"科学丛刊",即将历年发表在《科学》的文章,分类成册,编辑出版。如1935年出版有《科学通论》《科学史》《名人传记》《数学和天文学》《物理学和化学》《动植物学和古生物学》《地理、气象、地质、矿物学》《人类学和考古学》《医学科学》《农林科学》《工程科学》《社会科学》等。

论著的增加,使《科学》最初的定位发生了改变。《科学》第29卷第9期"编后记"中就提道:"最初本社是志同道合的几个留美学生发起的,只想对中国科学化尽些微力,所以发刊本志,文字以通俗为归。一直到民二十左右才转到专研方面,因而专著的文字就特别众多。"[1]在专门与通俗之间,如何兼顾和平衡,这是《科学》所直面的问题。

早在1929年中国科学社第十四次年会上,任鸿隽就提出《科学》杂志内容应注意通俗方面,每期应有两篇这方面的特约文章。赵元任则对"通俗"作了解释:"凡中学教员、大学学生不觉太专,而'大同行'读之不觉太浅,谓之'通俗'。"[2]

20世纪30年代民族矛盾日益尖锐,民族危机空前突出。《科学》从其诞生之日起,一直是中国科学社宣传"科学救国"思想的重要阵地。尽管作为学术刊物,《科学》的重点是刊登学术研究成果,但1931年"九一八"事变发生后,可以

---

[1]《编后记》,《科学》1947年第29卷第9期。
[2]《中国科学社第十四次年会记事》,《科学》1929年第14卷第3期。

明显看出,在《通论》栏目中,"科学救国"已经成为焦点话题。《科学》上发表了大量呼吁"科学救国"的文章。如秉志于1932年在《科学》第16卷第7期上发表《科学与国力》一文,文章一开始就呼吁:

  外患肆焰,祸逼眉睫,锦绣河山,日削月蹙,而内地之人民瞢瞢如故也,各处之盗匪,焚掠自若也;宵小壬佥之贪污,未尝因之少艾,百万生灵之流离,迄未得有救济。处今日之世,惨目伤心,未有不以国祚沦亡为惧者也。然窃以为有一术,可以转危为安,要视国人之努力何如,此术维何? 曰科学是也。

  1935年秉志在成都讲学时作演讲《科学在中国之将来》,再次呼吁"今日国势之危,不堪言状,国人从事之事业,几无一不失败。欲挽回厄运,舍科学别无径途"。①

  《科学》第18卷第1期刊登竺可桢1933年11月6日在南京中央大学大礼堂所作的演讲。该篇文章强调在国难当头之时仍要重视科学研究。"我们中国近五十年来醉心西洋,就因为一般人震惊于西洋军事的利器和商业的精巧。曾国藩就提倡制枪炮火轮;张之洞在《劝学篇》主张'中学为体,西学为用',最近的摩托救国、飞机救国等等口号,也是提倡应用科学,我以为只讲科学的应用,而不管科学的研究是错误的,这样的错误是应该矫正的。""现在中国正在内忧外患,天灾人祸连年侵袭的时候,我们固然应当提倡科学的应用方面,但更不能忘却科学研究的精神。"②

  1934年出版的《科学》第18卷第8期刊登严济慈的《悼居里夫人》一文。该文警诫青年不要追求浅薄的时髦,而应埋头苦干,致力科学,以救国难。1935年初出版的《科学》第19卷第2期上,刘咸发表《科学与国难》一文,指出"四年以来,不仅东北寸土未复,而华北警报频传,唇亡齿寒,弥用戒惧"。并提出为解除国难,应树立科学国策:"吾人惩前毖后,为国家百年大计,应以解除国难为中心鹄的,重新树立科学国策。"③

---
① 秉志:《科学在中国之将来》,《科学》1934年第18卷第3期。
② 竺可桢:《科学研究的精神》,《科学》1934年第18卷第1期。
③ 刘咸:《科学与国唯》,《科学》1935年第19卷第2期。

1935年《科学》每期刊发一篇社论,"请国内科学界名人担任撰述,阐论科学与近代生活,及公众事业之关系,以期唤起科学界之舆论,指示建设吾国科学事业之途径,以及树立研究科学之风尚,文字以简明动听为主"[①]。

1936年《科学》第20卷第1期刊载由卢于道和刘咸所撰写的社论《迎民国二十五年》,文中反复强调时局危殆,国难当头,唯有自强自救,加紧提倡科学,使国民了解科学之重要,"对科学发生信仰";提出"政治科学化",主张让科学家直接参与政治,以谋国事之改善;提倡推行"科学年",一方面促进民众对科学知识包括必要的战备常识的了解,如防毒面具之如何用法、飞机大炮之如何避免,使科学常识深入民众;另一方面为了促进科学建设事业的发展,国内公路、铁道、民航、工厂之种种科学建设,当事者当加速进行;同时要对青年学生的爱国热情加以正确引导,使怀抱"科学救国"的青年,得有潜心钻研之便利。

二、刘咸接任《科学》主编

1934年下半年,《科学》主编(即编辑部部长)王琎将要赴美留学,在秉志、胡先骕的极力推荐下,山东大学生物系主任刘咸专任编辑部部长。《科学》改版也就提上了议事日程。

同年8月20日,中国科学社第119次理事会在庐山召开会议。会上,就《科学》编辑部部长新的人选及是否专兼职等进行了讨论,认为"《科学》月刊为本社重要事业,亟须设法维持并加以精进,部长一职若再欲请人义务兼任,不特事实上困难,且亦不甚相宜,是否应专聘一人担任,提交年会大会讨论决定"。[②]庐山年会上,中国科学社决定聘请专职总编辑一人,各科编辑由总编辑接洽并报理事会聘请。11月11日,中国科学社理事会议决聘请刘咸为编辑部部长,"担任《科学》月刊及本社其他一切刊物之编辑事宜,并兼任图书馆馆长"。13日,秉志即致函刘咸,告知理事会已决议聘请他担任编辑部部长:

[①] 刘咸:《〈科学〉今后之动向》,《科学》1935年第19卷第1期。
[②] 何品、王良镭编注《中国科学社档案资料整理与研究·董理事会会议记录》,上海科学技术出版社,2017,第203页。

志甚盼弟可接受此事,仲济、献文皆与志意相同。献文谓国防委员会似拟约弟任事,该会待遇或较优于科学社,然志谓此间以成例所格,不得不暂定为三百元,而半年后即可增加,弟为学术事业计,亦可不必介意。山大月薪较高,然系教课之职务,此则纯为促进学术之事业,关系较重,而个人终身之发名成业,亦以此间为较宜,故志甚望弟可忘怀于待遇之厚薄,而来此与同人等为国内之学术努力耳。弟若以为可行,即望早日预备一切,俾下学期起首即可到沪任事。将来社中一切重要之兴革,有弟从中主持,发挥光大,将来希望无穷尽也。①

11月24日,任鸿隽代表中国科学社致函刘咸:

关于科学社编辑部长一职,前闻先生可以俯就,无任忻幸。兹经科学社理事会第一百廿一次会议通过,聘请先生为科学社编辑部长,担任《科学》杂志及社中其他一切刊物之编辑事宜,并兼任本社图书馆馆长,月致薪金三百五十元(但明年一月至七月,因前任图书馆馆长路季讷先生暂行留职,帮同办理图书馆事务,以资接洽。在此期间内,图书馆馆长由路季讷先生暂任,先生只任编辑部长。尊处月薪暂定为三百元)。

以上办法谅能得先生同意。兹随缄送上聘书及应聘书各一份,敬请将应聘书签字寄还,并盼于明年一月即行到沪就职,以共策《科学》刊物之改进,国内科学前途实利赖之。②

刘咸,字重熙,1902年生于江西省都昌,1921年考入东南大学生物系,毕业后留校任教。1927年为清华学校生物系讲师,1928年考取江西省公费留学,入牛津大学研究人类学。1931年,正在英国留学的刘咸作为中国代表出席了在葡萄牙召开的国际人类学会。1932年回国,在胡先骕的推荐下出任山东大学生物系教授,后兼任系主任。1935年刘咸辞去青岛大学生物系主任职务,专职担任《科学》主编,直到1941年。

---

①周桂发、杨家润、张剑编注《中国科学社档案资料整理与研究·书信选编》,上海科学技术出版社,2015,第15页。

②任鸿隽1934年11月24日信,载周桂发、杨家润、张剑编注《中国科学社档案资料整理与研究·书信选编》,上海科学技术出版社,2015,第135页。

关于接任主编一事,刘咸回忆道:

王琎(季梁)先生时任东南大学教授、中央研究院化学研究所所长,《科学》主编仅是兼职,由于他工作很忙,无暇顾及,因此《科学》多有脱期。其间王先生曾请路敏行(季讷)先生作常任编辑,以代行其主编职务。路先生虽作了很多努力,但终因亦是兼职,且以前欠缺太多,所以这一阶段《科学》仍时有脱期。鉴于此情况,中国科学社理事会决定设专职《科学》主编。经先师秉志先生推荐,由任鸿隽社长任命,我便于1935年初辞去青岛大学生物系主任职务,来沪接任《科学》主编。①

三、《科学》的改版

20世纪30年代,随着各专业学会及专业期刊、大学学报、研究机关丛刊的大量出现,《科学》的发展面临较为严峻的挑战。"在十几年前《科学》或者能称为一种好杂志,近年来《科学》已变成一种不够专门难称通俗的杂志了!"汪敬熙在点评《科学》和各种专门杂志后,指出中国缺乏真正适合青年阅读的科学刊物。他说:

青年学生中有人喜欢学科学,如果他的外国文程度不高,他就不能找到一种杂志,源源供给他以各种科学的消息,一方使他眼界开扩,一方鼓励他学习的兴趣。如想使青年走上科学之路,实有办此种通俗杂志之必要。再有一层,就是使现在许多成年人知道世界科学发达到什么田地,这也是很紧要的。只有在我国,方有杂志上登出飞船在天空发现真龙的怪话。更有一层,就是如有一种通俗的科学杂志,报告世界及我国科学界的消息,使大家晓得各方面的情形,至少无形中可以在国内造成一种公正的批评。就是因为大家不晓得各方面的情形,没有公正的批评,所以在中国才能做几篇文章论一下科学方法科学价值科学精神,再经一班朋友吹嘘吹嘘,便可成了科学家。所以在中国才有埋头研究多年而社会不晓得,不帮助的人。②

---

① 刘咸:《我前后的几任〈科学〉主编》,《编辑学刊》1986年第4期。
② 汪敬熙:《论中国今日之科学杂志》,《独立评论》1932年第19期。

面对新的时代要求,《科学》的办刊重点开始发生变化,转向"作为科学舆论之喉舌,广播科学知识,提倡科学建设"上。

刘咸出任主编后,对《科学》进行了大刀阔斧的改革。他拟定了《科学》的改良计划及其实施办法。对于《科学》的改版,任鸿隽等人表示支持并充满信心。1935年1月26日他致函刘咸说:

奉十九日来示,忻悉文驾已于月中到沪就职,一切计画(划)皆极中肯要,曷胜钦佩。行见指挥,一定旌旗易色,为《科学》前途庆也。一年以前,弟在北平,曾约集咏霓、步曾、洪芬诸先生为改良《科学》内容之计划,兹将当时所拟办法油印纸寄上一份,以供参考。若能如尊缄所云,将负责编辑及特约通信员组织完备,则所有计划不难实现。①

1935年《科学》第一期(第19卷第1期)发表了《科学今后之动向》一文,文中对《科学》前18卷进行了总结:

举凡国内外科学家用国文写著之科学论文,大都在本志发表,计先后登载之各种纯粹及应用科学文字,及有关科学记事,都二万九千零四十二页,论题以千数计,依其性质,汇别为三十三大类,所以记世界科学之进步,及吾国科学家之贡献。

刘咸在文中指出,过去科学类杂志较少,所以《科学》的内容涉及范围宽广,兼收并蓄。随着20年来科学的进步,尤其是各种专门学会的成立,如地质学会、地理学会、气象学会、天文学会、植物学会、动物学会、民族学会、物理学会、化学会、工程学会、水利工程学会、统计学会、航空学会、药学会、各种医学会、各种农学会等,以及这些学会各专业杂志的创办,《科学》的使命即将发生改变:

---

① 《复旦大学档案馆藏名人手札选》编辑委员会编《复旦大学档案馆藏名人手札选》,复旦大学出版社,1997,第48—50页。

年来科学在吾国之进展,既渐趋于高深及专门化,具如上述,则以本志为发表各种专门论著之喉舌,以时代衡之,良非所宜,为避免重复,及联络各门科学,互通消息计,今后本志之动向,亟有改弦更张之必要。时代推移,分工合作,理有必然……作为科学舆论之喉舌,广播科学知识,提倡科学建设,自兹以往,本志以力求通俗,而同时能除去时下言科学者粗疏浅薄之弊病为目的,取材务求适宜,以合下列标准之一者为上:(一)能使读者发生科学兴趣;(二)能记述科学进步;(三)能传播科学消息。

《科学》为了避免与其他期刊重复,需要"联络各门科学,互通消息",而自身亦"亟有改弦更张之必要,时代推移,分工合作,理有必然"。他提出了《科学》的改版宗旨与方案,并定于1935年第19卷1期开始实施。《科学》的改革主要体现在以下三个方面:

第一,办刊宗旨和读者对象的重新定位。

《科学》在改版之前"论题之旨趣既异,斯文字之高下悬殊,往往一篇论著,为某门读者所喜悦,未必同时能得其他学者所欣赏,因此不免顾此失彼,难得一般读者所同趣"。而改版后,"作为科学舆论之喉舌,广播科学知识,提倡科学建设,自兹以往,本志以力求通俗,而同时能除去时下言科学者粗疏浅薄之弊病为目的"。基于这样的办刊宗旨,杂志的取材以能使读者发生科学兴趣,能记述科学进步,能传播科学消息为标准,"力求科学知识之普遍化",务使初学者读之不觉深,专家读之不嫌浅。读者对象"首为高中及大学学生,次为中等学校之理科教员,再次为专门学者,最后为一般爱好科学之读者"。

第二,取材和体裁的更新。

《科学》改版后主要栏目包括:《社论》《专著》《科学思潮》《科学新闻》《书报介绍》《科学通讯》《科学拾零》。

《社论》阐述科学与生活、公众事业的关系,意在强调科学应用于社会生活各个领域的重要性,"以期唤起科学界之舆论,指示建设吾国科学事业之途径,以及树立研究科学之风尚"。

《专著》每期刊登3—5篇文章,以论著、学说,记述科学发明、贡献的文章为主,也包括记载国内外科学发展的译著。这类文章力求浅显明了、通俗易懂。

《科学思潮》以记述科学的进步为主要目的,涉及范围较为广泛,包括短篇论著、科学演讲等。

《科学新闻》以加强国内外科学界的联络和互通消息为目的,全面报道科学界各机关团体的新贡献、科学家个人的言行、科研情况和科学团体的活动。

《书报介绍》主要由专家介绍国内外新出版的书报,为国人了解国内外科学研究的动态提供便利。

《科学通讯》仿英国《自然》周刊之《通讯》一栏,为科学家提供学术讨论的园地。

《科学拾零》收上述6栏不能归入之材料,如来件、附录、通告等,但是每个栏目本着宁缺毋滥的原则,不必每期都有。

《科学》第20卷增设《科学提要》栏,将同时期其他学报的文章汇登摘要。中国科学社与数学会、物理学会、化学会、动物学会、植物学会、地理学会的联合年会,其会议学术报告的摘要也在该栏发表。

1936年,撤销了《社论》栏,新增《科学论坛》。这次栏目的更改是因为刘咸的一篇文章。其中提了两条意见:一是中央研究院所属研究所应集中在南京,不应搬迁至上海。二是科学经费应专款专用,不应浪费。不想这篇文章招来责难和批评,后来蔡元培和秉志出面才平息这一风波。至此,《社论》就改为了《科学论坛》,刊载的文章由作者署名并负相关责任。

改版后的《科学》更加适应社会的需求,它介于一般科普刊物与各种专业性刊物之间,"既能通俗,又存高深",为枢纽性刊物,在专门科学与通俗科学之间起了桥梁作用,加强了科学传播与学术交流的功能。

1935年《科学》改版,字号变小,页码减少。

第三,重组编辑部。

据刘咸自述,任《科学》主编十年,主要做了两件事,一是改组编委会,二是革新版面,组织编委会。到任后,即组织编委会,除设主编一人、助理一人外,另选请国内名家担任编委,每年改选一次,如物理严济慈、数学范会国、化学曾昭抡、动物学伍献文、古生物地质学杨钟健等,极一时之选。革新版面方面,增加了《社论》《通论》《专论》《书报评介》《科学新闻》《科学新潮》等栏目,使之面目一新。[①]

[①] 刘咸:《我前后的几任〈科学〉主编》,《编辑学刊》1986年第4期。

1934年,《科学》编辑部人员发生了很大的变动,"编辑改由编辑部长商准理事会分门聘请之,以近在京沪者为原则,俾得随时奉商,借收集思广益之效"①。较之以前不同的是,以往的编辑由年会推选产生,而现在是由编辑部部长聘请"专门编辑"。在《科学》第19卷12期上刊登了编辑社新成员的名单和职位。

新编辑部共聘用了18名编辑,其中包括了数学、物理、化学、天文学、地理、气象学、地质学、动物学、植物学、人类学、医药学、心理学、建筑学、农学与工程技术等领域的科学家,他们大多是各个学科的代表人物或者奠基人,可谓是"极一时之选"。同时在各学术中心聘用通讯员一人或二人,每月报告一次该机关的最新研究动态和成果。这些通讯员分布十分广泛,包括北平静生生物调查所、中央研究院、清华大学、山东大学、浙江大学、中山大学、广西大学、长沙工业试验所等,遍布于南京、上海、北京、天津、青岛、开封、武昌、长沙、成都、安庆、杭州、厦门、广州、昆明等城市。《科学思潮》和《科学新闻》等栏目都曾及时介绍刊登了各地最新的科学思想、科学知识和科学信息,在传播科学新知方面发挥了重要作用。

改版后的《科学》社会反响较好。1935年年会时每期零售2500册。1936年版面调整为《科学论坛》《书报介绍》《专注选登》《科学通讯》《科学思潮》《科学新闻》《科学拾零》等栏目,并增加论文摘要性质的《研究提要》。1936年年会时订户达625户,每期零售4988册。任鸿隽在《〈科学〉三十五年的回顾》一文中指出,国内中等以上学校、图书馆、学术机关、职业团体,订阅《科学》的相当普遍。而且《科学》也是外国学术机关的交换刊物,得到外国学术团体的重视。

改版后的《科学》在专门科学与通俗科学方面架起了一座沟通的桥梁,"实居中心枢纽地位……其宗旨略规抚英国之《自然》(*Nature*)周刊,美国之《科学》(*Science*),德国之《自然科学》(*Die Naturwissenschaft*)等杂志"②。尤其是《书报介绍》和《研究提要》栏目的设立,为及时了解各国科学研究前沿和国内各门科学的发展提供了平台。

1948年7月,李约瑟在《自然》周刊撰文称许《科学》是中国的主要科学刊物,可与伦敦《自然》周刊和美国的《科学》周刊媲美。③这是对《科学》的极大鼓励。

---

① 刘咸:《〈科学〉今后之动向》,《科学》1935年第19卷第1期。
② 刘咸:《〈科学〉今后之动向》,《科学》1935年第19卷第1期。
③ 张孟闻:《〈科学〉的前三十年》,《科学》1985年第1期。

四、"二十年之科学"

1935年适逢中国科学社成立20周年。理事会于1934年2月就开始讨论纪念事宜,1935年4月形成决议,其中第三条为"《科学》出特大号,多载关于中国科学社历史及二十年来科学进步文章"。1935年5月出版的《科学》第19卷第5期,发出征稿启事:

本年十月,欣逢本社二十周年,本刊为预筹纪念起见,定于是月出特大号,用以记述二十年来世界科学之一般进步,及各门科学在吾国发展之状况。每题专言一科,或一门,义取其专,但贵能以晓畅文字,述高深学理,篇幅以能简短为上,所望国内外科学专家、本社社友,借此机会,惠赐鸿篇,通述二十年来所研专科之进步及其发展,借以启发来学,兼资纪念,是所盼幸![1]

征稿启事引起学界极大关注和强烈反响。

从1935年第19卷第10期开始到1936年第20卷第9期,《专著》一栏连续刊登了以"二十年来科学进步"为主题的系列文章,专述各门科学在中国二十年来的进步,如第19卷第10期相继刊登了天文学家李晓舫《廿年来恒星天文学进步之一瞥》、物理学家王恒守《近二十年原子物理学之演进》、化学家曾昭抡《二十年来中国化学之进展》、植物学家胡先骕《二十年来中国植物学之进步》、动物学家王希成《二十年来发生学之进展》、生理学家吴襄《近二十年内分泌学的进步》、地理学家张其昀《近二十年来中国地理学之进步》、气象学家吕炯《二十年来中国气象学之进展》等论文。《科学》二十周年纪念号刊发"编辑部启事"说:

本期为本社二十周年纪念特大号,承各方社友不弃,纷纷以各门科学二十年来之进展状况纪念文字见投,或通论世界各该门科学之发展,或专述在吾国之状况,鸿篇巨制,琳琅满目,编辑之余,无任感幸。其有因时间促迫,本期不及付印者,统由以后各期陆续刊登,一俟纪念文字齐全,拟汇印专集,以资永久,借便读者。[2]

---

[1]《编辑部启事》,《科学》1935年第19卷第5期。
[2]《编辑部启事》,《科学》1935年第19卷第10期。

此后,《科学》第19卷11期刊登了物理学家严济慈《二十年来中国物理学之进展》;第20卷第1期刊登人类学家刘咸的《科学史上之最近二十年》、生理学家卢于道《二十年来之中国动物学》;第20卷第4期刊登医学家伍连德《中国医学之复兴》;第20卷第8期刊登气象学家蒋丙然《二十年来中国气象事业概况》;第20卷第9期刊登杨惟义《二十年来中国昆虫学之演进及今后希望》。这些文章内容丰富,反映了当时各门科学在中国所取得的进步。由此可见当时中国科学社与《科学》在学界的影响力。

1937年,中国科学社将《科学》发表的相关文字结集为《中国科学二十年》出版。刘咸在序言中说,该书所收15篇文章,"均出自本社社友之手笔,上自天文,下至地理,中及生物等科,无不包罗在内","实无异于一部二十年来之中国科学史"。这些作者"均系各该门学科之权威"。

这些专家在撰写相关学科发展史牵涉到自己的研究时,往往因谦虚避而不谈,胡先骕所撰文章就是这样。刘咸深知胡先骕的学术贡献,曾专门致函胡先骕讨论这一问题,胡先骕回信说:

《植物学进步》文稿未提及骕个人工作,盖在骕殊难自为评价也。若作注,有数点可以言及:(一)骕为起首研究中国东南部植物之人,对于中国植物之分布颇有贡献。(二)编纂有《中国种子植物志属》(英文本)一书,尚未付印,为治中国分类学之基本要籍,历年后进植物学家皆利用之。(三)编纂《中国植物图谱》,已出版者有四集。(四)创办东大及科学社生物研究所、静生生物研究所三植物标本室。(五)创办庐山植物园。此五点总算有永久性之贡献也。[①]

刘咸在胡先骕文末有长篇注释,表明胡先骕是中国植物学之领袖,"其功名事业,蜚声中外……惟二十年来吾国植物学之进展,在在与胡先生有关系,篇中竟未一字道及,谦谦君子,足以风世,惟是后之寻绎植物学史料者,未免有遗珠之憾",怀抱尊重事实的信念,将胡先骕与中国植物学发展的关系,予以列举,大抵与上述胡先骕回函相同。[②]

[①] 周桂发、杨家润、张剑编注《中国科学社档案资料整理与研究·书信选编》,上海科学技术出版社,2015,第98页。

[②] 胡先骕:《二十年来中国植物学之进步》,《科学》1935年第19卷第10期。

第三节　生物研究所的发展与繁荣

1935年10月24日,中国科学社上海社友会在上海国际饭店举行二十周年纪念会,胡适应邀在大会上发表讲演,谈及科学社的发展历程时,对生物研究所的发展表示赞誉,称之为"中国学术界最得意的一件事",他说中国科学社生物研究所在秉志、胡先骕两大领袖领导之下,动物学、植物学同时发展,在此二十年中,于文化上辟出一条新路,造就了许多人才。[①]

一、研究条件日趋改善

1926年,中华教育文化基金董事会开始资助生物研究所,其中常年费15000元、设备费5000元。1929年,资助费增加到每年40000元,并另拨房屋建筑费20000元。利用这一笔建筑费加上中国科学社董事会所拨20000元,生物研究所于西侧空地上建筑了一座两层楼的钢筋水泥新楼,两层上下共36室,1931年4月落成。"新厦光线充足,温度适宜","研究之须有精微设备,若组织学、生理学、试验胚胎学等",在其内俱能"惬意以从事"。[②]

1928年中国科学社总部及《科学》月刊编辑迁往上海,文德里三幢楼房皆归生物研究所使用。

1933年9月,中国科学社开始募集生物研究基金,以支撑生物研究所工作。

1935年前后,全所每月经费已"当在5000元以上"[③]。

1937年,生物研究所得到"中英庚款"的10000元资助。研究条件有了进一步改善,"成效遂日以显著"。

随着物质条件的改善,研究人员也得到了充实。当时,研究人员分为正式职员和"研究客员"。正式职员中又分为研究人员和技术人员,高级研究人员称

[①] 刘咸:《科学史上之最近二十年》,《科学》1936年第20卷第1期。
[②] 林丽成、章立言、张剑编注《中国科学社档案资料整理与研究·发展历程史料》,上海科学技术出版社,2015,第252页。
[③] 任鸿隽:《中国科学社二十年之回顾》,《科学》1935年19卷10期。

第四章 中国科学社的发展与鼎盛(1928—1936)

教授或技师,中级研究人员称研究员,初级研究人员称研究助理或助理;技术人员包括标本采集员、绘图员等。"研究客员"即客座研究人员,其中不仅有大学的教授、讲师和助教,还包括大学生物系的高年级学生,甚至还有中学教师。1927年时,生物研究所动物部正式职员仅秉志、张春霖、张宗汉、常麟定4人,"研究客员"则有陈席山、孙宗彭、曾省、喻兆琦、欧阳翥、方炳文、谢泗成,其中谢泗成为东南大学毕业生,其余皆为东南大学动物系教师。植物部正式职员4人:胡先骕、耿以礼、叶宏舒、李钟茵。研究客员则有东南大学植物系教授陈焕镛和张景钺。[①]

鼎盛时期,生物研究所正式职员多达30人,并有研究客员20人。1934年,在动物部下增设生理研究室和生物化学研究室,分别由生理学家张宗汉和生物化学家郑集担任研究室主任,"前者侧重神经代谢之研究,后者偏重于营养与食物问题的探讨"。[②]

1934年,张孟闻在《中国科学社生物研究所展览会记》一文中,对当时生物研究所那种沉潜治学的环境进行了描述:

> 中国科学社生物研究所在南京成贤街文德里内,虽然临近大街,而且是在首都市内,然而整天做事的地方,却离开大街有二三十丈之遥,四周又种了许多树木,除了小火车的辘辘轮声而外,去市嚣既远,就只听得些鸟的啼啭而已。从窗口望出去,绿叶沉沉,芳草藉藉,远处钟山矗秀,明陵沉郁,静坐对看,使人肃穆;庭院之内,清幽安谧,如入僧寺。平常有博物馆、中央大学生物系、昆虫学系和金陵大学、金陵女大、经济委员会、设计委员会、实业部、中山陵园、卫生署等各机关少数人来看书谈话,此外就很难得有人进来,新闻记者自然更不会到这里来走动。所内治事的人,执着自己所好的学业,辛勤工作着,除偶然和本京内几个学术机关的人相接谈外,就没有什么活动,就这样和一般的社会隔离开来了。[③]

[①]《生物研究所报告》,《科学》1927年第12卷第11期。
[②]薛攀皋:《中国科学社生物研究所——中国最早的生物学研究机构》,《中国科技史料》1992年第2期。
[③]张孟闻:《中国科学社生物研究所展览会记》,《科学》1934年第18卷第4期。

二、生物采集与调查工作

生物采集与调查是生物研究所成立以来开展的一项最重要的工作,研究所人员所到之处,"北及齐鲁,南抵闽越,西迄川康,东至于海"。他们在长江流域和沿海进行生物调查,还深入边疆,到达川康地区,持续开展了西部科学调查,取得了显著成绩。

早在1923年暑期,胡先骕就曾到川南金佛山进行过植物采集,对西部的丰富生物资源有了很深的印象。1927年,在胡先骕的发动下,由四川籍的方文培教授等人组成科学社川康植物标本采集团,到西部开展植物标本采集工作。这次采集活动在中国科学社重庆社友会的协助下顺利完成,历时8个月,跋涉数千里,采得标本4000余号,含植物4000余种,所获之丰,堪称空前,"为中国历来采集植物成绩之最大者"[①]。1928年,中国科学社生物研究所动植物部、北平静生生物调查所、中央研究院生物研究所、中央研究院历史研究所和国防部石油探测团等单位的科学考察队,以及金陵大学组成川康木本植物采集团,采集团由方文培、郑万钧、秦仁昌、刘咸带队,共30多人,在六七月分成几路深入川康山区。秋天采集活动圆满完成,并在重庆举办了一次科学展览,展出了一些从未发现的动植物种类,如重庆的红袍鲤、万县的水杉、峨嵋的新种杜鹃。

20世纪20年代末,日本侵略中国的野心日益暴露。为侵略中国,日本派遣采集团来华,以研讨学术的名义加紧对中国自然资源的调查和情报搜集。1930年,日本鱼类学家岸上谦吉一行5人,未经中国政府允许,且无护照,擅自闯入四川地区活动。中国科学社生物研究所所长秉志急电在重庆的中国科学社社员,请他们极力设法阻止;同时组织采集团抢在日本之前到四川一带调查采集。从长江流域到西部沿海,他们加快生物采集与调查工作,并亲自干预阻止,同以鱼类学家岸上谦吉为首的所谓日本科学远征队进行一番较量,有效遏制了岸上谦吉的活动,使得岸上谦吉困在重庆一筹莫展;同时生物研究所得到了当地爱国人士的支持,尤其是四川民生公司总经理卢作孚的帮助,对长江中下游、我国沿海的主要动物种类进行了调查和报道,维护了国家主权,彰显了中国科学社

[①] 方文培、章树枫:《川康植物标本采集记》,《科学》1929年第13卷第11期。

生物研究所的爱国情怀。这一事件,在当时成为热门话题,也激发了国人的民族意识和危机感。此事也让日本人怀恨在心。1938年日本人实施报复,将南京生物研究所毁于一旦。

1933年4月28日,秉志在接受北平博物馆学会荣誉奖章时,提出《研究长江流域动物之建议》,其中就特别强调进行长江流域动物研究对于掌握我国生物资源以及从事生物教学等方面的意义:

> 中国科学社生物研究所,自得中华教育文化基金董事会之补助以来,研究工作既已发展,而以南京濒临长江之故,长江流域动物之调查,遂予以深切之注意……故此一流域之动物,苟能研索无遗,则首食其惠者,自为本流域中之教授动物学者,其次则编著教本者,举物设例,可取本土材料,不患取证无由矣。不宁唯是,形态、生理、生态之研究,亦将以是而易致程功;而关涉于经济价值之诸种问题,稍加留意,亦可以迎刃而解矣。①

秉志在该文中还提到生物研究所当时在动物调查等方面已经进行的工作:

> 生物研究所……于长江下游动物之调查,颇为努力,其最勤于搜罗者,为皖、浙两省与南京附近,至于长江上游,若川、湘、鄂及安徽西北部、江西省之中南部,则仅偶一采猎,大都未尝好为开发也。②

1934年,生物研究所与静生生物调查所、中央研究院自然历史博物馆、山东大学、北京大学、清华大学等单位合作组成"海南生物采集团",赴海南岛采集热带和亚热带的动物。海路由王以康率领,陆路分为人类文物组、人类组与地质组3组,收获颇丰,以至"招惹了外面的注意",引得记者踏进了平素差不多"和一般社会隔离开来了"的生物研究所。③

植物部的采集,"以调查中国中部植物的种类及生态为主",从南京及其附

---

① 秉志:《研究长江流域动物之建议》,《科学》1933年第17卷第11期。
② 秉志:《研究长江流域动物之建议》,《科学》1933年第17卷第11期。
③ 林文:《海南生物科学采集团行程记》,《科学》1934年第18卷第4期。

近的常年调查开始,进而包括到江苏、浙江、江西、安徽、四川、西康等省区的植物种类调查。《科学》第19卷第6期对生物研究所植物部的工作进行报道:本社生物研究所植物部已派研究员裴鑑、郑万钧二氏赴黄山采集药用植物,为时兼旬,共采集五百余种,计有标本数千份。

此外,1934年,生物研究所植物部还与中央大学农学院合作组成远征队去云南调查与缅甸接壤的中国边疆的植物;并受国防委员会委托,派人去青海、甘肃、新疆进行一年时间的植物调查;1935年又派人参加实业部浙赣闽林垦调查团到三省调查采集植物,应江西省经济委员会和实业厅之邀请,前往调查鄱阳湖鱼类,顺便采集了其他动物。①

1936年,生物研究所派人参加实业部浙赣闽林垦调查团奔赴三省调查采集植物。同年,四川省建设厅委托中国科学社调查可作铁道枕木的林木。5月间,生物研究所郑万钧入川查勘,结果表明:峨边森林丰富,林木优良,其上等硬木之材,足供成渝铁路建筑之需,且有余裕可供全国各路数年内抽换枕木之用,且运输方便,成本低廉,较之采购美国洋松或国产杉木之枕木约可节省费用一半至三分之二以上,以成渝铁路计至少可节省二百万元。②

辛勤的采集获得了丰硕的成果。1931年时,动物部"共有标本18000个,共1300种,有鸟兽、爬虫、二(两)栖、鱼类高等动物7000余个,凡650种。其他为无脊椎动物、海绵、珊瑚、棘皮、介壳、节足、寄生虫等,大抵皆备,足供研究所需"。植物部的标本室最后"已定名的标本10000余纸,内包有200科1300余属及8000种"。

而为了采集工作,生物研究所也曾付出血的代价,植物采集员陈长年在一次野外工作中不幸逝世,钱崇澍为了纪念他的这位助手,特地将兰科一个新属命名为长年兰属(*Changnienia*)。③

---

① 薛攀皋:《中国科学社生物研究所——中国最早的生物学研究机构》,《中国科技史料》1992年第2期。
② 郑万钧:《四川峨边县森林调查报告摘要》,《科学》1937年第21卷第2期。
③ 刘昌芝:《近代植物学的开拓者——钱崇澍》,《中国科技史料》1981年第3期。

三、丰硕的研究成果

生物研究所始终坚持开展科学研究工作。对此,秉志说:

虽吾侪处境至困,或窘于财货,或涩于设备,时且或虞政事之不安,致环境以扰乱,而研究工作,终始坚执,推进不懈,不使中绝。吾侪工作之历程,已先有拟定之规画(划),于采集标本,鉴定品种而外,每种动物之形态、生理、生态、地理分布,及其经济价值,俱一一予以审究探索而论记之。①

从1925年开始到1942年,生物研究所将研究成果以论文专刊形式发表,共刊动植物论文5卷,每卷5号,自1930年第6卷起分动物、植物二组,每组亦不限于5号,总计动物组共16卷,植物组共12卷,另有研究专刊2本——《森林植物志》与《药用植物志》。

20世纪30年代中期,生物研究所为浙江省政府调查了该省鱼类资源,为实业部调查了湖南某地森林资源及浙江省南部造纸木材资源,对一些地方的寄生虫与药用植物等也做了研究。

张孟闻曾说过:"我们的研究报告用英文印,为的是可向各国学术机关交换出版品,我们是没有这许多钱来买外国杂志书籍的;而研究生物学要看专门报告者,对于本所刊物的浅近英文,大概可以懂得。"②这一举措,也促进了国际学术交流和扩大了生物研究所的学术影响。

生物研究所十分注重应用研究。秉志在1936年发表的《生物学与民生问题》一文中曾提到当时生物研究所郑万钧为四川省建设厅所作的铁道枕木原料资料调查:

四川成渝铁路之建筑,限于三年完成,因需用之枕木,若购自外国,不独木料之价值过巨,运费亦极不赀。且耗费时日过久,大有缓不及待之势。该省建设厅长卢作孚君,托中国科学社生物研究所植物研究员郑万钧君,入川调查森林中枕木之可取用者,以图节省经费,减少时日。郑君前此为敝所调查生物,曾

---

① 秉志:《研究长江流域动物之建议》,《科学》1933年第17卷第11期。
② 冒荣:《科学的播火者——中国科学社述评》,南京大学出版社,2002,第167-168页。

遍历川省者数次。兹复入川调查，结果峨边原有之森林，所产木材极富，可以供该铁路枕木之用，而河流运输，亦复便利，可为该路节省二百余万元。据郑君报告，将来国内各大铁路枕木之抽换，该处所产，亦可供给一部分，是则生物调查之工作，竟与建筑铁路有甚大关系矣。①

此外，生物研究所还为资源委员会调查适于发展畜牧业的草原，在川南地区研究竹笋退化原因等，这些应用型调查研究对当时经济社会发展均做出了贡献。

生物研究所积极开展生物科普工作。生物研究所编辑出版的研究论文专刊，"为求普及，定价极低，都只售几角而已"；以后，"为应答外界的要求普及起见"，从1935年起，"论文必另用国文写出来，印在《科学》上"，因为"没有钱分出来再印华文本了"。在生物科学知识普及上，生物研究所的主要工作包括：

一是设立标本陈列馆和举办科学展览。自1923年起，生物研究所就将南楼下层辟为标本陈列馆对外开放，"虽所展列，都属寻常，而以国内向无公开之博物馆，倡立新异，观者盈途。过南都者几莫不过生物研究所之标本室，皆诧异叹服而去"②。以后，这一标本陈列馆不断充实扩大，便发展为博物馆。

而与标本陈列馆的工作紧密联系在一起的是举办科学展览。其中最突出的一例就是1934年生物研究所为南京市民举行的生物展览会。当时在生物研究所工作的张孟闻曾在《科学》月刊上介绍了这次展览会的起因、内容等：

去年冬季，生物研究所和几个学术机关合组海南生物科学采集团，恐怕招惹了外界的误会，在报上登载了一则新闻，这以后，就有新闻记者的足迹踏进来。那时候，南京中等学校生物教学研究会，要求举行生物展览会，使南京中等学校的师生和一般社会，对于国内的动植物有几许认识，因而使其感生兴趣，唤起进作研究的动机。外界对于生物科学既然有这样兴会，生物研究所就着手于这次展览会的筹备了。

---

①秉志：《生物学与民生问题》，《科学》1937年第21卷第7期。
②林丽成，章立言，张剑：《中国科学社档案整理与研究 发展历程史料》，上海科学技术出版社，2015，第248页。

生物展览会于一月二十九日开幕,一共开了十六天,起初预算是十天,在后是两星期,而且星期日只想开放半天,后来因为公务人员非星期日不能有空闲出来,所以第一个星期日就整天开放……又因为还有人要求延长,就勉强再延长两天,在这十六天之内,除非下雪狂风,每天总是熙来攘往,非凡热闹,前后参观人数,在一万以上,学术界名人来参观的也很多。在这里特别应该提出来一说的,是几个中学校的生物教员,他们有从本京来的,也有从远道来的,且是今天来,明天来,连续着来几天的……①

二是举办生物学通俗演讲。为民众普及生物科学知识,中国科学社生物研究所邀请专家学者作系统的科学演讲,计划每月一次,内容力求与实用经济有关,讲词刊载于《科学》;所内研究人员以通俗文字介绍生物学上新颖而富有趣味的事物,登载于《科学画报》。1933年内举行演讲10次,聘请专家分别担任,旨在使一般学者以近世生物学之鸟瞰,引起研究自然之兴趣。秉志、钱崇澍、王家楫、裴鑑拟订讲题,依次为《生物学发达史略》《动物学与人生》《动物学之学习法》《动物之天演》《中国中部动物之分布》《植物学及人生》《植物学之学习法》《植物之天演》《中国植物之分布》《中国生物学最近之研究状况》等。演讲取得了良好效果,反响强烈。

1935年的《科学》第19卷第2期上就曾报道,"春光明媚,江南草长,花飞蝶舞,正是讲研生物学的最好时节",科学社生物研究所"为服务社会、传播生物科学知识",举行春季演讲会。第一讲(2月)内容为秉志的《科学与民族复兴》,第二讲(3月)内容为刘咸的《人类祖先之追索》,第三讲(4月)内容为钱崇澍的《植物之花》,第四讲(5月)内容为张真衡的《人体十大器官之机能》,第五讲(6月)内容为王家楫的《单细胞动物与人生》。除了科学讲演外,生物研究所的研究人员也偶尔写些通俗文字,登载在《科学画报》和别的杂志上。

1936年,在范旭生的资助下,生物研究所设立推广部,约请邵潏容女士专任其事,旨在向民众特别是妇孺普及生物学知识,推广生物学成果,"小之可以改良卫生、食物,及明悟立己处人之道,大之可以激发善群爱国思想,其重要未可估量"②。

---

① 张孟闻:《中国科学社生物研究所展览记》,《科学》1934年第18卷第4期。
②《本社生物研究所之新工作》,《科学》1936年第20卷第2期。

三是帮助提高中学生物教师的水平。当时,生物研究所常年都向中学教师开放,"南京市各中学生物教员辄于规定时间来所,此间为之罗列标本图表,以供其教学上之应用。遇有疑难随时与此间研究员互相讨论剖析,以减少其教学上的困难"。其他地方的中学生物教员,也可利用暑假到生物研究所进修。另外,生物研究所中"还有人分出一部分时力出来,编著初中动植物学的教科书",而因其"所论事物悉能就地取材,并加入部分心得,故书出无几时而风行遍各省"。

生物研究所为普及生物科学知识所作的努力,得到社会的广泛认可,当时的南京市政府也曾"以该所研究成绩卓越,主事者又复能于专研之暇,时作通俗科学演讲,以增进市民智识,殊堪嘉尚,特自动捐助3000元,为该所基金"。[①]

生物研究所在做好科学研究和应用普及的同时,还积极与其他科研机构开展合作和交流,对其他生物学研究机构的建立和发展予以援助。生物研究所成立之时,"即以促进文化、努力学术自励","凡可以效益于社会者,无不致力以赴之","故历年以来,所以扶翼各机关者颇瘁心力"。其中突出的是生物研究所与静生生物研究所的关系。为纪念范源濂先生,1928年10月,成立静生生物调查所,秉志任所长。该所在组织结构上均参照南京生物研究所,分动植物两部,秉志为动物部主任,胡先骕为植物部主任;下设技师、研究员、助理员、绘图员、标本制造员若干人;并设有一委员会,任鸿隽为委员长,翁文灏为书记,丁文江、孙洪芬等10人为委员。秉志曾说:"静生生物调查所之倡立,此间实为其筹措规划,执事人多为前时本所之职员,不啻为此间的新枝,最近以两者关系密切,缔约相结,已为骈盟之集团矣。"[②]

此外,1928年成立的国立中央研究院自然历史博物馆、1930年成立的重庆中国西部科学院和河南省博物馆,在筹划建设、研究组织设置和研究人员的征聘和培训方面,也都曾得到生物研究所诚恳的支持和帮助。[③]

生物研究所学术氛围浓厚。"本所同人,以平日研究皆各有范围,研究之外

---

① 《南京市政府捐助本社生物研究所基金》,《科学》1935年第19卷第3期。
② 薛攀皋:《中国科学社生物研究所——中国最早的生物学研究机构》,《中国科技史料》1992年第2期。
③ 薛攀皋:《中国科学社生物研究所——中国最早的生物学研究机构》,《中国科技史料》1992年第2期。

又各有职守,为便利彼此增益起见,拟组织生物学讨论会"。经多次筹备,1929年春,在伍献文、喻兆琦的倡议下,中国科学社生物研究所组织生物学讨论会。每两周一次,第一次在图书馆举行,由欧阳翥演讲已研究3年之久的"白鼠脊髓之增长";第二次由谢淝成演讲"蚂蟥之解剖"。1932年起,生物研究所仿Seminar之形式,举行生物学研究报告讨论会,第一届由邓叔群主讲《江浙两省菌类调查之初步报告》;第二届由伍献文主讲《中国沿海之扁鱼》。正是在这样的良好氛围下,生物研究所人才辈出,如方炳文、郑集、王家楫、张宗汉、张孟闻、倪达书、吴中伦、吴襄等均在生物研究所得到较快成长。生物研究所为近代中国培养了大量杰出人才,如鱼类学家张春霖、方炳文、王以康,兽类学家何锡瑞,组织学胚胎学家崔之兰,植物学家方文培、耿以礼、秦仁昌、严楚江、汪振儒、孙雄才、裴鉴,神经组织学家欧阳翥,藻类学家王志稼,林学家郑万钧,鸟类学家常麟定、傅桐生,昆虫学家曾省、苗久棚,原生动物学家戴立生,甲壳动物学家喻兆琦,细胞学家徐凤早,无脊椎动物学家陈义,胚胎学家、鸟类学家王希成,解剖学家李赋京,苔藓学家陈邦杰,植物病理学家沈其益,浮游生物学家朱树屏等,都是在中国生物学发展史上留下深深印迹的人。

1935年11月,蔡元培在中央党部总理纪念周上报告中央研究院与中国科学研究之概况时说:"现在国内研究生物的学者,什九与该所(生物研究所)有渊源。"

第四节 明复图书馆的设立

1931年元旦,中国最早的公共科技图书馆——明复图书馆举行揭幕典礼。致词的蔡元培先生,向公众解释馆名的由来:"此馆纪念胡明复先生,因为他是本社重要发起人。他为本社牺牲极大,直至于逝世日,尚勤于社务。故本社第一伟大建筑物即以纪念明复先生。"[1]

1929年11月2日,中国科学社正式举行明复图书馆奠基典礼。到会者有各

---

[1] 《明复图书馆开幕志盛》,《社友》1931年第5期。

机关代表及社员共一百余人,可谓盛极一时。蔡元培董事主持并致词,讲述建图书馆及纪念胡明复博士之意义。理事会代表杨杏佛报告筹备图书馆之经过。典礼仪式上,由孙哲生解开奠石上之社旗,上书"中华民国十八年十一月二日中国科学社为明复图书馆举行奠基礼,孙科敬书"三十二字。孙哲生、吴稚晖、蒋梦麟相继发表演说。[①]

一、初期图书馆发展概况

中国科学社在筹建初期就将建立图书馆列入议事日程,1915年设立图书馆筹备委员会,1915年10月设图书部,明确专人着手图书部的工作,目的就是收集图书,为将来建设图书馆做准备。当时美国各校皆有很大的图书馆,使用起来很方便。中国科学社的发起者一开始就认识到筹备创立图书馆的重要性,认识到建图书馆是振兴科学所必不可少的。所以他们计划归国后在国内创立一所具有相当规模的专业图书馆。

1916年8月,《科学》杂志上刊出了《中国科学社图书馆章程》,"原起"中有言:"夫学问之事,沿流溯源,固须稽之载籍,即物穷理,亦有待于图书。方今国内藏书,挂一漏万,百科图籍,尤属寥寥,是图书馆之设为不容缓。"[②]《中国科学社图书馆章程》对图书馆的经费、职员、职能、借用权利等事项做了规划,这也是研究中国现代图书馆事业早期发展的重要文献。不过,建立图书馆的工作真正落实下来,则是在1918年中国科学社由美国迁回国内之后。

1919年3月10日,中国科学社董事会发出《中国科学社图书馆征集书报启事》,向社内外征集图书期刊等,在上海大同学院设立中国科学社图书馆筹备处,颁布了《中国科学社图书馆筹备处简章》,并敬告各社友,"量力捐赠,共襄盛举,庶几集腋成裘"。

1920年8月,在南京文德里科学社的社所创办了一个图书馆,推举胡明复为图书馆主任。1921年1月1日正式对外开放。时拥有馆藏图书5040册、期刊1382册。到1922年时有中西图书16000余册,其中有各国的专门杂志130余种。

[①]《明复图书馆奠基礼记》,《科学》1929年第14卷第4期。
[②]《中国科学社图书馆章程》,《科学》1916年第2卷第8期。

1923年江苏省予以补助后开始有计划地订购书籍杂志。经过多年的努力,中国科学社终于建起自己的图书馆。不过,当时限于财力,这个图书馆规模比较小,"不过在国中求较为完备的科书杂志和书籍,恐怕只有这个图书馆"①。

1926年起又得到中华教育文化基金董事会的资助,开始大量购置各类书籍杂志。国外一些杂志也纷纷与中国科学社图书馆建立联系。

1928年8月,科学社总干事统计了1927年9月至1928年7月底的情况:国际交换图书7547本;中外杂志报纸120种;周美权捐赠图书530余种,2390本;图书总计25283本。可以看出该馆的藏书特色已经形成,规模在当时可称一流。

二、图书馆总章与流通管理

中国科学社图书馆十分重视规章制度的建立与完善,为各项工作开展奠定了基础。在筹建期间就制定了《中国科学社图书馆总章》,对图书馆的定名、所有权、定章权、经费、地点及建筑、职员、职务、借用权利等事项做了明确的规定,它是中国科学社图书馆的纲领性文件,为图书馆各项工作的开展提供了方向。总章对职员的任命及职务分工作了明确规定,"本馆设图书馆长一人,即为中国科学社图书部长;依本社总章第三十五条由董事推任,任期无定"。此外设馆员若干人,由馆长委任,并得董事会之同意。馆员任期无定。图书馆职员的主要工作为:"1.筹集经费;2.收集图书;3.编列图书并藏弄之;4.编纂本馆书目提要;5.管理借用图书事务;6.管理本馆之收入支出,及一切文牍。"②职员分工明确为图书馆工作的有序进行提供了保证。

中国科学社在图书馆正式成立前就已经制定了《中国科学社图书馆暂行流通书籍章程》,"图书馆未成立以前,暂依本章程收集及借用图书","并为将来建设图书馆之豫[预]备"。该章程对借用书籍的各项事宜作出了较详细的规定。如章程限定了四类有权借用图书的人员:(1)科学社社员及特社员;(2)科学社

---

① 任鸿隽著,樊洪业、张久春选编《科学救国之梦——任鸿隽文存》,上海科技教育出版社、上海科学技术出版社,2002,第243页。

② 《中国科学社图书馆章程》,《科学》1916年第2卷第8期。

仲社员;(3)科学社名誉社员及赞助社员;(4)社外热诚君子捐赠图书,经董事会及图书部认为有特别之价值者。对借书程序作了规定:"凡借用图书者,应书借阅据寄交图书部",图书部接到借阅据后,即将该据寄与暂藏该书之人,请其直寄与借用者。其寄往邮费,由借用者如数给还。规定借书数量和期限:一人同时只能借用书籍一部(不必系一册),每书借阅时间以四星期为限。对借书担保作了规定:"凡借用图书者,应于起借时交美金五元或中银十元于图书部,为伤亡书籍之担保金。但社员特社员不在此例。担保金或于还书时如数发还,或暂藏本部以便继续借书,均听借用者之便。"为保护书籍,章程规定"借阅者不得将书籍图册加以字样或其他符号","借用者如将书籍损伤或亡失,应于借阅期满时报告图书部。本部得按情节轻重索相当之赔偿。有隐而不宣者,经本部察出,即取消其借阅权,并加倍科罚"。[①]

1920年,在《暂行章程》基础上,公布《现行章程》《社员须知》《借出图书简章》等一系列规定,内容涉及证件管理、入览手续、阅览细则、赔偿规约、借书规定、外埠社员借出办法等。

为了使用户能够及时了解到馆新刊,凡有新刊到馆即在《科学》杂志上通告读者。从这些通告中我们可以看到中国科学社图书馆的国外期刊到馆非常及时。仅以《科学》第7卷第4期的中国科学社图书馆新到外国杂志通告为例,该期于1922年4月出版,通告到馆期刊共55种,其中1922年2月出版的外国杂志到馆的有5种,时间滞后2个月;1922年1月出版的有35种,时间滞后3个月。在当时的交通条件下,73%的外国刊物在出版3个月后即可在国内看到,由此可以看出中国科学社图书馆的工作效率。

三、明复图书馆的建设

1927年9月16日,中国科学社召开理事会,推定过探先、秉志、路敏行为预算委员,起草预算,呈送中央教育机关请求补助。[②]12月5日,以董事会名义向

[①]《中国科学社图书馆章程》,《科学》1916年第2卷第8期。
[②]何品、王良镭编注《中国科学社档案资料整理与研究·董理事会会议记录》,上海科学技术出版社,2017,第11页。

国民政府申请经费100万元,以作发展科学研究之用,大学院主持人蔡元培、杨铨等积极行动。当月16日,国民政府委员会召开第24次会议,蔡元培以大学院院长身份提交中国科学社拟扩充科学图书馆、生物研究所及办理博物院等呈文,并附计划书一份,讨论饬令财政部酌情划拨二五国库券。[①]12月29日,中国科学社就收到财政部拨付的30万元二五国库券。后再追加10万元成40万元,社中设立由蔡元培、宋汉章、徐新六组成的专门基金管理委员会。此为中国科学社历史上最大的一笔款项,是其后来发展最为重要的基金。

1928年9月,中国科学社在上海亚尔培路购地建筑社所和图书馆。1929年11月2日图书馆奠基。图书馆由著名建筑学家刘敦桢教授设计,由中国营造学社建造。1931年1月,明复图书馆开馆并举行书版展览会。这是中国第一座采用新式设计的专业图书馆,全部是钢筋水泥结构,南面三层楼房分别设置办公室、会场、阅览室和会议厅;北面五层为书库,装有固定钢制书架,楼梯旁有图书升降机,所有钢架、钢门和钢窗都是在美国定制,防火防潮性能良好。图书馆面积5500多平方米,可藏一寸厚的图书22万册。蔡元培称赞之为"伟大建筑物"。

在图书馆筹备期间,科学社的骨干胡明复不幸溺水身亡,年仅36岁。胡明复是我国第一位数学博士,也是科学社的创始人之一,一生奉献于中国科学社。他长期担任中国科学社会计,直至1925年。胡明复善于理财,在中国科学社年会上由他所做的会计报告详实而清晰,深为社中同人倚信。中国科学社成立以后常面临经费困窘的局面,但在他一手经营下从未停顿或间断。创立初期,中国科学社的进款主要来自社员入社金、特别捐及常年捐,远不敷用。早在美国召开的第一次年会上,胡明复就指出:"月捐之制,终不可以久恃,一旦停止或减少,社务即不得不受影响。目前办法,应一面提倡特别月捐以救急,一面募集巨额基本金以为持久之计;两方应同时俱进。"[②]在多次带头捐款的同时,胡明复承担了社费的主要收缴工作,并起草了详细的筹款计划,此后多方奔走、日夜工作。任鸿隽说:"明复是一个理想的会计。"[③]《科学》的稿件审查、格式统一、标点符号修改等繁琐工作,从回国到辞世前一直由他一人担任。这在许多人看来最

---

① 《国府二十四次常会纪》,《申报》1927年12月18日。
② 胡明复:《会计报告》,《科学》1917年第3卷第1期。
③ 任鸿隽:《悼明复》,《科学》1928年第13卷第6期。

麻烦、最无名,他却毫无怨言。任鸿隽将胡明复比作英国的牛顿、法国的拉普拉斯,认为他们都尽瘁于科学。与明复相交甚深的杨铨则以"鞠躬尽瘁,死而后已"八个字来概括他对中国科学社的贡献。中国科学社董事马相伯痛惜明复之才:"国中之有科学社会科学社刊,博士实始之。至其校对社刊中各家著作,自始迄今如一日,窃谓其难甚于自撰,则其精神贯注,精力之坚强,殊堪惊异,为国而不用科学则已,如用之,舍斯人之徒将谁与?"[①]

1927年7月,中国科学社在杭州烟霞洞为胡明复举行社葬。经蔡元培提议,中国科学社决定将上海的图书馆命名为明复图书馆,以纪念这位在科学道路上忘我工作的"开路小工"。

明复图书馆成立后,南京原址归中国科学社生物研究所。原在南京的图书馆藏书,除生物书刊仍留南京供中国科学社生物研究所参考之用外,其余书刊均移入上海新馆。新馆入藏中西图书2万余册,杂志22万余种。明复图书馆每年从英、美、德、法、日等国订购杂志140余种,科学社出版刊物与国外学术团体交换所得也有40余种。明复图书馆馆藏主要是外文科技出版物,生物类最为丰富,数理次之。

1935年成立图书馆委员会,制定图书馆的发展方针,审定图书杂志的选购,选聘的委员多为知名的专家学者,如竺可桢、杨铨、周仁、秉志、王云五、杨孝述、刘咸、尤志迈等。截至1939年,24年间有21位人士担任明复图书馆领导或委员会委员。其中,唐钺任图书部部长3年;钟心煊任图书部部长1年;胡刚复任图书馆主任6年;路敏行任图书馆主任9年;刘咸任图书馆馆长4年;其他16位担任委员会委员职务都在4年以上。这些人的共同特点是海外归来,视野开阔,热心公益事业,视传播新科技、新文化、新思想,振兴中国科学为己任。明复图书馆从小到大、从无到有之成长,与他们的奉献是分不开的。

[①] 马相伯:《哀明复》,《科学》1928年第13卷第6期。

四、图书经费与馆藏特色

办馆经费方面,图书馆经费分四种:中国科学社经常费总额中划出的部分,社员特捐,社外热心赞助本馆者之惠捐,政府补助。其中"经常费"的来源有如下几项:(甲)社费,即社员入社时缴纳的入社费(十元)及常年费(五元);(乙)捐款,社员及赞助本社之个人和团体捐款;(丙)事业的收入,如各项刊物的销售收入及某些业务的盈余;(丁)基金的投入。可见,中国科学社通过本社社员缴纳社费和捐款以及向社会各界募集捐款等方式来筹集经费,从中拨出一部分作为图书馆的经费,在经费来源上与完全依靠政府拨款的官办图书馆有很大的不同。

文献交换是明复图书馆获取馆藏的另一重要渠道。明复图书馆长期与国内外图书馆、学术出版机构进行书刊交换工作,每年与国外学术团体交换书刊40余种。

中国科学社社长任鸿隽在1922年曾指出,拟办理下列诸事以推广图书馆之功用:印行书籍目录,使各处有借阅权利之人,皆得使用书籍之便利;刊行杂志论文节要,使国中学者不必观外国专门杂志而知当今科学界之现状及进步;添设分馆于各重要地方,以图科学书籍之普及;整理中国书籍。①这个计划限于当时的条件,虽然没能完全实现,但他们推广图书馆之功用的理念在国内图书馆中是相当前沿的。

中国科学社图书馆在初创时期,大半书刊由社员捐赠。如社员叶善定、任鸿隽、金叔初、周美权等均陆续捐赠中外文书刊。藏书中以生物学书刊最为丰富,其次是数学、物理、化学类书刊。外文期刊,每年订购英、美、德、法、日等国出版的有140余种,交换所得有40余种,其中较完备而又珍贵之期刊,不下30余种。其中"美权算学图书室"和"叔初贝壳学图书室"是明复图书馆内两个最为珍贵的图书室,也独具特色。

1928年5月,中国近代数学先驱周达向中国科学社捐赠自己历年收藏的中、英、日文数学书籍及杂志546种2350册,"其间已经绝版之秘本珍刊颇多,恐

---

①任鸿隽:《中国科学社之过去及将来》,《科学》1923年第8卷第1期。

国内各图书馆收藏之数学书籍,无此美富","价在万金以上"。①周达(1879—1949),字美权,安徽东至人,是中国第一位主动走出国门研究西方数学,并带回大量外国现代数学书刊,在国内组织学者学习、研究、创新的卓有成效的数学家。周达积极参加中国科学社活动,1921年当选为特社员,1923年被举为上海社友会第一届理事长。"美权算学图书室"所藏书刊大多是当时西方最新的原版书刊,其中有不少成套的原版期刊,十分珍贵,在国内其他图书馆中绝无仅有。以后他又捐专款投立"美权图书室基金",专为该室添购新书新刊。这是中国当时唯一的完全由个人资助设立的公共数学图书室。1935年中国数学会在上海成立,该图书室被指定为中国数学会会所,成为人们学习和研究现代数学的一个基地、进行数学学术活动的一个重要场所。

1936年,金叔初捐赠他一生收藏的贝壳学图书给明复图书馆,使之成为"东亚最完善之贝壳学图书馆"。金叔初(1886—1949),名绍基,浙江吴兴人。1902年赴英国留学习电机,回国任教于南洋公学,后弃教经商,收获颇丰。喜好博物学,参与组织北平博物学会,曾任北平美术学院副院长、北平博物学会会长等,是当时国内贝壳学研究专家,所著《北戴河之贝壳》脍炙人口,为习斯学者奉为圭臬。生平不惜花巨资广搜贝壳学图书,共128种,2000余册,"就中整套杂志不下十余种,凡英、德、法、美、比、日各国之斯学杂志,皆粲然大备",价值在5万元以上。金叔初到南京中国科学社生物研究所参观,对生物研究所所取得的成绩"深致赞佩",对生物研究所图书资料的缺乏深表同情,慨然允诺将平生搜集的贝壳学图书全部捐赠给中国科学社图书馆,"借便公开阅览,以利专门学者之研究"。中国科学社接受捐赠后,理事会议决由明复图书馆馆长刘咸专程北上接洽,并援引周达捐赠成例,在明复图书馆内特辟"叔初贝壳学图书室"以为纪念。并将室中藏书编目,印成专册,分寄国内各学术机关,"借便众览"。②

---

① 《社员周美权先生捐赠数学书籍与数学研究所之设立》,《科学》1928年第13卷第4期。
② 《金叔初先生捐赠本社图书》,《科学》1936年第20卷第5期。

五、科学普及与历史贡献

明复图书馆正式开馆后,除社员、仲社员来馆阅览外,附近学校的师生、科研机构人员也来馆阅览,甚至有长途跋涉来此者。全面抗战爆发之初,明复图书馆因在法租界内而暂时幸免于难。战争期间该馆阅览人数陡增。

明复图书馆建成后,三楼为馆长办公室和《科学》杂志编辑部,二楼为库房和会议厅,一楼为中国科学社总部。明复图书馆是当时中国第一个专门的科技图书馆,同时又具有公共图书馆性质。中国科学社自成立之初就把图书馆的建设放在了重要位置,不仅把它作为一个收藏科学文献的机构,更使它成为了一个普及科学的机构。任鸿隽曾骄傲地说:"美国斯密索林学社之国际交换书籍,其赠诸中国者,已由本社呈准外交部及上海交涉使署,由本社图书馆保管,此足引为荣幸者也。"[1]美国斯密索林学社的国际赠送书籍,在各国一般是交给国家图书馆或全国最著名的科学团体图书馆保管。此事可反映出中国科学社图书馆在当时所处的显耀地位。它的建成与开放,对科学普及与科学宣传起到了重要的推动作用。

中国科学社图书馆作为近代科学社团创办的新式公共图书馆,在胡刚复、路敏行、刘咸等领导下,在30多年的发展历程中,收藏有外文版科技书籍3万余册、中文版科技书籍2万余册、外国科技杂志7000余册,"俨然为东南文化添一宝藏"。这些珍贵的书籍半为社员捐助或寄存,半为该馆选购。杂志则多数是订购的,少数经由各国学术机关团体赠送或交换而得。图书馆由此成为传播科学思想、普及科学知识、推进科学教育、开拓国人视野的重要基地,在中国近现代科技发展史和图书馆事业发展史上谱写了光辉的一页,对中国近现代科学文化事业的发展做出了重要贡献。

---

[1]任鸿隽:《中国科学社之过去及将来》,《科学》1923年第8卷第1期。

第五节 《科学画报》的创办

《科学画报》是中国科学社在20世纪30年代创办的一本综合性科普期刊,也是我国创刊较早的综合性画报期刊,其以图文并茂的表现形式、丰富的内容和通俗易懂的语言,向读者传播了大量的科技信息,在科学技术在近代中国的传播和普及方面发挥了积极作用。

一、《科学画报》的诞生

《科学画报的诞生经历了一番曲折的历程。

20世纪20年代,中国科学社逐渐认识到要使中国科学化,单是提倡高深研究还远远不够,必须普及科学,提高一般群众的科学知识。中国科学社时任总干事杨孝述认为,要普及科学必须办通俗科学刊物。

据杨孝述回忆,早在1920年代末担任科学社总干事时,他就着手筹划创办通俗科学期刊,在1930年《社友》第6期里提出了创办通俗科学周刊的建议,并附有关于办刊办法的草案,但因筹款不易而搁浅,但也引起中国科学社成员的重视。在其后几期《社友》中,中国科学社社员对此展开了热烈的讨论。

1932年11月,陈立夫、胡博渊、张北海等40余人组织成立了中国科学化运动协会,发起了科学化运动。科学化运动的目的就是向国民普及科学知识,使之养成科学的态度和习惯。当时中国的科学期刊除《科学》外,虽然还有《科学月刊》《自然界》《自然科学》《学艺》和《科学世界》等几十种,但还没有一本通俗的科学刊物。

1933年1月,在中国科学社理事会议中,杨孝述在"举办民众科学化运动"的提案中,再次提出创办通俗科学月刊的建议。考虑到要使科学通俗化,就必须用图片来说明,杨孝述还具体地把这个刊物的名称定为《科学画报》。虽然因经费来源、编辑力量以及出版发行等问题没有具体落实而未能通过,但是大家认为创办通俗科学期刊有其必要性。

这年5月,法文报馆编辑冯执中找到杨孝述,给他看自己编辑出版的《科学知识》。冯说他愿意为中国科学社创刊与《科学知识》同类的通俗科学期刊,条件是允许他同时办一个"科学情报处"。其后,杨孝述与冯执中协商,请冯执中承担具体编辑工作;又与徐厚孚、周仁、徐宽甫、曹惠群、王琎、卢于道、宋乃公等筹划,考虑到杨孝述时为中国科学社总干事兼中国科学图书仪器公司总经理,故由杨孝述与中国科学社理事和中国科学图书仪器公司董事协商,得到支持,从而做出了由中国科学社负责编辑、中国科学图书仪器公司负责印刷发行、共同垫款创办《科学画报》的提案,分别提交中国科学社理事会和中国科学图书仪器公司董事会批准。

6月,中国科学社专门就创办《科学画报》一事召开理事会,这份提案得到了理事杨杏佛等的大力支持,并正式通过创办《科学画报》半月刊案,聘定冯执中为经理编辑,并推定了一批特约编辑。这样,经历了三年多的酝酿和筹划,1933年8月1日《科学画报》在上海正式诞生。

二、《科学画报》办刊宗旨

《科学画报》由中国科学社主办,创刊时对办刊的宗旨、读者对象和办刊方式均有明确的说明。在1933年8月《科学画报》的创刊号上,时任中国科学社社长兼《科学》编辑部长、中央研究院化学所所长王琎在《发刊词》中表述办刊目的:

发刊《科学画报》的宗旨,最主要的就是要把普通科学智识和新闻输送到民间去。我们希望用简单文字和明白有意义的画图或照片,把世界最新科学发明、事实、现象、应用、理论以及于谐谈游戏都介绍把[给]他们(指大众——笔者注)。逐渐地把科学变为他们生活的一部分,使他们看科学为容易接近可以眼前利用的资料,而并非神秘不可思议的幻术。古人说"百闻不如一见",图画与实物最为相近,看了图画,虽不能如与实物相接触之一见,然比较空谈已胜过不少,至少可以说得半见。我们希望这呱呱坠地《科学画报》,可以做引大众入科学的媒介……希望国内各界与以赞助和批评,并供给材料,使这小小刊物,由播种而开花而结实,以供大众的收获,这就是同人最馨香祷祝的了!①

《科学画报》创刊时明确提出"要中国科学化主要在于民众和儿童具有科学知识","要把普通科学知识输送到民间(工农群众和中小学学生)去"。而当时的中国,"务农的缺乏生物园艺的常识,做工的缺乏机械等方面工业知识",迫切需要"用科学去解决他们生活和事业的困难";中小学学生缺乏科学的读品,需要"有兴味的简单科学读品满足他们知识的饥荒,引起他们对科学的兴味",引导他们钻研科学,成为将来我国的科学人才。②

为了使科学知识能为广大群众所接受,编辑部决定"用简单文字和明白有意义的图画或照片,把世界最新的科学发明、事实、现象、应用、理论以及学说、游戏都介绍给他们,从而达到"逐渐地把科学变为他们生活的一部分,使他们看科学为容易接近、可以利用的资料,而并非神秘不可思议的幻术"③。这种以生动、可读的形式切实贯彻了科学化运动的宗旨,为科学知识的普及做出了重要的贡献。

三、《科学画报》的内容

《科学画报》的创办是为了最大可能地在中国传播和普及科学技术,"本报用图画及文字来灌输科学知识,但是有多少不识字之同胞,以及未有见到本报机会者,当然不在少数,所以我们又敢希望读者知道某种科学事实之后,不惮烦地以口传之"④。为此,《科学画报》题材丰富、内容广泛、信息量大,并且图文并茂、趣味性强,涉及天文、地理、生物、自然、生理、医药、化工、机械、航空、军事、土木、农业、无线电、渔业、实验、航海等多种学科/行业。

《科学画报》还开辟了各种专栏,以各种渠道传播科技知识,如《科学新闻》

---

① 王琎:《发刊词》,《科学画报》1933年第1卷第1期。
② 《科学画报》编辑部:《科学画报五十年》,《中国科技史料》1983年第4期。
③ 《科学画报》编辑部:《科学画报五十年》,《中国科技史料》1983年第4期。
④ 卢于道:《科学的国家与科学的国民》,《科学画报》1936年第3卷第12期。

专栏,及时报道各地科技讯息;《科学实验》和《工艺制作》专栏旨在培养青年学生动手做的科学习惯;《小玩意儿》以及《化学游戏》《物理游戏》《科学杂俎》等趣味性专栏,重在启发培养青少年对科学的兴趣等。

《科学画报》这一时期刊登的内容,主要是依据国外最新科技知识所编译的文章,占整个篇幅的近四分之三,也有一部分是由知名科学家撰写的科学论文,有的结合时事,有的结合自己的专业,大多通俗易懂,颇受读者欢迎。《科学画报》还设有长期连载的专栏,如王琎的《通俗丛谈》、卢于道的《生理解剖图说》、李赋京的《卫生知识图解》、杨孝述的《电》、孟心如的《化学战》、张巨伯的《植病丛谈》、王启虞的《养蜂说》,内容生动丰富。

为了促进科学技术的有效传播和普及,《科学画报》还聚焦某一方面的话题,采用专题式的集中报道,如在1935年第1期中,就有"儿童纪念"专号;1935年第5期中,有"运动会"专号,大量刊登体育方面的科技知识。

此外,《科学画报》对于科学精神的传播也十分重视。编辑部专门聘请了一批科学家,先后发表了《中国之科学化运动》《科学与民族前途》《科学的误解》《科学与常识》等社论文章,批驳谬误,澄清事实,引导人们树立正确的科学观念。

《科学画报》拥有雄厚的编辑力量和写作队伍。创刊时,由冯执中负责具体的编辑事务,但他仅仅负责了前6期的编辑工作就因故离开了。此后编辑部的主要工作由杨孝述承担,他此时不仅是中国科学社总干事,还是中国科学社主办的中国科学图书仪器公司的总经理。杨孝述充分利用中国科学社的力量,特邀了一批热忱于科普知识传播的专家,如知名科学家曹惠群、周仁、卢于道、刘咸等任常务编辑,秉志、竺可桢、任鸿隽、赵元任、刘淦芝、杨肇燫、裘维裕、王琎、关实元、柳大纲、吴有训、茅以升、汪湖桢、顾世楫、方子卫、曹仲渊、钱崇澍、郑万钧、王家楫、伍献文、柳大纲、张孟闻、邹树文、张巨伯、蔡邦华、王启虞、李赋京、孟心如、李鉴澄、张其昀、谢家荣等担任特约撰稿人。

四、《科学画报》的办刊特色

《科学画报》为科学刊物,初为半月刊,12开本,每期40页。第1卷还是竖排,自第2卷起改为横排。每月1日、16日出版。1937年10月,因战争导致稿源减少,改为月刊。自1941年下半年第8卷开始,改为18开本,80页。

图文并茂是《科学画报》的一大特色。采用图示、照片、图解,配上明白易懂的文字,将科学性、艺术性和趣味性融为一体,采用了大量生动、形象、富有启迪性的图片,既便于读者接受,又能给读者留下深刻印象。科学化运动时期的《科学画报》,几乎每一页都有图片,每期刊登数百张图片和照片。

《科学画报》十分重视科技新闻的传播,对于国内外最新的科技信息给予及时的报道。从第1卷第6期开始,《科学画报》就开辟了《科学新闻》栏目,专门刊登科技方面的新闻,从最早的两篇逐渐增加到20余篇,专栏对科技知识的传播起到了促进作用。

《科学画报》注重与读者的沟通交流。为了加强与读者的联系,了解读者的需求,《科学画报》编辑部还组织了80多位各方面的专家负责回答问题,并选择有普遍意义的问题在《读者信箱》专栏中刊出。此外,《科学画报》还举行各种活动来加强与读者的联系。首期举办"悬奖征答"活动,不足一个月时间应征者达3000多人,其中能全部答对的有好几百人。

《科学画报》题材丰富,传播内容非常广泛,涉及物理、化学、生物、地理、天文、医学、军事等多种学科,涵盖农林牧渔、生物医药、建筑建材、冶金矿产、石油矿工、水利水电、交通运输、机械机电、家居用品、军事制造等多种行业。

《科学画报》封面采用蓝底银字、银框,框内用彩图,这一形式一直沿用了二十年。

五、《科学画报》的影响

1933年至1937年全面抗战爆发前,是《科学画报》快速发展期,销售量日益增加,影响力逐步增强。作为一本深受人们喜爱的科学普及读物,刊物发行的范围广泛,在上海、北京、天津、南京、西安、长沙、昆明、汉口、宁波等近30座城市以及新加坡、日本等国都设有分理处。社址初在上海亚尔培路533号,后迁至上海陕西南路235号。

这一时期的《科学画报》内容广博且贴近社会生活实际,图文并茂,题材新颖有趣,文字通俗易懂,图片形象生动,深受读者的喜爱。当时不少学校教师将《科学画报》作为良好的理科课外读物,推荐给学生阅读。

《科学画报》不仅在国内拥有大量的读者,在国外如新加坡、缅甸、爪哇乃至英美等国都有读者,印数曾超过两万份,在国内外赢得了一定的声誉,英国工程师协会、美国著名科学图书公司曾希望与《科学画报》进行业务合作。

《科学画报》的成功,得益于多种因素,与中国科学社的组织优势、人才优势和学科优势密切相关,更与老一辈科学家们对科学传播的信念和坚持不懈的行动分不开。杨孝述任《科学画报》总编辑的17年(1933—1950)中,无论顺境和逆境,他都坚定科学传播的信念,矢志不渝地推进各项事业。

胡适1933年12月19日写作《格致与科学》给《科学画报》,并说:"《科学画报》是今年中国科学社新出的,印刷很好,编制也不坏,销路已过一万,可算是科学社的一件成功的事业。"[1]《科学画报》创刊五十周年之际,著名桥梁学家、时任中国科协副主席茅以升曾题词"开路先锋",概括了《科学画报》在中国科普期刊中的历史地位和作用。

第六节 中国科学社的事业扩展

这一时期,中国科学社除了创办生物研究所、建立图书馆以外,还开展了其他事业,如中国科学图书仪器公司的创立、《社友》的创刊、与《申报》合作创办专栏、设立科学咨询处以及编辑出版科学书籍等,大力传播和普及科学,促进了中国科学事业的发展。

---

[1] 胡适:《胡适日记全编》第6册,安徽教育出版社,2001,第254页。

一、中国科学图书仪器公司的创立

中国科学社深感编辑发行科技书刊的重要性,而通过商务印书馆等书店印刷和出版有颇多不便。在获得40万国库券作为基金后,理事会通过了设立印刷和发行机构的决议。资本先定为三万元,渐渐增至二十万元。科学社负担三分之一的股本,三分之二的股本由社员认购。当时既要动员社员入股,又要限制每人认购的股数。

1929年4月28日,中国科学社理事会第78次会议在上海社所召开,竺可桢、翁文灏、王琎、胡刚复、杨铨、周仁和杨孝述出席会议。会上,杨孝述提出中国科学社自行创办出版公司的提案:

> 本社创议自办印刷所已历多年,迄未实行,现沪上印刷所虽见林立,而事实上供不应求,本社如能自办印刷所,不独便利本社,抑且便利其他学术机关之出版,对于发展文化关系甚大,又经详细调查印刷事业,利息甚优,本社经营此事,实为良好之投资,惟宜与商股合办,取其监督较严。[1]

杨孝述这一提议得到了杨铨的赞同。杨铨认为,印刷之外还可经营图书和仪器,使中国科学社对于文化事业得以尽量服务。理事会决议先创办印刷所,资本暂定3万元,社中投资1.5万元,其余招募商股,社员可优先购买;每股100元,商股投资每人以30股为限,以后如需出售,中国科学社有优先购买权。会议推举杨铨、周仁、杨孝述负责草拟组织及招股章程。

6月准备就绪,股东大会召开,中国科学社指派周仁、杨铨和竺可桢作为代表出席。由于中国科学社股金暂居一半,在控股上出现问题,决议放弃50股,在章程中规定每股一权,以求大小股东享受平等待遇。原初目标仅为办理印刷所,后觉得欲发展我国科学,非自制科学仪器不可,于是重新定名为中国科学图书仪器公司。9月正式开张,12月营业。

---

[1] 何品、王良镭编注《中国科学社档案资料整理与研究·董理事会会议记录》,上海科学技术出版社,2017,第126页。

第四章 中国科学社的发展与鼎盛(1928—1936)

成立之初,中国科学图书仪器公司租赁位于上海英租界的慕尔鸣路(今上海市茂名北路)122—126号民房为厂址,设备有对开机一架、脚踏架三架、德国全张机一架、英国排铸机一架。

《科学》曾先后刊登过中国科学图书仪器公司早期两份广告,其中1929年9月25日出版的《科学》刊登的广告页这样写道:发行图书杂志、仪器标本、学校用品,承印中西各项印件、精制铜板锌板,经理中国科学社及地质调查所各种图书杂志及动植物标本。1930年4月1日出版的《科学》刊登的专为公司"科学印刷所"发布的广告说:承接各类精美印件;算术书版及美术铜板更为专长;特备最新式Linotype,西文出品尤能精良迅速;另设装订厂专接书报精装、银行簿册及记录卡片;价格克己、出版准期,零件印件一律欢迎。由此可见,中国科学图书仪器公司经营范围主要还是在图书印刷,但也兼顾其他业务。正如《科学》报道所说:"目前设施系注全力于印刷方面,训练一班能排科学书籍之工人,以树根基。兼设图书文具部以为图书仪器事业之一小起点。"[1]

其后随着业务扩展,1930年9月增资6万元;1932年7月再增资10万元。1932年12月,迁入福煦路(今延安中路)537号三层钢筋水泥大厦,内部均按照现代印刷厂布置,底层为发行所、总管理处及书版印机工厂,二楼为零件印件机工厂、装订工厂及原料栈,三楼为中西文排字工厂和铸字工厂。1936年3月,在福履理路(今建国西路)设第二厂。1937年,资本增加至20万元,添设自动机铸字部,实行中文全用新字排版办法,在北四川路(今上海市四川北路)设第三分厂。中国科学社在股权上控制该公司,杨孝述和周仁每天下班后都到公司工作,检查账目、处理业务,义务加班数小时,不取丝毫报酬。[2]

经营业务除了编辑印行《科学画报》等外,还发售中外文的图画书报、月报杂志和仪器文具、中学各项理科教科书等,逐渐发展为规模较大、设备齐全的印刷机构,可与商务印书馆、中华书局和世界书局等几家大书局的印刷厂相媲美,成为中国最为有名的科学出版机构,分为印刷部、图书部、仪器部三个部门,在南京、北平、汉口、重庆、广州等地设有分公司,在中国科学图书的印刷、科学仪器的制备上有着十分重要的地位。1948年在《科学》杂志做广告,宣称是科学界

---

[1]《筹备中国科学图书仪器公司之经过情形》,《科学》1929年第14卷第1期。
[2] 杨小佛:《记中国科学社》,《中国科技史料》1980年第2期。

人士创办的,为科学界人士服务的,中国"历史最久、规模最大、设备最好、出品最多"的图书仪器公司。

新中国成立后,伴随上海工商业社会主义改造,中国科学图书仪器公司实行公私合营,印刷厂部分合并到中国科学院所属的科学出版社,编辑部分并入上海科学技术出版社,仪器部分并于上海量具工具制造厂。

二、《社友》创刊

中国科学社自成立后,就十分重视加强社友之间的联系和沟通。当时交通还不便捷,社友回到国内后分散于全国各地,各地社友会就成为中国科学社社员联系的重要渠道;另一方面,如何建立社友之间的消息通道,成为中国科学社日常工作运行保障中必须考虑的问题。最初几年,《科学》每期开辟有专栏《社闻》,刊登有关社友的消息。但随着《科学》的发展,尤其是中国科学社社友群体规模的扩大,社友之间的消息增多,需要更专门的联系平台。1928年5月出版的《科学》曾刊登《编辑部启事》:

本社为谋社友与社中消息灵通计,定每月就《科学》中编"社闻"一栏,专载本社各部各分社进行概况及社友通信等件,俟将来稿件丰富时拟另发行半月刊一种,当益便利也。务恳诸社友共襄其成,各将个人事业进行概况及行止,时时赐知;更有关于我国科学界之一切消息亦祈各就闻见,不吝惠示。[1]

由此可见,创办发行一份刊物以刊登社友之间的消息,以及科学界之一切消息,已经列入中国科学社的工作计划中。中国科学图书仪器公司创办后,中国科学社有了自己的出版印刷公司,创办发行刊物有了更加便捷的条件。

1930年10月13日在上海召开的第91次理事会上,总干事杨孝述提议说,"社闻"向来在《科学》内刊布,"惟《科学》为纯粹学术刊物且读者不限于社员",计划自《科学》第15卷起不再刊载"社闻","另印单张发行,以资灵通消息而利

---

[1]《编辑部启事》,《科学》1928年第13卷第5期。

社务进行"。议案通过,并确定"此项社闻专刊定名为《社友》"。①

1930年10月25日,中国科学社成立十五周年之际,《社友》创刊。时任社长、中央研究院化学所所长王琎发表题为《中国科学社十五周年纪念与<社友>》的发刊词。王琎说:

> 本社的[之]所以有今日和各事业的可以勉强进行,可说全靠着各社员的热心和合作。我们在十五周年纪念的时候,应特别感谢社友和希望社友。感谢的是他们过去的维持和赞助,希望的是他们继续的努力。我们新出版的《社友》,便因为要达到这希望而产生的。这几年来,我们社员数目增加不少。他们的行踪现况,事业学问,我们都应该晓得,他们对于本社社务有什么意见批评和建议,我们都应该听到。各处社友会的设施和联络,我们也要知道。这种种消息和议论,多可在《社友》这刊物内发表。有了《社友》,本社就像人身的血脉流通,增加康健,各种事业便都要跟着进步。

《社友》第三期上曾刊载由赵元任谱曲、胡适作词的《拟科学社社歌》:

> 我们不崇拜自然,
> 他是个刁钻古怪。
> 我们要捶他、煮他,
> 要使他听我们指派。
> 我们叫电气推车,
> 我们叫以太送信,
> 把自然的秘密揭开,
> 好叫他来服事我们人。
> 我们唱天行有常,
> 我们唱致知穷理。
> 不怕他真理无穷,
> 进一寸有一寸的欢喜。

---

① 何品、王良镭编注《中国科学社档案资料整理与研究·董理事会会议记录》,上海科学技术出版社,2017,第146页。

《社友》创刊后,具体事务由杨孝述负责,设有《建议》《评论》《各部消息》《分社及社友会消息》《社友通讯》《社友文艺杂录》等栏目,每期16开4页(间有6~8页不等)。计划每月出刊一期,亦有一月两期或两月一期,并不完全固定。到1937年7月20日,共正常出刊61期。后停刊一年有余,直到1939年1月15日才复刊出版第62期,其《编者谨启》说:"在此期间,国家遭遇空前惨劫,各地社友颠沛流离,人事变迁,交通阻梗,彼此消息,致多隔阂,急应复刊,借资联络,甚望各地社友时通音讯,以实本刊为幸。"此后正常出刊到1941年11月5日第72期,因太平洋战争爆发,总社内迁重庆,上海社务基本停止。

抗战胜利两年后的1947年6月30日,《社友》第73期发刊,宣告复刊。正常出刊至1949年1月31日第91/92期合刊,随即停刊。1949年10月25日,借助庆祝中国科学社成立35周年之际,《社友》复刊,出刊第93期共16页。其后随着中国科学社各项事业陷入衰竭,《社友》也就不再出刊,退出了历史舞台。

三、与《申报》合作创办专栏

自成立以来,中国科学社一直致力于科学普及工作,除了自办科普刊物之外,还加强与社外机构的联系与合作。

1935年11月1日,中国科学社与《申报》合作创办《科学丛谈》专栏。卢于道在《导言》中说,中国科学社成立20年来,渐渐得到社会的赞助和认识,但感觉到以往所做的各种事业,"有些太专门,恐怕还不能普及到大众",因此与《申报》合作,发刊《科学丛谈》,必将大大促进民众对科学的理解:

我们认定中国缺乏的是科学。我们认定二十世纪是科学时代,我们更认定要把中国现代化,更离不了科学,然而发展科学断乎不是少数科学家所能为力的,所以我们更希望把科学大众化。即如这"丛谈"主编的都是科学专家,而所谈的却都是普通科学的事实。这"丛谈"里所讲的是科学原理,而谈法却又十分通俗易晓。我们分出一部分专门研究的时间,希望这科学智识从少数人的书包里传播到大家的头脑中。我们更盼望读者们从这些"丛谈"里能够知道些天空的奇妙,生命的消长,物理的蕴奥,化学的神秘以及一切科学的新鲜玩意儿。渐渐地把生活科学化,更进一步而使我们中国科学化,科学中国化,那末[么]我们方才对得起数十万爱护《申报》与中国科学社的读者。①

《科学丛谈》专栏原计划每周两期,每期三千字。但因经济不景气,《申报》馆广告大为减少,只得改为每周一期。

1936年6月21日,专栏因故停顿,仅仅发刊半年多一点。周刊先后发表有张钰哲《闲话秋星》,李寅恭、马大浦《森林与人生》,卢于道《脑的发长和运用》,秉志《动物与人生》,萧孝嵘《心理学的应用》等科普文章,借助于《申报》的影响力走进千家万户。

四、设立科学咨询处

中国科学社自成立之初就重视开展科学咨询业务,并寻求与政府合作。南京国民政府成立后,教育部为推广学术研究起见,曾令全国国立各大学,酌设研究所,并令各大学及学术机关酌设科学咨询处,以供社会人士对于科学之咨询及研究,并订立了"科学咨询处办法"。1929年12月5日,中国科学社理事会议决附设咨询处,由总干事负责,所有问答每月在《科学》上发表。中国科学社发布通告说:

本社十余年来一以联络同志、提倡科学研究为宗旨,凡足以助研究科学者莫不勉力创行,竭诚辅佐,近见学者每遇科学难题,无处咨询,往往废然兴叹阻其成功之路,抑其进取之心莫此为甚。本社有鉴于斯,且秉中央政府之意,爰有科学咨询处之附设,凡实业团体以及青年学子遇有科学上疑问无处咨询者,均可迳函本社咨询处,由本社专家社员详为答复,务使疑难冰释。②

设立科学咨询处,凡各界遇有科学上疑难问题,有所咨询,均视其性质分别送由各专家社员拟定答案,随时发表。同时刊布中国科学社科学咨询处简章。

---

① 卢于道:《导言》,《申报》1935年11月1日。
② 《中国科学社附设咨询处通告》,《科学》1930年第14卷第5期。

首批咨询者是中国科学社社员,大概有"示范"的意思:一是李赋京询问中药"苦参"情况,由钱崇澍作答;二是杨孝述向海内外学者征求一物理术语翻译问题。[1]咨询函件多为科学常识,涉及算学、物理、化学、天文、生物、医学、机械、农学等方面。除了来自上海、北平、南京、云南、天津、杭州等国内城市的函件外,还有来自南洋小吕宋等地的海外咨询件。不过初期科学咨询工作无论是数量还是影响都很有限。《科学画报》创刊后,科学咨询移载该刊,由于发行量大,以实际问题来咨询者大为增加,每月达50件左右,社中以竺可桢、韩祖康、沈璿、魏岩寿、曹仲渊、杨肇燫、曹惠群、周仁、钱崇澍、张孟闻、卢于道等组成专门委员会,长期担任解答员。1936年度咨询函件一度超过1000,"各社员不惮烦劳,拟定答案,为社会服务之热忱,殊可感也"。其后这一栏目改为《读者来信》,成为《科学画报》始终坚持的特色栏目。

五、出版《科学的民族复兴》

1934年7月21日,在上海社所召开的第118次理事会上,时任中央研究院心理所专任研究员卢于道,提议由中国科学社邀请国内对于民族各方面素有研究的学者各就其专业分别撰写论文,编辑出版《科学的民族复兴》,从科学方面观察"中华民族复兴之道"。提案得到与会理事秉志、王琎、周仁、杨孝述和胡刚复的赞同,曾于二十周年纪念时议决编著,作为纪念刊物。并议决通过推聘竺可桢、李振翩、卢于道、张其昀、李济、凌纯声、刘咸、吴陶民、吴骏一、陶云逵、袁贻诚为特约编纂,竺可桢、李振翩、卢于道为具体负责的"经理编辑"。[2]1937年2月,《科学的民族复兴》一书由中国科学图书仪器公司出版。

竺可桢给《科学的民族复兴》一书撰写了"序"和"结论"。这本书在社会上引起很大反响。书出版没多久,社会学家孙本文就致函刘咸说:"该书编制极审,内容至为切实,各篇都有精采。竺先生之序,词义并茂,读之铿然,足使学者

---

[1]《科学咨询》,《科学》1930年第14卷第6期。
[2] 何品、王良镭编注《中国科学社档案资料整理与研究·董理事会会议记录》,上海科学技术出版社,2017,第11页。

油然而生民族复兴之思。我中华之复兴,殆以此书为嚆引乎。"①在竺可桢看来,中华民族在近代的衰弱与缺乏科学文化有很大关系,"故以后当以固有之民族自信力,去树立科学文化"。或者说,要实现"中国科学化"。而这个目标,不是仅仅靠几个学者去努力就行的,必须得要社会民众、政府当局共同努力才行。要实现"中国科学化",关键的一点在于实现"民众头脑的科学化",也就是说要使民众养成科学的态度和学会应用科学的方法。在书中,竺可桢号召"以科学方法研察吾国民族",包括民族的历史、地理、人种、文化、习俗等等。

从南京国民政府成立到1937年全面抗战爆发,在这十年的时间里,中国科学社得到了政府的大力支持,各项事业均得到了快速发展,被称为"黄金十年"。全国有3个社所,上海总社所有理事会、总办事处、明复图书馆及编辑部等,南京社所有生物研究所与图书馆,此外还有广州社所。董事会由马相伯、蔡元培、汪精卫、熊希龄、吴稚晖、宋汉章、孙科、胡敦复、孟森和任鸿隽组成,任鸿隽任书记,蔡元培、宋汉章、胡敦复为基金监察员。理事会由翁文灏(社长)、杨孝述(总干事)、周仁(会计)、赵元任(常务)、胡刚复(常务)、秉志(常务)、竺可桢(常务)、马君武、胡适、任鸿隽、胡先骕、李四光、王琎、孙洪芬、严济慈组成,均为学术界翘楚。15人中,翁文灏、周仁、赵元任、秉志、竺可桢、胡适、胡先骕、李四光、严济慈等9人后来当选为首届中央研究院院士。美国分社由社长裘开明、书记陈世昌、会计高尚荫主持。全国有12个社友会,社员中不乏各地学术界领导人物,如北平社友会理事长孙洪芬、书记杨光弼、会计章元善,上海社友会曹惠群、何尚平、朱少屏,南京社友会胡博渊、倪尚达、朱其清,苏州社友会汪懋祖、李荫份(书记兼会计),开封社友会郝象吾、李燕亭、王金吾,梧州社友会马君武、谢厚藩、衷至纯,成都社友会曾义宇,广州社友会陈宗南、张云、黄炳芳,天津社友会李书田、杨绍曾、张兰阁。秉志为生物研究所所长兼动物部主任,钱崇澍为植物部主任兼秘书。图书馆委员会由胡刚复、尤志迈、王云五、杨孝述、刘咸组成,刘咸兼任馆长。《科学》主编刘咸,助理姚国珣。编辑部邀请了当时学术界一批精英,如范会国、杨钟健、吕炯、李珩、钱崇澍、曹仲渊、徐渊摩、吴定良、卢于道、李赋京、欧阳翥、赵燏黄、杨孝述、张巨伯、冯泽芳、吴有训、张江树、曾昭抡、张其

---

① 周桂发、杨家润、张剑编注《中国科学社档案资料整理与研究·书信选编》,上海科学技术出版社,2015,第167页。

昀、顾毓琇、郑集、杨惟义、王家楫、袁翰青、魏岩寿等25人,其中既有著名大学如交大、清华、北大、中央大学、浙大教授,也有国立中央研究院、中农所研究;既有当时最为知名的专业研究机构,如地质调查所、生物研究所、静生生物调查所人员,也有一些技术性公司的科研人员,可谓是"极一时之选"。这25人中,杨钟健、钱崇澍、吴定良、吴有训、曾昭抡、王家楫等6人当选首届中央研究院院士。

第七节　科学奖励的设立

中国科学社在这一时期开始注重科学奖励制度的建立。1925年任鸿隽较早提议设立奖章基金。中国科学社其后经过多方努力,到了1930年代,设立、管理的奖金就有高君韦女士纪念奖金、考古学奖金、爱迪生纪念奖金、何育杰物理学奖金、梁绍桐生物学奖金、裘氏父子理工著述奖金等。除了各种捐助奖金外,还专门设立"中国科学社科学研究奖章",制定了"中国科学社科学研究奖章"章程,以奖励国内科学研究杰出代表。中国科学社科学奖项种类多,覆盖数、理、化、生、地质等各主要学科门类,建立了一系列科学奖励制度,形成了一定特色和传统,在社会上产生了较大影响。正如张剑所说:"(中国科学社)这些学术奖励的评选及其颁发,对促成中国学术评议与奖励系统的形成和科学的发展具有重要作用,也是年轻学人成材的推进器,更展现了当时学界权威们的风采与学术良知。"[1]

一、"中国科学社科学研究奖章"的设立

1925年8月,中国科学社第十次年会在北京召开。会上,任鸿隽提议为奖励研究、提倡学术起见,中国科学社应设奖章基金,分年颁奖章给国内科学研究最有成就者,并自认100元为奖章基金之用。任鸿隽的提议经社务会讨论后通

---

[1] 张剑:《赛先生在中国——中国科学社研究》,上海科学技术出版社,2018,第466页。

过,翁文灏还报告了中国地质学会颁发奖章的办法。会议推定秦汾、任鸿隽、丁文江、翁文灏、赵元任五人为奖章章程起草委员,拟定颁给奖章的办法。①

1927年2月10日,中国科学社在南京社所召开寒假理事大会,竺可桢、任鸿隽、周仁、胡明复、过探先、秉志、王琎、路敏行等出席,议决"科学奖金应即成立"。会上,推举秦汾、姜立夫、叶企孙、李协、王琎为奖金委员会甲组委员,李四光、唐钺、秉志、竺可桢、胡先骕为奖金委员会乙组委员。②

同年10月28日,中国科学社在南京社所图书馆楼上召开第60次理事会,任鸿隽提议:以前在北京募集之奖章基金(不足一千元)为数有限,不便制造奖章,改为《科学》月刊悬赏征文之用。议案通过,即请以前奖章委员会负责审查论文。③

1928年3月17日,中国科学社在南京社所召开第65次理事会。会上,任鸿隽提出奖章基金处置议案,议决将奖章基金划拨为《科学》编辑部征文奖金基金,并推举秉志、胡刚复、王琎三人起草征文奖金条例。④

由上述可见,中国科学社设立奖章一事,因为经费有限,历经三年曲折,还是没能真正实现,初期所募集的经费也转为他用。直到1936年,设立"中国科学社奖章"议案再次引起关注,并正式施行。

1936年5月28日在南京社所召开130次理事会,翁文灏提出应该按照章程选举特社员。在翁文灏看来,特社员可以作为"中国科学社奖章"获得者候选人。理事会议决各理事提出候选人,再全体通信投票通过,提交年会选决。特社员的当选,需过三关:理事提出候选人;全体通信投票通过;年会上选决。⑤

同年8月16日在北平察院胡同任鸿隽住宅召开第132次理事会。会上,秉

---

①《中国科学社第十次年会记事》,上海市档案馆藏档案,Q546-1-227。参见张剑:《赛先生在中国——中国科学社研究》,上海科学技术出版社,2018,第467页。
②何品、王良镭编注《中国科学社档案资料整理与研究·董理事会会议记录》,上海科学技术出版社,2017,第97页。
③何品、王良镭编注《中国科学社档案资料整理与研究·董理事会会议记录》,上海科学技术出版社,2017,第101页。
④何品、王良镭编注《中国科学社档案资料整理与研究·董理事会会议记录》,上海科学技术出版社,2017,第111-112页。
⑤何品、王良镭编注《中国科学社档案资料整理与研究·董理事会会议记录》,上海科学技术出版社,2017,第223-224页。

志正式提出设立"中国科学社奖金"议案,认为科学社应"于现有各种捐助奖金外,设立中国科学社奖金,为金质奖章一枚、奖状一纸,给予国内科学研究成绩最著之一人者,于每年年会时颁给之"。议案得到与会人员赞成,并推定胡先骕(生物科学)、胡刚复(物理科学)、顾毓琇(工程科学)、黎照寰(社会科学)四人为中国科学社奖金委员会委员,胡先骕为委员长,妥拟给奖办法,提交理事会通过施行。[①]

1937年5月1日在上海社所召开第135次理事会。会上,中国科学社奖金委员会胡先骕、胡刚复、顾毓琇、黎照寰四委员拟订奖金章程八条,送请核议,经讨论,议决修正通过奖金委员会拟定的十一条章程:

1. 本奖章为奖励国内科学研究而设,定名为"中国科学社科学研究奖章"。
2. 本奖章以金质特制,另附奖状。由本社分年遴选国内物理科学、生物科学、工程科学及社会科学各门中研究有特殊成绩者给与之。
3. 本奖章候选人之提出及审查由本社设立奖章委员会办理之。
4. 奖章委员定为七人,由本社理事会推聘之。其中常设委员四人,就第二条所列四门学科各推一人,特设委员三人,就轮奖学科于给奖前一年推定之。
5. 常设委员任期四年,每年改聘一人,特设委员任期一年。
6. 委员会设委员长一人,由常设委员互推之。
7. 本奖章候选人不限为本社社员。
8. 本社社员有五人以上之连署,亦得就轮奖学科提出候选人于奖章委员会。
9. 本奖章由本社理事会根据奖章委员会之推荐决定后,于每年年会中给与之。
10. 本章程如有未尽事宜得由奖章委员会提议修改之。
11. 本章程由本社理事会通过施行。[②]

[①] 何品、王良镭编注《中国科学社档案资料整理与研究·董理事会会议记录》,上海科学技术出版社,2017,第226页。
[②]《中国科学社科学研究奖章》,《社友》1937年第60期。

中国科学社不仅规定了奖章名称,推聘常设委员会,明确奖章颁发的推选程序,而且涉及多个学科门类,包括社会科学,候选人也不限于中国科学社社员。由此可见其对科学研究奖章的颁发持慎重态度。此次理事会上,议决中国科学社科学研究奖章于1938年年会开始发给,该年轮奖学科定为物理科学(包括数学、物理、化学、天文、地学、气象),除原推定之四委员为常设委员外,并公推李四光、张子高、沈璿为特设委员。①

同年7月24日,中国科学社在上海社所召开第136次理事会。会上对《中国科学社科学研究奖章章程》第六条"委员会设委员长一人,由常设委员互推之"进行了修正,改为"委员会设委员长一人,由常设委员中轮奖学科之一委员担任之"。②

从1925年动议筹划到1936年正式制定章程,历经了十多年的曲曲折折。然而,由于日军全面侵华,外部环境改变,中国科学社设立终身荣誉性的奖章计划不得不搁置,最终也未能真正实现,不禁令人唏嘘。

二、多种捐助奖金的设立

1.高君韦女士纪念奖金

1934年年初,中央研究院气象所所长竺可桢致函地质所所长李四光,专门讨论审查中国科学社高女士纪念奖金征文事宜:

年中握别,倏已一周。另封附寄中国科学社高君韦女士纪念奖金应征论文四篇,多关于地质方面。弟与晓峰已将全文阅读一遍,觉汪大铸《地震的研究》与王翌金《土壤之历史观》类多翻译,均非创作。丁骕《地层比较之原理》较前二文稍近论文性质,但亦缺独创之研究。陈国达《广州三角[洲]问题》,根据实地调查解决具体问题,于征文原意(性质)似较相合,应推为首选。惟其论断根据

---

① 何品、王良镭编注《中国科学社档案资料整理与研究·董理事会会议记录》,上海科学技术出版社,2017,第230页。
② 何品、王良镭编注《中国科学社档案资料整理与研究·董理事会会议记录》,上海科学技术出版社,2017,第232页。

是否可靠,弟与晓峰于地质一道皆为门外汉,无从悬揣,尚希我兄品阅,一言为决。如四文均不合意,该项奖金可停给一年亦无妨也。附允中兄原函及征文办法一纸,统希查入。①

信函中所言高君韦女士纪念奖金,是中国科学社首次接受社外个人捐赠基金、持续时间较长、成效显著的科学奖励项目。1928年,中国科学社社员高君珊女士(商务印书馆主要领导之一高梦旦的女儿)因其读大学的妹妹高君韦(中国科学社社员)患病去世,为纪念妹妹关心中国科学事业发展的精神,特捐献1100元给中国科学社,每年提取利息,用于奖励科学界青年才俊。

接受高君珊捐款后,理事会议决奖励范围不限于化学一科,并于1929年4月28日推举竺可桢、王琎、杨孝述拟定奖金发放办法。7月15日出版的《科学》第13卷第12期公布了《中国科学社"高女士纪念奖金"之征文办法》:

本社社员高君珊女士于民国十七年捐赠本社银一千一百元,用以纪念伊亡妹高君韦女士,并指明此款为著作奖金之基金。本社为提倡科学研究并纪念高君韦女士起见,特设"高女士纪念奖金",征求科学论文,其办法如下:

(1)该项奖金为现款一百元,并附本社金质奖章一枚,用以给与征文首选之一人,每年征文一次。

(2)论文题目之范围,限于自然科学中之算学、物理、化学、生物及地学五学科,由本社理事会每年就以上五学科中,轮流择定一种,并组织征文委员会,主持征文及审查文稿事宜。

(3)凡现在国内大学及高等专门学校学习纯粹科学及应用科学者,俱得参与征文投稿。

(4)应征者就征文所定学科,著作论文一篇,字数应在三千以上一万以下;撰文材料务求充实、新颖、真确;文字务求明显、条畅、通俗。凡抄袭、翻译与曾在别处发表之文字,俱不得当选。

---

①《竺可桢致李四光(1934年1月)》,载周桂发、杨家润、张剑编注《中国科学社档案资料整理与研究·书信选编》,上海科学技术出版社,2015,第237页。

(5) 文稿写法,一律用横行,每行二十三字,每页二十二行,加新式标点符号,并于稿首注明姓名、年岁、籍贯、住址、肄业学校、所习学科及年级,誊写务求整齐清楚,毛笔写或钢笔写听便。如有图表,应用黑墨水绘制于洁白之纸上,务求工整,照片则粘于厚纸上。

(6) 民国十八年度征文以化学一科为限。

(7) 本年征文期,自六月一日起,至十月三十日截止。论文缮就后,投交上海亚尔培路三〇九号中国科学社"高女士纪念奖金"征文委员会王季梁先生收。

(8) 委员会收齐文稿后,即请专家评审甲乙,及决定当选之人,于十二月中发表,并给与奖金及奖章。

(9) 征文当选之论文即在本社所刊行之《科学》杂志内发表。

(10) 凡征文虽未当选,而其文字在本社认为有价值者,亦得在《科学》内发表,并酌给酬金。①

中国科学社将征文办法向国内各高等院校广泛发送,并在《科学》《申报》和中国科学社此后创刊的《社友》《科学画报》上刊载。同时每年根据当年征文学科进行变化调整。后来,也对奖励程序进行了改进,如1935年征文时间自1935年1月1日至10月31日;征文也不再寄送个人,而是寄给"高女士纪念奖金"征文委员会。

1929年度应征学科为化学,应征论文8篇,经王琎(时任中国科学社社长、中研院化学所所长)、曹惠群、宋梧生三人审查,获奖文章为燕京大学研究院一年级女学生刘席珍的《海参之分析》。

1930年度为物理学,应征论文7篇,审查委员为胡刚复、丁燮林(时任中研院物理所所长)、叶企孙(清华大学理学院院长)。获奖文章为东吴大学物理系四年级学生戴晨的《原子结构之蠡测》,此文因涉及原子物理,委员会公推清华大学物理系吴有训审阅。

1931年度为生物学,应征论文4篇,经审查专家秉志、胡经甫、钱崇澍"详加讨论,认为各文均不及格",因此奖项空缺。

---

① 《中国科学社"高女士纪念奖金"之征文办法》,《科学》1929年第13卷第12期。

1932年度为地学,地学包括地理学和地质学,审查专家为竺可桢、张其昀和李四光。1934年1月27日,李四光致函中国科学社总干事杨孝述,建议奖给陈国达,并称其意见完全与竺可桢、张其昀相同。2月8日,理事会议决陈国达获奖。

1933年度应征学科为算学,审查委员为胡敦复(交通大学数学系主任)、钱宝琮(浙江大学数学系教授)、姜立夫(南开大学数学系主任)。武汉大学数学系三年级学生李森林《双曲线之特性》一文获选,刊登于《科学》第19卷第7期。

1934年度又轮到化学,应征论文有13篇之多。由北京大学化学系主任曾昭抡、清华大学化学系主任张准和中央研究院化学所所长庄长恭组成委员会进行审查。华国桢《重氢与重水》一文获奖,发表于《科学》第20卷第8期。

1935年度为生物学,推定秉志、伍连德、钱崇澍为审查委员,所收论文4篇,经审查,于1937年6月宣布无合格者。

1936年度为地学,北京大学地质系主任兼地质调查北平分所所长谢家荣、浙江大学史地系主任张其昀、中央大学地理系主任胡焕庸任审查委员,曾收有徐尔灏等人论文,但因全面抗战爆发,"各审查委员行踪无定,所收论文一时均无法送审"。

直到1939年8月,中国科学社理事会召开会议,议决修改征文办法,奖励对象改为"国内研究机关或专门以上学校之学生、研究生、助教",从高校扩展到研究机构,从学生扩展到助教;奖励改为"国币一百元,并附本社奖状一纸",金质奖章改为奖状。并指定1939年度应征学科为算学,审查委员为云南大学校长熊庆来、西南联大数学系教授姜立夫和江泽涵,以姜立夫为主任。应征论文达12篇。1940年7月,1939年度的征文揭晓,西南联大算学系助教闵嗣鹤《相合式解数之渐近公式及应用此理以讨论奇异级数》与同系四年级学生王宪钟《线丛群下之微分几何学》二篇论文当选,高女士纪念奖金首次由两人分享。

1940年度为化学,因为1941年太平洋战争爆发,日军侵入上海租界,《科学》杂志已无法在上海出版,辗转迁徙,拖延了时间。后来更因通货膨胀,基金贬值,"高女士纪念奖金"再无征文。

2. 考古学奖金

1928年11月30日,中国科学社在南京社所召开第75次理事会,翁文灏拟定考古学奖金办法三条:(a)中国科学社为提创考古学及其关系学科(如人类学等)之研究起见,特设奖金每年一百元。(b)每年应给奖金者,由理事会推定三人决定之,受奖者以中国人为限。(c)受奖论文或其提要应在《科学》发表,至其详细条例,应由理事会核订。会议议决原则通过,其中(a)条除去"每年一百元"五字,各奖金条例由奖金委员会拟定,分送各学校等发表。1929年4月28日,理事会议决,请翁文灏按照其所订三条原则,拟定具体的"给奖办法,公布施行"。1930年2月9日,理事会第85次会议通过翁文灏拟定的考古学奖金办法:(1)推举三人为考古学奖金委员会委员;(2)奖金为现款一百元,并附金质奖章一枚;(3)每年举行一次。并推举翁文灏、丁文江、章鸿钊三人为考古学奖金委员会委员。①

经丁文江、翁文灏、章鸿钊审查,1930年度首届考古学奖金颁给发现北京人化石的裴文中。此奖仅颁发了这一次。

3. 爱迪生电工奖金

1931年10月18日,爱迪生去世。中国科学社立即召开会议讨论纪念办法,决定募集纪念奖金基金,分论文、演讲、研究、发明四种方式进行奖励。并发出募集基金启事:

> 美国爱迪生先生为近代发明大家,毕生从事于科学事业,丰功伟绩,贻惠无穷。本年十月因病逝世,噩耗传来,环球震悼。良以先生研究精神,虽年登大耋而孜孜不倦。其所发明不为一己博荣光,而为众人谋福利。实为近世学者之良模,人类之明灯也。本社同人震悼之余,对于先生思有以留永久之纪念,垂后世之师表。爰拟募集基金,奖励后进,或于论文演讲,或于研究发明,终期于先生之精神事业,有所阐扬而光大之。所望邦人君子,实业先觉,解囊以助,共成伟举。②

---

① 何品、王良镭编注《中国科学社档案资料整理与研究·董理事会会议记录》,上海科学技术出版社,2017,第122、126、138-139页。

② 《中国科学社募集爱迪生纪念奖金基金启》,《社友》1931年第17期。

并附有募捐简章,募捐截止时间为1931年底,并选举社友中各界知名人士如赵元任、任鸿隽、吴有训、曾昭抡、杨荩卿、杨铨、熊正理、方光圻、徐乃仁、陈裕光、吴贻芳、鲍国宝、裘维裕、曹惠群、刘鸿生、黄伯樵、方子卫、丁燮林、徐作和、胡刚复、邹秉文、陈茂康、张廷金、杨肇燫、朱其清、王琎、郭承志、周仁、顾振、钟兆琳、路敏行、杨孝述、赵修鸿、徐韦曼、陈宗南、黄巽、钟荣光、李熙谋、张绍忠、顾世楫、杨振声、蒋丙然、宋春舫、徐景韩、王义珏、沈百先、桂质庭、王星拱、王锡恩、文澄等50人为募捐委员。共筹募大洋1739.2元。[①]中国科学社在《科学》第16卷第10期"爱迪生"纪念专号发布了基金募集"征信录","以昭核实,并志盛意"。

1932年10月11日,中国科学社理事会第103次会议通过了《爱迪生纪念奖金给奖办法》,并在《科学》等刊物上发布:

一、此项奖金为金质奖章一枚,并附现款一百元。

二、奖励范围以应用科学上之发明为限。

三、由本社理事会推举专家三人组织爱迪生纪念奖金委员会,主持审查事宜。

四、凡中华民国青年对于应用科学有新发明,由社员二人之介绍,将其新发明品及其图说提交审查委员会审查之。

五、此项奖励每年举行一次,由委员会就国内从事发明者由最良成绩之一人或数人,推荐于理事会核准给予之,但本年如无适当人选,得延归下年度支配。[②]

推举任鸿隽(中基会董事兼干事长)、颜任光(大华科学仪器公司总工程师)、黄伯樵(沪杭甬铁路局局长)组成奖金委员会。爱迪生纪念奖采取的是申请与推荐相结合的评奖方式,发明者由两名社友推荐将成果提交给审查委员

[①]《中国科学社募集爱迭生纪念奖金基金启》,《社友》1931年第17期。
[②]何品、王良镭编注《中国科学社档案资料整理与研究·董理事会会议记录》,上海科学技术出版社,2017,第173页。

会,审查委员会也可以直接推荐。经曹惠群、胡敦复推荐,由化学家吴宪、曾昭抡和细菌学专家李振翩负责审查,1934年4月3日,中国科学社理事会议决将首届爱迪生纪念奖金及奖章授予王邦椿,其论文《豆腐培养基》发表在《科学》第18卷第3期。爱迪生纪念奖仅颁发了这一次,未再继续。

1936年3月17日,在中国科学社理事会第129次会议上,杨孝述建议:"爱迪生纪念奖金及考古学奖金等,非每年必有相当之人可授给,如遇各该基金之利息有余款时,与其储款,曷若亦照前述办法用以购买书稿。凡用某种纪念金购稿,即于其出版物上注明某种纪念字样,则既不失纪念之原意,而于文化上大有裨益。"①与会人员均表示赞同。由此可知,爱迪生纪念奖金及考古学奖金之所以颁发一次,未再继续,主要是因为每年没有相当之人可授予。此足见中国科学社对于科学奖项设立及其颁发所持的慎重态度。

4. 何育杰物理学纪念奖金

何育杰(1882—1939),字吟苢,浙江慈溪人,中国高等物理教育奠基人。1931年何育杰五十周岁生日时,其学生孙国封、丁绪宝特以中国科学社沈阳社友会名义发起"何育杰先生五十岁纪念物理奖",募得基金二百余元,以每年利息奖励东北大学物理系一年级学生中物理成绩最优者。并决定1931年7月提取23.1元作为第一次奖金之用。②由于"九一八"事变爆发,设奖计划无果。1939年1月,何育杰于重庆辞世。为了表彰和纪念何育杰在中国近代物理教育事业上所做出的重要贡献,中国科学社社友蔡宾牟与裘宗尧发起设立纪念奖金,并合捐款1200元。1939年8月26日,中国科学社理事会第140次会议通过征文办法九条,公推蔡宾牟、叶蕴理、查谦三为征文委员,蔡宾牟为该委员会主任。③此征文办法大致与高女士纪念奖征文办法相同,指定征文学科仅为物理学,应征对象面向全国的青年学者,规定当年征文时间为1939年10月1日—

---

① 何品、王良镭编注《中国科学社档案资料整理与研究·董理事会会议记录》,上海科学技术出版社,2017,第222页。
② 《社员何育杰先生五十岁纪念物理奖》,《社友》1931年第13期。
③ 何品、王良镭编注《中国科学社档案资料整理与研究·董理事会会议记录》,上海科学技术出版社,2017,第240页。

1940年1月31日。①征文评审委员会有吴有训、严济慈等著名物理学家。1940年4月,燕京大学理学院物理系助教马振玉的《单晶铝镍之制备及其均匀热电效应之研究》获得首届何育杰物理学纪念奖金。1940年底,中国科学社发布了第二届征文通知,获奖人员改为两人。遗憾的是,征文发出后却杳无消息。以后该奖项因通货膨胀未能继续颁发。

何育杰物理学纪念奖金是中国首次为物理学单独设立的奖金。此后,中国科学社开始主动计划设立各种学科奖金,对原有的奖金依据学科进行了分类归并。1940年11月15日召开的第147次理事会会议议决,爱迪生、梁绍桐、高君韦、考古学四种纪念奖金,"自本年起悉照何育杰物理学纪念奖办法给奖",分别改称为"爱迪生电工学纪念奖金""梁绍桐生物学纪念奖金""高君韦化学纪念奖金""北平社友地质学及考古学奖金",对各种奖金之金额及征文学科进行了明确规定,至于"未设奖金之学科,俟有捐助基金时再增设,每一学科得设不同名之纪念奖金"。②

5. 范太夫人奖金

1929年,化工实业家范旭东(1883—1945)捐赠基金1万元,设立范太夫人奖金,每年拨取1000元,分别奖励中国科学社生物研究所和北平静生生物调查所研究生各一人。

另外,金叔初兄弟曾捐赠中国科学社"金太夫人纪念奖金"1000元,指明奖给生物研究所钱崇澍。

6. 梁绍桐生物学纪念奖金

1934年广东阳江的梁绍榘捐赠其弟梁绍桐遗产——大洋2000元,作为纪念梁绍桐基金,还对基金用途做了规定。10月8日,中国科学社理事会第120次会议议决将该基金每年所取利息作为中国科学社定期刊物之稿费,在所选各篇之文题下注明:"本篇稿酬由梁绍桐纪念奖项下支给"字样,将稿酬之范围限于

---

①《中国科学社"何吟苢教授物理学纪念奖金"征文办法》,《社友》1939年第63期。
②何品、王良镭编注《中国科学社档案资料整理与研究·董理事会会议记录》,上海科学技术出版社,2017,第248页。

梁绍桐平日所致力之各学科:(1)建筑工程(图案及装饰附);(2)机械工程;(3)化学;(4)药物学;(5)园艺学;(6)养蜂学;(7)音乐之科学研究;(8)摄影。但有必要时,得以年息之全部或一部分,移充征文奖金之用。[1]1936年理事会第129次会议上,杨孝述建议:"梁绍桐先生纪念基金原规定以每年利息充本社各种期刊之稿费,兹拟将此项息金改作购买整部书之稿费,以后将逐年收入之息金,连同已出版书籍之版税,概充购买书稿之用。如此孳生不息,将来纪念出版物之数量必甚可观,则所以纪念梁先生者,不特永久且效用较广矣。"[2]1940年梁绍桐纪念奖定为生物学奖金。因通货膨胀未见评议情况。

7. 裘氏父子理工著述奖金

1945年无锡裘氏父子捐赠庆丰纱厂股票千股,指定将其所生利息作为理工著述奖金。裘维裕(1891—1950),无锡人,交通大学教授,长期担任中国科学社、中国物理学会上海分会理事。此奖金由上海社友会接受。1946年4月9日,理事会155次会议议决,推定曹梁厦、陈聘丞、沈义舫、杨允中、裘维裕、裘复生、杨季璠为奖金委员会委员,裘维裕为召集人,定期讨论征文办法等。到1948年2月,因利息"积有成数",遂决定进行征文,并公布了《中国科学社裘氏父子理工著述奖金办法》,规定理工著述论文或著作可由各方推荐和公开征求,以理工两科轮流颁奖,获奖作品发表时得在其显著位置标明"本著述获得某年份中国科学社裘氏父子纪念奖金"。1948年度奖励学科为电工科,征文需在3月底前挂号寄送中国科学社,奖额1名,奖金1000万元。该奖金后因通货膨胀,裘复生又追加2000万元,共3000万元。5月,毕业于交通大学电机系的项斯循的论文《Heroult式电弧炉及其炼钢法》《高周率诱导式电炉》获奖。该奖仅颁发一次,是中国科学社科技设奖的"最后尝试"。

---

[1] 何品、王良镭编注《中国科学社档案资料整理与研究·董理事会会议记录》,上海科学技术出版社,2017,第204页。

[2] 何品、王良镭编注《中国科学社档案资料整理与研究·董理事会会议记录》,上海科学技术出版社,2017,第222页。

三、历史影响与评价

20世纪二三十年代,中国近代科技体制建设刚刚起步,相对落后,而且也没有建立完善的科学奖励制度。中国科学社设立的一系列科学奖励基金,覆盖了多个学科门类,为中国科技奖励机制的建设做出了有意义的探索和尝试。

中国科学社是20世纪中国科学界设置奖金最多、最早的学会之一。为奖掖后进,中国科学社通过吸收社会基金、依靠组织或个人捐赠,设立了多种奖学金,大都属于鼓励青年学人类别,并通过《科学》杂志宣传、组织、评选和传播,鼓励各种学科的研究。"高女士纪念奖"在非常严峻的社会条件下,依然坚持了11年之久,且因其多学科性、鼓励性、基础性、权威性、公正性、竞争性,在当时备受青年学子青睐,吸引了众多参赛者,不少获奖者在后来取得了卓越的科研成就。

中国科学社十分注重奖金颁发的制度建设,每个奖项都专门制定了奖金颁发办法,为后来科学奖金制度的建设提供了有益的借鉴和参考。

在评审机制上,中国科学社的科学奖励更多遵循的是"学术路线",注重"同行评议",坚持宁缺毋滥,对学术评议持严谨审慎的态度。评审委员多为学术大家,恪守评判标准,鼓励"独创之研究",保证了评议的学术性和公正性。因此,其颁发的奖项影响范围较广,权威性较高。

从中国科学社奖金设立的艰难历程中我们可以看到,尽管初期遇到各种各样的困难,在最艰苦的抗战岁月,在后来通货膨胀的紧张日子,征文和评奖虽曾一时中断,但中国科学社没有放弃学术活动的开展,一直在顽强坚持。其科学征文覆盖范围广,无论是沦陷区,还是大后方,都有论文应征,实实在在推动了当时科学的发展和进步。可以说,在中国近代科学发展历程中,中国科学社在学术评议与奖励系统的探索方面做出了独特的历史贡献。

第八节 联合年会的召开

20世纪30年代,民族危机日益深重,"科学救国"理念已深入人心,中国科学社影响也不断扩大,成为"足迹遍全球,分会遍国内外","国内最有力之科学团体"。同时随着各专门学会的发展,中国科学社这一母体学会开始致力于自身角色的转换,通过联合国内学术团体举行联合年会,实现科学界的大联合。全面抗战前的联合年会成功举办,专门学会和各科学团体彼此合作,互相勉励,反映了当时中国科学界的大团结和科学救国的时代呼声。

一、1928—1932年年会述略

1928年,中国科学社第十三次年会在山水秀丽、亭榭幽雅的苏州东吴大学举行,此次年会组织机构组成为:委员长蔡元培,书记路敏行,会计过探先,演讲委员竺可桢、翁文灏、何尚平、何鲁、王琎,会程委员胡刚复、杨铨、周仁,招待委员潘慎明、汪懋祖,论文委员翁文灏、曹惠群、路敏行,娱乐委员钱宝琮、沈慕令、吴元涤。每届年会常患出席者不足法定人数,该届年会开社务会二次,出席社友均多于法定人数,乃该届年会之特色。

苏州年会到会社友61人。因蔡元培以公务纷纭不及赶到,由竺可桢主持年会。此次年会目的有三:甲、社友将一年来所得之研究成绩报告讨论;乙、讨论本社各项事宜进行情况,以及内部组织;丙、社友千余人散播各方,不得晤面,借此机会可以联络感情。

年会第一日,苏州社员汪典存、南京社员王琎、北平社员任鸿隽、上海社员曹惠群分别报告各地工作情况,东吴大学潘慎明致欢迎辞。任鸿隽在报告中说,"去年年会原定南京开会,当时战事正盛,于枪林弹雨中改在上海举行。今年则在此山明水秀之苏州举行,两相比较,不可同日语也"[①]。

年会第二日,翁文灏主持会议,杨杏佛做了题为《生活革命与科学精神》的演讲。杨杏佛在演讲中说:

---

① 《中国科学社第十三次年会记事》,《科学》1928年第13卷第5期。

科学家应当用科学方法处理一切,片面的科学家是社会所不需要的分子。倘以科学家自命视革命为科学家责任以外之事,则犹如老百姓之无知无觉,不肯参加革命,二者同为革命不能成功之根本原因,我希望到会的诸位科学家之最低限度,应以科学方法及科学眼光应用于一切问题并指导民众,是科学界前途之荣光,而革命亦庶几乎成功。

演讲末附新诗一首:

没有主人,也没有客;
有工大家做,有饭大家食;
劳动是人生的幸福,知识是社会的公仆。
问革命何时成功?
除非科学变成生活。①

8月20日上午九时罗家伦发表演说,他说:

一民族之文化关系綦大,我国之学术基本今虽有我国科学家之努力,与外国科学家之襄助,至今仍未能独立。欲国家之独立自由平等,岂可得哉!故此后我国更须有正当设备,健全学者,再延聘外国科学名家,实地指导,同心协力,从事研究,庶几吾国学术可以自由平等,而我国之独立自由平等,亦可得而求焉。②

20日下午在东吴大学林堂召开第一次社务会,竺可桢主持,会议对中国科学社章程中有关"修改社章"的规定进行了讨论。据竺可桢介绍,广州年会即拟修改章程,以人数不到法定人数未果,现由理事会对社章第七十四条、第七十六条提出修改建议,后经讨论通过。其中社章第七十四条修改为:本章经董事会

---

① 《中国科学社第十三次年会记事》,《科学》1928年第13卷第5期。
② 《中国科学社第十三次年会记事》,《科学》1928年第13卷第5期。

或理事会或年会出席社员过半数之多数提议,得议改之;第七十六条修改为:本会修改案,经年会出席人数三分之二通过,或由社员通信投票五分之四通过,即为有效,但通信投票人数如不及本社员总数之四分之一时仍无效。

21日上午九时举行演讲会,赵元任做了题为《中国音乐》的演讲。上午十点半在东吴大学林堂召开第二次社务会。社友到会三十余人,竺可桢主持。会上,编辑部王琎、图书馆路敏行、查账委员何伊榘(因提前离席,竺可桢代为报告)分别做工作报告,推举吴正之、丁绪宝、段抚群为司选委员。杨杏佛提议查账委员仍推杨端六、何伊榘担任,全体赞同。筹备参加太平洋科学会议委员竺可桢报告筹备之经过。

该届年会论文共有19篇,作者包括翁文灏、赵元任、任鸿隽、陈隽人、蔡堡、陈桢、黎国昌、胡先骕、钱崇澍、秉志、喻兆琦、张春霖、欧阳翥、谢泇成、朱庭祐、纪育沣等。其中宣读论文7篇。从论文内容看,任鸿隽一文为呼吁科学研究的通论之作,其余皆为专门论文,地质学2篇,化学1篇,语言学1篇,其余14篇均为生物学论文。由此可见,中国科学社年会成为生物研究所展示科研成就的重要平台。

1929年8月21日至25日,中国科学社第十四次年会在北平燕京大学召开。年会召开了两次论文讨论会,第一次主要是有关数学物理化学方面的论文共9篇,大多以英文写成,全为最新研究成果,年会上还首次出现了数学论文。该文作者孙鎕(1900—1979),字光远,中国近代数学奠基人之一。1916年考入南京高等师范学校,1920年毕业后留校任助教,同时从事微分几何、数理逻辑研究。1928年,芝加哥大学博士毕业后谢绝国外重金聘请,毅然回国,任教清华大学期间招收中国第一名数学硕士研究生陈省身。物理学方面,被称为中国物理学研究"开山祖师"的吴有训(1897—1977)也是第一次参加中国科学社年会。1920年6月,吴有训毕业于南京高等师范学校数理化部;1925年获美国芝加哥大学博士学位,后任该校物理研究室助手和讲师,师从康普顿教授。吴有训在康普顿的指导下,完成了"康普顿效应"的部分工作,1926年获得博士学位后回国,1928年夏到清华大学任教。第二次会议讨论的都是生物学论文,共10篇,其中包括古生物学方面的论文,李继侗、李建藩、伍献文、王恭睦等年轻学者与会。

该届年会最大举措是专门召开"一年来各种科学之进步"报告会,由各学科带头人报告,天文学由竺可桢代余青松,气象、无机化学、地质学、动物学、农学分别由竺可桢、张子高、曾昭抡、翁文灏、秉志、沈宗瀚报告,这是中国科学社历届年会的第一次也是唯一一次。通过报告,与会人员及时了解了各门学科的前沿与动态,促进了学术交流与发展。

1930年8月12日至17日,中国科学社在青岛举行第15次年会。年会论文共24篇,涉及物理、化学、数学、气象、生物、生理、地质等多个学科门类,专家与会积极。物理学方面有吴有训、陆学善、施汝为、王淦昌、龚祖同、倪尚达,化学方面有陈可忠、施嘉钟,数学方面有孙光远、高均,气象学方面有竺可桢,生物学方面有钱崇澍、汪振儒、曾义,生理学方面有蔡翘、徐丰彦,地质学方面有谢家荣、孙云铸,农学方面有张心一等。随着各门学科人才的汇聚,中国科学社年会的学术交流功能日益得到彰显。值得关注的是,该届年会上,物理学论文大放异彩,不仅在论文数量上占主导地位,质量也十分突出,尤其是吴有训的X射线研究得到了与会人员的充分讨论。陆学善、王淦昌、施汝为等在吴有训和叶企孙的指导下开始崭露头角。年会成为青年才俊学术成长的沃土,为他们展示学术才华提供了平台。

年会上,蔡元培提议生物研究所要多招研究生以培育人才。竺可桢提出要加强科学研究的本土化,他以德国人"若要科学能在德国发达,科学必须说德国话"为例,指出要发达科学,单靠翻译,专从灌输科学智识着手,是不够的,中国若是要在科学上有所建树,必须从研究入手[①]。有鉴于日本虽然将青岛观象台移交给中国,但日本职员还把持着台务,台长蒋丙然希望中国科学社予以援助。杨铨认为这事关学术独立问题,"本社以学术为立足点,故对于此事应以年会到会同人名义,对外宣言,促政府及社会之注意,以达到撤除日本职员,解决悬案之目的"。这个主张得到与会人员的赞同,形成决议:发表对于解决青岛观象台日本职员悬案之宣言,向政府呼吁;并促国内各学术团体注意,一致援助。[②]推举蒋丙然、竺可桢、杨铨起草宣言书。

1931年8月22日至26日,中国科学社第16次年会在镇江召开。会上收到论文共34篇,其中英文成文的23篇,物理、化学论文增多,分别有7篇和15篇。

---

①《中国科学社第十五次年会记事录》,1930年10月单行本,第19页。
②《中国科学社第十五次年会记事录》,1930年10月单行本,第33页。

物理论文主要由吴有训、严济慈、周培源、龚祖同、萨本栋、丁绪宝、倪尚达等撰著。化学论文主要由庄长恭、曾昭抡、余兰园、张仪尊、王葆仁等完成,生物学方面罗宗洛第一次与会。年会召开两次论文讨论会,宣读论文共11篇,"每篇宣读后均有深切之讨论"。本次年会会前已将论文汇编排印成小册,先期分发到会各社员,这是本次年会一大创新之举。此外,根据年会论文委员会的建议,年会期间举行小规模的科学成绩展览会,"有本社及中央研究院、中央大学医学院、广州中山大学理学院与天文台、北平地质调查所及两广地质调查所等一年来之论文单行本工作写真及设备写真等二百余件","参观者甚多"。[1]

1932年8月13日至20日,中国科学社在西安举行第十七次年会。"九一八"事变后,西北渐为国人所重视,"开发西北"在当时被看成是"救亡图存"的途径之一。陕西为西北之要道,是中国文化的发源地,中国科学社决定在西安召开年会,与当时"开发西北"的思潮是相呼应的。不过这一年,霍乱遍及全国,尤以陕西省最为严重。重大疫情虽然没有阻止年会的召开,但也阻碍了不少科学社成员的参会。加之当年中国物理学会与中国化学会分别在北京和南京召开成立大会,导致很多社员无法参会。故西安年会到会人数相对较少,仅21人,论文委员长竺可桢缺席,出席论文宣读会的社员仅9人,收到论文11篇,宣读了6篇,大多与工业化学有关。[2] 1932年1月9日通过并于同年6月15日通告各社员的修改章程的提案,因为出席人数太少,未能审议。尽管如此,年会还是得到当地政府的高度重视和欢迎,省主席杨虎城亲临。西安年会虽然总体上成效有限,但却是中国科学社第一次走进西北地区。中国科学社为"开发西北"建言献策,考察西北的资源环境,积极为当地播撒科学的种子。这种精神是颇为人称道的。

1933年8月16日至21日,中国科学社第18次年会在重庆举行,与会社员118人。各地赴会社员8月4日于上海集合,乘民生实业公司特派年会专轮"民贵号"出发。"民贵号"设备齐全,招待周到,同人虽苦气候酷热而仍不减长途旅行之乐。此次会期既长,开会地点也多。会员下榻之处,先后计有重庆巴县中学、温泉公园、重庆青年会、内江沱江中学、成都华西大学等。

---

[1]《中国科学社第十六次年会记事录》,1931年单行本,第8—9页。
[2]《中国科学社第十七次年会纪事》,《科学》第16卷第11期。

17日上午在重庆川东共立师范学校大礼堂举行年会开幕式。重庆社友会理事长何鲁主持,社长王琎在致辞中说,科学社成立近二十年来,虽遇到很多的困难,总是认定方向走去,一步步地进行。谈及科学社的主旨及其希望时,王琎说:"一个国家,一个社会,要找出路,就要向科学方向去寻。"王琎认为有三点要注意:一是要注意高深研究。"因为科学不是光喊口号,光讲空话就行了的。从前那样作了几十年,一点没有成效。所以我们要实际研究,抱定研究的目的去工作,实事求是,先从小规模作起。最初就办一个生物研究所。并不说生物特别重要,不过因为生物有地方性,中国地大物博,有许多东西是世界各国没有的。我们研究生物,取材容易,又可引起兴趣。研究得了结果,在国际上可以提高我们科学的地位。我们作这种研究的工作,承蒙许多人士的赞助,许多学者都有深刻的研究,所以结果很好。这一方面的研究,现在比较有头绪了,建筑已经弄好,设备也还完全,不过这是小规模的研究,希望将来还有大规模的研究。"二是要普及科学的知识。"若是科学家只在研究室里面工作,传不到社会上去,即有心得,也不能利用厚生,所以应该要推行到社会上去。"三是联络各界并引起科学的兴味。"我们从前是注重教育,所以有科学教育委员会和图书馆。现在相对实业家有点贡献,所以在科学杂志内,有一个咨询栏,希望各位社友齐担负这个责任的。"下午为专题演讲,分别由医学博士伍连德在青年会讲《生活、健康与财富》,生物学博士秉志在川东师范学校讲《生物科学教育》,植物学专家马心仪、生物学专家胡步曾分别在市商会讲《植物学与人生》《四川农村经济复兴问题之讨论》,每处听众均多达五六百人。[①]当时人们对于科学之兴趣,于此可见一斑。

18日下午在温泉公园临时大礼堂召开第一次社务会。出席社员96人,翁文灏、秉志、竺可桢、胡刚复、赵元任、任鸿隽、李四光等7人当选为新理事。19日下午在缙云寺召开第二次社务会,理事会提出修改社章案,由总干事杨孝述代为说明:1.原社章第二十九条后增加一条,条文为"理事会设常务理事六人,社长总干事会计为当然常务理事,其他三人每年由理事会互选出之,承理事全体大会在闭会期内执行一切社务";2.第四十条(原第三十九条)原文为"理事会

---

① 《中国科学社第十八次年会纪事》,《科学》第18卷第1期。

每月至少开会一次,开会日期地点……"修正文为"理事会每年开大会二次,常务理事每月至少开会一次,均以过半数为法定人数,开会日期地点……"。会议议决通过,惟第一项改六人为七人。社务会上,还通过了有关四川建设和全国科学规划的6个重要提案。①

20日上午宣读论文,提交学术论文42篇,其中生物学论文27篇。曾吉夫、裴鑑、方文培、许植方、叶善定、何鲁、秉志、卢于道等人宣读论文。宣读后均有质疑及讨论,全场兴味甚浓。数学家华罗庚有两篇论文与会。其后与会人员到北碚参观模范建设事业,下午在北碚露天广场公开演讲,后参观北川铁路。此外,在本次年会上,中国植物学会宣告成立,为其后年会期间成立专门学会提供了示范。

重庆年会规模大,影响深远,正如卢作孚在总结时所说:"今天以后,我们有了这样大的一群中国学术上、教育上有地位、有声誉的人来替我们把四川近年的真相介绍出去,使外间的人了解我们四川内部的真实情况。"

二、1934—1936年联合年会的召开

1934年4月3日,中国科学社第117次理事会会议议决:"本社第十九届年会在江西庐山举行,并推定萧叔絅、程柏庐、胡步曾、董时进、钟仲襄、杨允中为年会筹备委员,以萧叔絅为委员长,另由萧、程二君酌推筹备委员一人或三人,送由本社理事会加聘。"②7月21日理事会第118次会议上,胡先骕就提议:"近数年来各种专门学会渐次存立,彼此初无联络,本社为国内最大之学社,包罗各科,实有联络各专门学会之地位。"此提议得到与会人员的赞同。在年会之前,中国地理学会、中国动物学会分别宣告成立。遂邀请中国地理学会、中国动物学会、中国植物学会三团体联合参加。此为中国科学社首次发起的四团体联合年会。

8月20日,胡先骕邀请年会代表出席由其筹建的庐山森林植物园的成立典

---

①《中国科学社第十八次年会纪事》,《科学》第18卷第1期。
②何品、王良镭编注《中国科学社档案资料整理与研究·董理事会会议记录》,上海科学技术出版社,2017,第199页。

礼。8月22日至25日,中国科学社第19次年会在庐山举行。与会社员有127人,多于历年年会。

会上,论文宣读分组如下:理化地理组,由竺可桢主持;动物组,由秉志主持;植物组,由钱崇澍主持。与会论文共103篇,分为5组进行。其中地理气象10篇(英文3篇),作者有朱庭祐、张其昀、竺可桢、郑子政等;理化5篇(英文1篇,法文1篇),作者有倪尚达、张江树、王佐清、邓植仪、许植方等;植物21篇(英文6篇),作者有张景钺、李先闻、陈焕镛、李良庆、郑万钧、方文培、王志稼、孙雄才、裴鑑、李寅恭等;动物66篇(英文15篇,法文3篇),作者有秉志、李汝祺、卢于道、朱鹤年、李赋京、徐凤早、张宗汉、吴功贤、苗久棚、郑集、伍献文、陈世骧、方炳文、孙宗彭、朱洗、倪达书、王家楫、张春霖、杨惟义、喻兆琦、寿振黄、郑作新、张孟闻、曾义、曾省等。可见生物学,尤其是秉志为首的动物学论文占据绝对重要的地位。国学大师柳诒徵也来参会,并发表演讲,阐发学术机关年会之要旨在于求知。

年会上,陈立夫鉴于中国科学社在科学团体中的领导地位,鼓励扩大年会团体数目。任鸿隽认为:近年来各种专门学会先后成立,本社范围较大,组织上似有改变之必要,像葛利普曾建议的那样,称为"中国科学促进会"。总干事杨孝述认为中国科学社现行组织及计划都是10年前制定的,现在专门学会与各研究所纷纷成立,主张尽力联络各专门学会,成为国内科学家之集中机构。张景钺、胡刚复认为应尽力发展已有事业,推行社员分股办法以联络各学会。

秉志在动物学会年会开幕式上,谈及科学社与专门学会的关系时说:

> 科学社创办之时只有十余人,办一种科学杂志,人才经费都感缺乏。以十余年之奋斗,千百人之合作,始有今日之规模。动物学会尚未开成立大会,只可算尚在胚胎时期。社的范围甚大,动物学之范围甚狭。但研究动物之人今已甚多。足见国内科学已有相当发达。甚愿本会成立后,永远与科学社发生关系,不脱离母体。方才钱先生已说过,科学万能而科学家只有一能,所以科学家必须互相合作,科学方能发达。现在各科学之间实已不能分离,即以生物而论,已有生物化学、生物物理、生物算学等科目。将来或许有生物天文,研究各种星球上动植物种子之传递。动物学一门在门外汉看来以为很小,但同人毕生研究不

尽,而且与医药、生理、社会等在在有密切关系。早婚子孙多不寿,动物学会之成立动机还在数年以前,酝酿至今年成熟,方开成立大会,晚婚子孙定可寿命长久。①

胡先骕在中国植物学会上提出编纂《中国植物志》之提案,"现在国内治植物分类学者渐众,理应着手编纂《中国植物志》,拟征求植物分类学者同意。凡编纂各科植物专志者,应同时编纂中国植物志之该科,并共同选举总编辑人,总持编纂事务。至于发刊曾与国立编译馆商定,由该馆担负。"会议议决:"由本会通知植物分类学者征求同意"。②但是其后并未立即组织实施,后全面抗战爆发,自难以进行。直到1958年《中国植物志》正式开始编纂,至2004年始才完成。然溯其源头还始于此次年会。

庐山四团体联合年会的成功召开,影响深远,为其后联合年会的扩大召开起到了示范作用。1935年7月出版的《科学》第19卷第7期的社论《科学团体举行联合年会之意义》一文,对为什么要举行联合年会做了详细阐述:一是借年会商讨科学国策。如"纯粹科学与应用科学,孰先孰后","救亡图存之科学事业,应如何赶速建设,开发利源之科学事业,应如何努力推进。扶助国脉之科学事业,应如何永久树立","联合年会期间,实为讨论此项问题之最好机会"。二是借年会团结科学团体。"使全国科学家成为一有组织之有机体,智力大集团,则群策群力,共赴国难,定有成效"。三是借年会考察工作。各地自然环境不同,"所供给之科学研究资料,及待解决之科学问题,亦自各异,年会既为各方面科学专家之总集合,不远千里而来,诚能利用此难得机会,各就所长,作当地实际问题之考研,如地学家研究地理地质,生物学调查动植品种,矿师采探矿田煤苗,工程师考察工程设施,农业家计划农林开发等等"。联合国内科学界,共商抗日救亡的科学国策,成为联合年会的主旋律。

1935年8月12日至15日,中国科学社第20次年会在广西南宁举行。参加此次年会的还有中国工程师学会、中国化学会、中国地理学会、中国动物学会、中国植物学会等五团体,故定名为中国六学术团体联合年会,规模宏大,实为国

---

① 《中国科学社第十九次年会纪事录》,1934年单行本,第8-9页。
② 《中国植物学杂志》1934年第1卷第3期。

内自有年会以来之空前盛举。出席各团体会员及眷属签到者共346人,内有奥、德、美、日等外国会员13人,使联合年会成为国际化的会议。到会代表的平均年龄只有34.47岁①,年轻专家占了绝大多数,这是到会代表一个最为显著的特点。全国性的学术团体集中到西南边陲的广西开会,这是有史以来的第一次。

会议成立了联合年会主席团,由竺可桢、胡刚复、恽震、辛树帜、董爽秋、曾昭抡等六人组成,并推选竺可桢为主席团主席。竺可桢在致辞中谈及联合年会的意义时说:

> 往年学会开会,往往单独分开,但是因为有若干会员,是属于两三个学术团体的,若是各会统到,则时间与财力,两不经济,若单到一处,则顾彼失此。故各学术团体,既然志同道合,联合开会,是最经济的办法,而且各学术会员团聚一堂,切磋之功尤大!

并对年会论文的质量予以肯定:

> 去年庐山开会,是四个学术团,今年则增为六个,若今年试验结果良好,以后必更能更扩大而作为永久的联合。年会中最重要的是论文,在上月月底,年会论文即要付印的时候,已经有了一百十三篇,以后陆续加多,共计不下一百二三十篇,所以今年年会论文的多,也是历年以来所未有的,这也可表示近来科学进步的种种表现。

对外国科学家参会表示欢迎:

> 本来科学是无分国界的,不但科学上的发明,人人可沾利益,即科学家的眼光,亦作世界观。因为科学家的目的,是在求真理,真理是超国家的。②

---

① 刘咸:《中国科学社第二十次年会记》,《科学》1935年第19卷第10期,第1631页。
② 刘咸:《中国科学社第二十次年会记》,《科学》1935年第19卷第10期,第1632页。

年会共收到论文160多篇,涉及物理学、化学、生物学、农学、营养学、气象学、地理学、地质学、环境科学、市政科学、建筑工程、交通工程、机械工程以及政治学、哲学、人口学、人才学、教育学、民俗学、图书馆学等20多个学科和专业,分地理和普通、工程、化学、动植物四组进行讨论,分别由各学科带头人竺可桢、周仁、曾昭抡、王家楫主持。其中动物论文62篇(中文2篇),作者有秉志、王家楫、喻兆琦、陈世骧、张春霖、卢于道、张宗汉、刘咸等,并有外国学者林耐自然历史博物馆馆长霍夫曼(W.E.Hoffman)。植物论文24篇(中文3篇),作者有钱崇澍、张景钺、郑万钧、方文培、李良庆等,还有日本学者木村康一与会。地理和普通组25篇,作者有竺可桢、谢家荣、胡焕庸、刘咸、杨钟健等,有两位日本学者和一位奥地利学者。化学15篇,作者有赵廷炳、吴学周、柳大纲、袁翰青等。工程12篇,作者有蔡方荫、茅以新等。

1935年广西年会是一场真正意义上的联合年会。此次年会取得了圆满成功,带动了各学科的全面发展与进步。胡刚复代表社长发言说,在本社的指引和领导下,国内公私各研究机构已成立,各专门学术团体也相继成立,同时公私学术研究设备也羽翼渐丰,故本社以为提倡研究,已告一段落,转而提倡科学普及,"深感科学各团体彼此有密切关系,科学社居母体之地位,更觉有与各团体合作联络之必要",再一次提出中国科学社向中国科学促进会或团体联合会的角色转变。曾义等4人还提议联合六团体发起成立中国科学团体联合会。

1936年8月17日至21日,中国科学社第21次年会在北平举行。这是中国科学社率先发起,中国数学会、中国物理学会、中国化学会、中国动物学会、中国植物学会、中国地理学会等六团体共同响应召开的"最大也是最后"的中国科学界盛会。联合年会选在国防前线北平召开,表明了中国科学界真正联合起来,显示了共赴国难的决心,不仅具有学术交流的意义,还有着向外敌"示威"的意味。对此,顾毓琇说得相当明白:"北平乃是我们的,而且我们也绝不愿意放弃。"为此《科学》专门发行了"七科学团体联合年会专号",主编刘咸在"前言"中说:"良以各学会之历史、组织、对象,各有不同,会务亦有繁简之别,举行联合年会,本不免困难,乃能适此就彼,水乳无间,具征科学家之能大事团结。吾人希望由科学家团结之精神,树为模范,使全国上下,一律效之。"[①]

[①] 刘咸:《前言》,《科学》1936年第20卷第10期,第788页。

联合年会组成了以蒋梦麟、梅贻琦、李书华等为首的会议主席团。8月17日上午10时,七科学团体联合年会开幕式在清华大学大礼堂举行。北京大学校长蒋梦麟作为年会总委员会委员长、主席团主席在会上致开幕辞,他说:七团体联合年会开幕典礼,北平同人极表欢迎。研究科学,一方面须自己努力,一方面也为共同研究是比私自研究有效。清华大学校长梅贻琦致欢迎辞。任鸿隽代表中国科学社演讲,他讲了近年来中国科学进步、科学团体发展,以及举行联合年会的必要性等问题。

年会共收到论文近300篇。其中,动物学会最多,计110余篇。化学次之,为60篇。其他如物理48篇,植物32篇,数学14篇,地理24篇等。到会会员456人,以中国科学社身份出席者209人,集中了当时中国科学界的大部分精英。数学有熊庆来、许宝騄、华罗庚、江泽涵、庄圻泰等,物理有赵忠尧、吴有训、周培源、吴大猷、严济慈、饶毓泰、丁西林、任之恭、孟昭英等,化学有曾昭抡、黄子卿、张子高、萨本铁、袁翰青等,生物有秉志、胡先骕、陈桢、卢于道、蔡堡、俞大绂、汤佩松、张景钺等,地理有张其昀、袁复礼、杨钟健、黄国璋、胡焕庸等。联合年会凝聚了中国当时最优秀的科学家,显示出中国科学家的群体力量。在联合年会闭幕会上,燕京大学校长陆志韦致闭幕辞,希望学人放弃无谓争论,保全科学独立,创立大规模研究机关,促进中国科学发展。

中国科学社的内迁与坚守
（1937—1945）

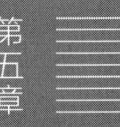

第五章

全面抗战期间,中国科学社各项事业发展遭遇困境,科研环境恶劣,但是社员们仍坚守各自的岗位,努力维持,奋力支撑中国科学社的发展。任鸿隽、秉志、竺可桢等中国科学社领导人虽各奔一方,但均在为中国科学社的生存与发展尽心竭力。他们一方面勉力维持各项事业如《科学》、《科学画报》、生物研究所和明复图书馆的开展,另一方面积极开展学术活动,进行艰苦的学术研究,同时加入科学抗战的洪流,为抗战服务。

第一节 社务及发展概况

全面抗战期间,中国科学社多种社务不能正常开展,南京社所和生物研究所更是遭受日本帝国主义的肆意毁坏。除了明复图书馆、《科学》和《科学画报》编辑部、中国科学仪器图书公司等因在法租界而留在上海外,其他如南京社所、生物研究所被迫内迁重庆。太平洋战争爆发后,中国科学社社务主要集中在内地。1942年5月总办事处内迁到重庆北碚,中国科学社社务稍趋稳定,成员开始逐渐增加。

一、社员与发展情况

抗战全面爆发后,中国科学社许多骨干成员被迫向大后方迁移。如当时的科学社理事中,任浙江大学校长的竺可桢带领学校的师生员工,历经千辛万苦来到贵州湄潭。当时中央研究院所属各单位分别由南京、上海经南昌、长沙、汉口等地,向西南大后方撤退。周仁随工程研究所几经辗转撤到昆明,李四光所主持的地质研究所迁至广西桂林,任鸿隽1938年10月因应蔡元培之邀就任中央研究院化学研究所所长而到了昆明,赵元任先迁到昆明,后于1938年出国赴美国夏威夷大学任教。由于人员的流离分散以及东部许多城市的沦陷,中国科学社在各地的正常活动被迫中断,如1939年1月,南京、北平、杭州、青岛、苏州、开封、天津、沈阳等社友会的活动,都已停顿。

1943年4月25日,中国科学社召开内迁后的第二次理事会会议,提出选举李约瑟为名誉社员的议案,并议决提交年会社员大会。7月,在重庆举行的第23次年会上,选举李约瑟为名誉社员。当选名誉社员的李约瑟积极参与中国科学社社务。1944年10月25日,中国科学社湄潭分会举办年会,应竺可桢邀请,李约瑟与其夫人一道出席并致辞。

就社员发展而言,全面抗战初期,社员人数增加相对较慢,某年甚至降到个位数。面临这种窘境,中国科学社迅速调整策略,对社员入社的资格和条件进行调整。毕竟社员才是社团发展的核心资源,没有新人的加入,社团的生命力和影响力就会衰减。因此,随着入社条件的放宽,到了1941年,社员开始呈迅速增长态势,人数的增长意味着中国科学社影响力也在逐步扩大。1937年共有社员1706人,1938年1709人,1939年1714人,1940年1748人,1941年1783人,1943年2128人,1944年2354人,1945年2389人。

二、社所与经费

上海、南京沦陷后,上海的社所和明复图书馆,因在法租界之内而暂时幸免于难。

太平洋战争爆发后,上海租界被日军占领。1942年3月,中国科学社总部和《科学》杂志编辑部被迫迁往重庆。

总部内迁后,理事会推举沈璿、胡敦复、杨孝述三人组成上海社所照料委员会,负责维护社所,并留下3名职工看守社所。当时,侵华日军多次企图占据社所。为保存社所,1942年9月,上海社友会协同照料委员会决定重新开放明复图书馆,由科学社社员曹梁厦、胡卓、潘德孚3人主持;并另成立社友交谊会,利用原有演讲室为社友聚会之用。这样,直到抗战胜利,该社所都未关闭。

为维持科学事业的进行,任鸿隽等人积极向社会募捐,得到了在川民族资本家胡子昂、卢作孚等人的帮助。他们为中国科学社提供资金和设施上的支持,还利用自己的社会威望和影响力,为中国科学社创造了巨大的发展空间。

滞留在沦陷区的一些顶尖科学家,如秉志、庄长恭等,因得到中基会提供的一些经费资助,勉强度过困难时期。同时,中国科学社积极组织滞留上海的专家从事科学书籍的编译出版工作,在引进学术、传承学问、促进中国学术发展的同时,在相当程度上为他们提供生活的保障。[1]

在大后方,中国科学社先后得到中基会、中英庚款委员会及贸易委员会的资助。1939年,中英庚款董事会补助《科学》杂志印刷费一千元。1940年,中基会、中英庚款委员会分别补助中国科学社生物研究所5万元、1万元。

全面抗战开始后,中国科学社图书馆经费短缺,不能向国外订购新期刊,于是以图书馆名义向欧美各国各学术团体及出版机构发出信函数百封,请求免费赠阅曾经订阅的杂志。并表示一旦将来战事停止,经济恢复常态,中国科学社图书馆将继续订阅。1943年冬,明复图书馆钢筋混凝土屋顶开裂,中国科学社筹募资金大修。得实业家严裕棠、严庆祥父子慷慨解囊,图书馆得以修缮,中国科学社遂将三楼正厅命名为"裕棠厅",以示感谢和纪念。

三、组织与变革

1938年6月29日,中国科学社在上海社所召开抗战以来第一次理事会。出席会议的理事有孙洪芬、任鸿隽、秉志、杨孝述,董事胡敦复和《科学》主编、明复

---

[1] 张剑:《抗战期间中国科学社编译出版书籍述略》,《科学》2015年第4期。

图书馆馆长刘咸列席。会议讨论了战时社内的各方面工作。

1943年,任鸿隽在重庆主持召开理事会会议,进一步讨论如何在战时克服困难开展工作和复刊《科学》杂志,会上通过了委任张孟闻为《科学》总编辑的议案。

1944年1月,中国科学社董事会改为监事会,任鸿隽继任社长、监委会书记、理事会会长、临时编委会委员和特约撰稿通讯员。

在1944年11月第24次年会上,中国科学社决定扩充明复图书馆图书,向教育部文化资料委员会申请"图书缩影胶片",由竺可桢提议中国科学社的英文名字由"Formerly Science Society of China"改为"Chinese Association for the Advancement of Science",有社员主张正式将其缩写为C.A.A.S.,以与美国A.A.A.S.,英国B.A.A.S.并立为ABC。

1945年3月11日,理事会决定成立编辑委员会和业务委员会,并依据社会部颁布的法规,修改社章中的有关条款。

1945年10月31日,在上海召开理事会,议决重要事项:(1)生物研究所因南京所址已被日军焚毁,暂用明复图书馆顶层房间开展工作;(2)为利于对外交往,中国科学社英译名改用Chinese Association for the Advancement of Science,简称C.A.A.S.。

这个阶段中国科学社发生了一个很大的变化,就是十分关注科学与社会的关系。1940年7月1日,任鸿隽在《抗战后的科学》一文中说,应该以增进科学为今后建国的努力方向。[1]1943年3月,任鸿隽在《中国科学之前瞻与回顾》一文中,指出科学事业必须有秩序有系统地发展。[2]任鸿隽强调"要把发展科学当作此后立国的生命线",指出要把发展科学确定为"国策",制定一个具体而完整的计划。

四、社务与活动

上海沦陷后,秉志与刘咸、杨孝述等中国科学社核心成员,克服各种困难维持中国科学社社务的开展,继续发刊《科学》《科学画报》,坚持明复图书馆的开放。

---

[1] 任鸿隽:《抗战后的科学》,《东方杂志》1940年第37卷第13期。
[2] 任鸿隽:《中国科学之前瞻与回顾》,《科学》1943年第26卷第1期。

第五章 中国科学社的内迁与坚守(1937—1945)

1937年5月,为纪念成立20周年,中国科学社出版《科学的民族复兴》,倡导用科学方法复兴中华民族,书中收有卢于道、张其昀、李振翩、吴宪等从不同学科角度撰写的专题文章。

1937年7月,拟由《科学》编辑部负责编印刊行中国科学社《科学文库》,文章均取自《科学》已刊文章。第1集为科学通论、科学史和科学名人传等,第2~10集分别为专门学科。后因进入全面抗战时期,《科学文库》计划未得全部实现,仅有《中国科学二十年》和《科学名人传》问世。

1939年2月1日,中国科学社编辑部在《申报》开辟并主持每周三的《科学与人生》专栏,秉志、刘咸、杨孝述等主编周刊《申报·科学与人生》发刊。2月创刊,7月停刊,出刊24期。

1940年9月,为战时联系方便,中国科学图书仪器公司设立香港办事处。

太平洋战争爆发后的1942年3月12日,中国科学社在上海讨论的议题已经不是如何维持社务与员工的生活,而是该如何结束上海社务。经详加讨论后,一致认为上海部分社务已无法再行维持,只有将职工遣散,暂行结束。并由孙洪芬提议同人平时生活清苦,应特别发给遣散费。议决结束社务办法包括:暂留《科学画报》编辑部;留事务员一人、工役二人照料一切房屋设备,其余职工遣散,并发放遣散费;推举沈璿、胡敦复、杨允中三社友为上海社所照料委员会委员;等等。《科学》杂志首次宣告停刊,主编及明复图书馆馆长、人类学家刘咸宣告失业。

中国科学社被迫向大后方转移,社员们在极其困难的情况下,克服重重困难继续开展工作。全面抗战八年中,中国科学社在昆明、成都、重庆举行了三次联合年会,举办各种学术报告会、座谈会等。年会期间,举行科技展览和学术演讲多场,开展科学普及活动。中国科学社社员们也不断有新的著作问世,如胡焕庸的《中国经济地理》等。

全面抗战爆发后,中国科学社设立的"高(君韦)女士纪念奖金"的评选活动被迫中断,直到1939年8月才得以恢复,该年的征文学科为算学,熊庆来、姜立夫、江泽涵为审查委员,姜立夫担任委员会主任。1940年7月,西南联合大学数学系助教闽嗣鹤的《相合式解数之渐近公式及应用此理以讨论奇异级数》、西南联合大学数学系学生王宪钟的《线丛群下之微分几何学》2篇论文当选。同年4

月,"何育杰物理学纪念奖金"由北平燕京大学物理学系助教马振玉获得,其论文题目是《单晶铝镍之制备及其均匀热电效应之研究》。

全面抗战期间,中国科学社积极参加国际学术交流活动,如1939年派胡适出席在美国费城召开的美国政治与社会科学学会年会,派赵元任参加第六届太平洋国际学术会议,等。

第二节 《科学》的转变

在全面抗战时期,《科学》一直处于困顿艰难的境地,中间一度停刊,但在中国科学社同人的勉力维持下,复刊并坚持出版。《科学》的栏目主要有《通论》《专著》《研究简报》《论文提要》《书报介绍或书报评介》《学术通讯》《专载》《科学消息》和《文献集萃》等。这个时期杂志关注的重点已经与前期大不相同,《通论》主要刊发短篇建设性的科学建议,《专著》主要刊载适合于一般读者阅读的科学研究成果。

《科学》在这一时期主要致力于服务国家,满足抗战的需要。《科学》刊登了大量有关科学抗战的文章,尤其是在科学为抗战服务方面,对科学与国防、科学与工业、科学教育等都做了重点宣传,成为科学宣传、科学抗战的重要阵地。

一、《科学》出版概览

1."孤岛"时期的《科学》

1937年11月12日,上海沦陷,租界成为"孤岛"。《科学》编辑部因在法租界内,虽得以勉力维持,但彼时生存环境险恶,处境艰难,也曾一度停刊。

全面抗战爆发后,学术机关迁徙不定,学术研究自难进行,编辑部与作者失去联系,"稿荒"与经费困难接踵而至。据刘咸回忆,战争发生后,各类大学、研究所和图书馆,以及各种文化机关都因为战争原因被迫迁移到大后方,余下者

"十之七八均被毁于敌人之飞机大炮,其幸而孑遗者,则又迁流转徙,损失綦重,科学刊物,则大都因人力财力支绌,被迫停刊"。①

1938年,《科学》在稿源方面出现困难。《科学》总编刘咸在《一年挣扎》中就说道,"年初积稿用罄,困难倍增,大有被迫停刊之势";"本年虽为最可惨痛之一年,同时亦为最可宝贵,最可欣慰之一年"。《科学》杂志"在极端困难情形下,仍力图挣扎,借谋继续,一年以来,虽稿件缺乏,纸墨腾贵,交通阻滞,销路欠畅,经勉力支持,得不中断,继续为科学界服务",分量虽有减少,"内容仍旧一贯",与那些受战事影响而不得不停刊的学术刊物相比,则"又不幸中之大幸","此则本社所引以为自慰,兼以告慰于国人者也"。②

刘咸在《1939年科学之展望》一文中又说道:"当战事发生之初,科学机关,或被轰毁,或经内迁,交通阻滞,人事繁乱,生活不安,遑论著作,以致年余以来,投稿稀少,捉襟见肘,维持不易。"③

因稿源濒临中断,《科学》自1937年第21卷第9/10期开始到整个22卷,采用两期合刊的形式出版。1938年出版的《科学》第22卷第1期上还刊登了编辑部的启事:"现因战事关系各处交通不便,本杂志暂定每两月出版。"

战争也导致交通阻隔,印刷成本上涨。由于"纸墨腾贵,交通阻滞",《科学》编辑部将《科学》定价从原来的3角提高到4角。而这显然难以挽救杂志社亏损的状况,所以后来为了减少亏损,又酌量减少文章篇幅。当时,《科学》曾为此刊登了一则启事:"兹因纸墨一再腾贵,排工加价,本志迫不得已,自24卷7期起……以后每期暂定为64页。借节印费,以维久远。"另外,读者也很有限。"本来发行学术杂志是一种艰难的事业,而在我国尤难,因为读者较少的原故。"④

因稿源减少,《科学》不得已缩减页码。从每卷页码来看,1937年全面抗战前的19、20卷,基本在1000页以上;全面抗战爆发后的第21~25卷,最多的有908页,最少的仅有600页,页数明显减少。这样的情况一直持续到1938年底。

---

① 刘咸:《一年挣扎》,《科学》1938年第22卷第11/12期。
② 《编辑部报告(民国二十六年七月至二十九年六月)》,《社友》1940年第68期。
③ 刘咸:《1939年科学之展望》,《科学》1939年第23卷第1期。
④ 任鸿隽著,樊洪业、张久春选编《科学救国之梦——任鸿隽文存》,上海科技教育出版社、上海科学技术出版社,2002,第716页。

1939年1—2月,《科学》又短暂恢复为月刊,出刊23卷1~2期后,3~8期又是两期合刊出版。1940年《科学》进一步减少文章篇幅,自第24卷7期起,每期暂定为64页。字体一律改用5号字,并且缩小图表,以节省篇幅。

虽然时局动荡,当时许多科学刊物因人力、财力支绌被迫停刊,但在科学社同人看来,科学刊物被迫停刊,以致莘莘学子平日所恃为知识资粮者一旦中断,所受的打击与影响,非物质损失所可比拟,故竭尽全力予以维持。如1940年第24卷《卷末赘言》中所言:

> 社中经费无论如何困难,气压无论如何窒闷,本志生命务必维持,不致中断,俾在此大时期中,国人需要科学食粮,孔亟之秋,得稍尽棉(绵)薄,服务社会。①

《科学》除在国内征稿外,还积极发函向海外的科学社社友征求稿件。《科学》的稿件原由分散于各地的编辑分别审阅,但全面抗战爆发后道路受阻,《科学》不能寄至内陆,上海的科学社社员杨孝述、范会国、韩祖康、徐渊摩等主动承担起编辑之责。对于稿件的选择"着重于有时间性及地域性之应用论著,俾于抗建大业,有所裨益"②。

由于道路受阻,杂志不能寄至内陆,在四川、云南、广西、江西等地筹设代理分销处。在如此困难的情况下,《科学》杂志还始终不忘同国外学术机关交流,在国际科学舞台上发出中国的声音。据1939年初统计,国外学术机关与《科学》杂志交换刊物者共有71处。③

无论《科学》如何顽强坚持,厄运终至。1941年12月,太平洋战争爆发后,上海"孤岛"不存,在法租界的中国科学社所被日军侵占,中国科学社在上海的各项事业陷入停顿。《科学》完成第25卷后被迫宣告停刊。这是其自1915年创刊以来第一次明确宣布停刊。1941年,刘咸在《科学第二十五卷完成感言》中总结道:

---

① 《卷末赘言》,《科学》1940年第24卷第12期。
② 《启事》,《科学》1940年第24卷第7期。
③ 重熙:《本社出版物直接与外国交换》,《科学》1939年第23卷第2期。

民国肇造,复兴科学,惩前毖后,基本是图,首重研究,次讲应用,循序渐进,急起直追,本志创刊,适当斯时,鼓吹提倡,不遗余力,用能广开风气,为天下先。……宣为学人所爱护,齐之于英之《自然》、美之《科学》之林,实至名归,非偶然也。……兹以环境愈趋困难,物资愈感匮乏,致令本刊不得不暂时停止在沪发行,永久事业,一旦停顿,殊堪浩叹,然实逼处此,谓之何哉! 惟天道好还,不远而复,精神不死,恢复有期,希望不久将来,本志仍可以崭新姿态与读者相见。……吾辈生当今日,……固将沉毅用壮,见大丈夫之锋颖,疆立不反,可争可取而不可降。①

2.迁渝时期的《科学》

1942年3月,中国科学社总部和《科学》杂志编辑部迁往重庆。因为人员、经费和印刷条件等困难,一度未能正常出刊。在经过一年的停顿之后,经社长任鸿隽提议由卢于道任主编。卢于道聘任各地编辑14人,组建了15人的临时编委会。1943年3月,第26卷第1期、第2期出版发行,但也只是仅仅发行了两期,此后便再度停刊。一直到1944年1月,才开始正常出版发行。

卢于道(1906—1985),浙江宁波人,是中国近现代神经解剖学领域的开拓者。卢于道先求学于国立东南大学,后赴美国芝加哥大学学习解剖学,并获哲学博士学位。卢于道于1942—1943年担任中国科学社代理总干和《科学》编辑部部长。

在卢于道主持《科学》的两年期间,因为人员、经费和印刷条件等问题,《科学》只出版了14期,分别是1943年出版的第26卷第1、第2期,第27卷第1～12期。卢于道可以说是临危受命,对科学发展提出了具体的建议和主张,发表了《工业建设与科学发明》(第27卷第2期)、《科学工作者亟需社会意识》(第29卷第5期)等文章。他还发表了关于科学组织建构和国际交流的文章,代表性的有:《科学的国际组织》(第27卷第4期)、《中国与国际科学合作事业》(第28卷第2期)、《研究组织的单位问题》(第29卷第2期)等。卢于道还积极组稿,共发表25篇科学通讯和新闻类文章,保障了困难时期《科学》杂志的出版发行。

---

① 刘咸.:《科学第二十五卷完成感言》,《科学》1941年第25卷第11/12期。

从出刊时间来看,1943年,《科学》短暂发行第26卷第1、第2期后再度停刊;1944年,出刊第27卷第1~12期,其中第5、6期,第7、8期是两期合刊,9~12期是三期合刊。

1944年12月,中国科学社理事会决定组成新的《科学》杂志临时编纂委员会,聘请张孟闻任《科学》杂志总编辑,并开始着手恢复原《科学》杂志的通讯网络和编辑组织。临时委员会委员有卢于道、任鸿隽、叶企孙、杜长明、王家楫、吕炯、胡定安、杨钟健、黄国璋、陈可忠、郑礼明、钱崇澍等。

张孟闻(1903—1993),浙江宁波人,是中国近代著名的动物学家,教育家,中国生物科学史研究的奠基人。张孟闻先在国立东南大学学习,后赴法国巴黎大学留学,获博士学位。1945年1月,张孟闻担任编辑部长后,重新建立《科学》杂志的通讯网络和编辑组织,并计划恢复按月出版。

1945年《科学》创刊30周年。因此,第28卷第1期为科学社三十周年纪念刊。同二十周年纪念时相同,《科学》陆续刊登了大量以三十年来中国各门科学进展为主题的文章。由于文章数量多,一直刊载到1948年底。从1945年第28卷第5期登载吴承洛《三十年来中国化学之进展》后,陆续登载了黄汲清《三十年来之中国地质学》、李晓舫《三十年来天文学之进步》、戴运轨、刘朝阳《最近三十年之物理学》、张肇骞《中国三十年来之植物学》、洪式闾《三十年来中国人体寄生虫之鸟瞰》、陈遵妫《三十年来之中国天文工作》、杨钟健《三十年来之中国古生物学》、茅以升《三十年来之中国工程》、涂长望《三十年来长期天气预报之进步》、任美锷《最近三十年来中国地理学之进步》、魏景超《三十年来中国之真菌学》、李善邦《三十年来我国地震研究》、卢于道《三十年来国内的解剖学》、许世瑮《三十年之畜牧兽医》、伍献文《三十年来之中国鱼类学》、吴襄《三十年来国内生理学者之贡献》、张昌绍《三十年来中药之科学研究》、朱洗《三十年来中国的实验生理学》、严镜清《最近三十年我国之公共卫生》、周培源、王竹溪《中国近三十年来之理论物理》、倪尚达《中国三十年来的无线电》,记述了各学科三十年来的发展和进步,为以后科学史的研究提供了史料。

张孟闻任职编辑部部长期间,《科学》杂志共计出版42期。1945年出版1期(第28卷第1期)后,再度停刊。1946年也仅仅出版了5期(第28卷第2~6期)。1947至1949年间,出版恢复正常,每年基本都出满12期。

这一时期的《科学》杂志,注重发表科学理论与应用类的专门研究文章;内容更多地关注科学与政治,反对政治干预科学,强调科学的自由发展。

二、《科学》的内容与主张

1936年后,受战争的影响,《科学》杂志关注的焦点,逐渐由早先对科学救国的宣传,转变为以"抗战救国"为宗旨,将科学研究与抗战结合,为国家服务,为抗战服务。这一时期《科学》更多侧重于科学与抗战的主题,更加注重根据社会现实的迫切需要,进行有针对性的科学研究,具体体现在对科学与国策、科学与国防、科学与工业、科学与社会、科学与教育等问题的研究上。《科学》在稿件的选择上,也倾向于时间性及地域性较强的应用类论著;在内容上,朝着实用性、研究性的专业科技期刊转向;在栏目的编排上,则不是每期都全备。[①]

1. 科学与国策

早在1935年,任鸿隽就明确提出"科学是立国的根本"这一口号。这一年,新上任主编刘咸在其执笔的社论中提出,在普及科学教育、传播科学常识、建设科学工业、开展科学研究、培养科技人才、奖励科学成绩、统筹科研经费等问题上,都应当从国家需要的层面予以通盘考虑。

1939年,《科学》杂志还发表了一篇译文,介绍苏联的第三个五年计划与苏联科学的发展规划。显然,随着战争程度的加深,中国科学界对于政府主导下的科技发展体系有了更深层次的期待和向往。竺可桢从科研事业的角度进行了分析,他首先称赞苏联"由政府之力量,主办研究事业"的成就,隐然表达出对强有力的政府主导国家科技发展和建立科研体系的认同。然而,由于近现代科学传入中国的时间较晚,研究大多处于自由散漫的状态。如何才能凝聚有限的科技力量?科学家群体开始自发地思考这一问题。

任鸿隽认为,我国科学不发达的根本原因在于,国家对科学未尽其倡导与辅助之责任,没有把科学作为重要国策之一,因此也从来不曾有过整体的发展

[①]《卷末赘言》,《科学》1940年第24卷第12期。

计划。对此他呼吁国人改变对于科学的冷漠态度,指出要把发展科学,当作此后立国的生命线和首要国策。他具体提出四点政策性的建议:把发展科学作为此后十年或二十年的重要国策;制定一个具体而科学的发展计划;科学事业的经费应该在国家岁出项目中,有一个独立的预算;管理科学研究的人员,必须为专门学者。1946年底,任鸿隽又发表《关于发展科学计划的我见》,重申了上述建议,并有所细化。任鸿隽指出,为中国科学之将来计,应注意三点:必须大量培养科学人才,唯其量多,始有美质从之出也;科学事业必须有秩序、有统系地发展。假如没有有秩序有统系的组织筹划,则易流于重复、肤浅、急功近利、取悦流俗,而难期远大之效果。每一科学之研究计划必须经过专家会议之缜密讨论与设计。要谋定而后动,纲举目张。科学事业不应偏重应用而忽略纯粹科学。

秉志等人也认为,不应当只看重实用科学,而忽视基础研究,只有两者齐头并进,国家的科技实力才能得到更大的发展。秉志在《科学与国力》一文中写道,"外患肆焰,祸逼眉睫,锦绣河山,日削月蹙",只有努力发展科学,才能使国家转危为安。他强调开展科学研究、普及科学教育和培养科学精神。

2.科学与国防

1937年7月,全面抗战爆发后,《科学》提出将关注重点转移到抗战救国服务方面的主张,开始更多地传播与战争相关的技术和知识内容,如"无线电""航空""气象学"等跟战争相关联学科的文章大量出现,以服务科学应用实践的需要。以"物理学"为例,不仅有《原子中之原子》等,同时将孙莲汀《获得一九三八年诺贝尔物理学奖金之费美氏》,都列入"物理学"范畴,反映出《科学》从关注物理学理论向关注实践问题研究的转变。《科学》第21卷第2期刊登的王普《原质之人工转变述略》一文,重点介绍了德国国家研究院开展原子能研究的相关情况。《科学》第21卷第9/10期刊登了一批有关科学与国防的文章,鼓励动员科技工作者从事国防工业技术发明,筹划国防工业建设方针,宣传推广国防科学。如郑万钧《经济树木与国防》、卢开津《耐火材料工业与国防》、吴珣《胶体燃料》、次仲《航空母舰之现势》等四篇文章,分别从多方面论述如何利用科学提升国力,以应对到来的战争。

此后,从国防科技,到大后方建设,到国家层面的工业布局,以及科学教育、战争中的科学应用等文章,陆续刊登在《科学》杂志上,反映出中国科学家群体对战时中国科学发展思考的进一步成熟。这一时期,《科学》围绕科学与战争的关系展开了大量讨论,讨论的问题包括:(1)科学和战争的辩证关系。(2)科学能否为人类社会带来和平。

英国著名科学家贝尔纳(J. D. Bernal,1901—1971)也强调科学对战争的重要影响:"大战是那样的(地)需要科学和技术上的准备,使人们深深感到这些准备的不充分,不足以适应当时的局面。"[1]

1940年,刊发陈燕贻译《科学与战争》(第24卷第1期)、张孝礼著《数学与战争》(第25卷第3/4期)等文章,论述科学各个具体学科在战争中的巨大作用。

1941年,在《科学新闻》栏目,刊发陈立夫《科学与战后世界建设》(第25卷第9/10期)一文,指出当科学发展与社会进步不一致时,就会导致产生各种恶果。因此,必须重新确定科学的发展目标。

3.科学与工业

竺可桢目睹国内科学发展的滞后和战备水平的落后,曾撰文提出严厉批评:我国对于科学研究,平时鲜加注意,一旦战事开始,方感科学研究之重要!当时的日本虽然在整体国力上无法与美国、苏联等大国相比,但面对近代工业体系尚未建立的中国,却占有明显的优势。在这种情形下,《科学》提倡要正确认识科学在工业发展方面的重要性。

1938年,《科学》刊登曾任英国首相的麦唐纳(James Ramsay Mac Donald,1866—1937,现多译为麦克唐纳)《科学与大众》一文,在谈到科学与工业、科学家与工业家的关系时,他说:科学家与工业家之合作,遂成为今日工业生命上之要图,工业界前此之偶尔咨询科学以决疑难,现时显感不足,必须尽量采用科学,研究如何增进工业之效率及职工之安全","工业家现已承认科学效用渐次增广,双方合作精神亦已发展至美满程度,此由效力伟大之新兴工业及其发达情形,可以证明。[2]

---

[1] J.D.Bernal著,陈燕贻译:《科学与战争》,《科学》1940年第24卷第1期。
[2] 麦唐纳著,刘咸译:《科学与大众》,《科学》1938年第22卷第1/2期。

1944年,倪尚达著《自然科学与工业之关系》(第27卷第2期)一文,指出在中国科学化进程中,以全盘西化为标准,科学教育主要是抄袭西方的,科学研究也以抄袭西方为主,很少有中国自己的特色和优势,并由此发出了中国科学发展要具有自身特色的呼声。这与早期任鸿隽提出的在解决"中国科学化"之后,要更多地思考"科学中国化"相呼应。随后,卢于道在《工业建设与科学发明》(第27卷第2期)中再次论述了工业建设对科学发明的促进作用。

4.科学与社会

1937年4月至5月,国际科学联盟评议会(International Council of Scientific Unions,简称 I.C.S.U.)在伦敦皇家学会举行了第三次大会。会后,经过各方的商讨,决定成立科学与社会关系委员会。国际科学与社会关系委员会成立的目的在于反对人类对科学发明的滥用,推动人们树立正确的科学伦理观,呼吁大众特别是科学家作道义上的反抗,使得科学有助于世界的和平。

1938年,《科学》第22卷第11/12期刊登《科学与社会之关系——介绍国际科学与社会关系委员会之组织及其使命》,对这一国际科学界动向进行关注和报道。正如刘咸所说:

> 大都认为科学研究本以谋人类之福利为鹄目,不应误用之以加害于人群。凡利用科学成果,以剥削多数人之利益,借饱少数人之欲望,或滥用科学发明于战争或侵略一途,以惨杀无辜平民,毁灭人类文明者,皆在排斥之列。""一般社会人士,以为科学研究,日精月异,在一方面于人类文明,固有莫大贡献,但同时亦助长杀人技术之进步。科学家既不能制止其发明之被误用或滥用,则现代战争所演之杀人惨剧,科学家至少须负大部分之责任。吾人于此虽能认清科学研究与科学误用为截然两事,不能混作一谈,然科学家苟知其研究成果已被滥用于杀害人群之一途,而熟视无睹,或噤若寒蝉,不思作道义上的反抗,或设法制止,则诚无所逃其责任,宜为社会人士所诟病。①

---

① 刘咸:《科学与社会之关系——介绍国际科学与社会关系委员会之组织及其使命》,《科学》1938年第22卷第11/12期。

1938年，刘咸在《科学之厄运》(第22卷第7/8期)中，针对科学导致战争的看法，提出了四个方面的担忧，即科学被误解、科学被误用、知识被禁锢、学者被放逐，提醒人们正确看待科学的社会价值，提出要重新认识科学，并指出科学家应承担的社会责任。

1939年，《科学新闻》一栏刊发关于Richard Gregory的演讲《科学家之责任》的短篇消息，指出科学家"应协同建设国家调和的社会秩序……科学家今后未可远离社会问题，盖起结构之组成，彼等曾供给材料也"。[1]

《科学》自1939年起接受金叔初的建议，开辟《民族卫生》栏目，专载浅近科学文字，介绍生理、卫生、营养方面的理论，"期于国民身体，民族健康，有所改进"。同时减少科学专著介绍，增加新闻、图书介绍，除评述最新出版书籍外，汇录中外杂志文献，"俾一般学者之未能获阅外国新书报者，可以窥见所发表论文之一斑"。[2]

随着全面抗战的爆发，科学以其巨大的力量影响着整个社会，也引发了人们对科学价值的重新认识，以及对科学与社会的关系的反思。这一阶段，《科学》的内容不再局限于纯粹的科学研究，开始将目光投向社会，反思科学家们应担负的社会责任。

5.科学与教育

《科学》一直关注科学教育，揭示当时科学教育存在的弊端，指出一些亟待解决的问题，如科学图书和科学仪器的缺乏、教师的数量和素质低下等。1939年阙疑生分析了当时上海市学校的情况，"有大学三十余所，中学百余所，其有相当实验设备者，十不得一，中学尤甚，以无实验设备之学校，而巧立必须有实验之物理，化学，生物诸科目"。他认为在因为缺少实验设备而不能进行实验的情况下开设必须依赖于实验的物理、化学、生物等课程是很滑稽的事情，无异于缘木求鱼、痴人说梦。[3]因此，缺少必要的实验设备是科学教育中存在的不可忽视的弊端，强调学校的科学教育应当重实验，"凡略习科学者，皆知科学重事实，贵证验，实验为科学方法中之主要部分，所以使习之者于耳闻之余，更须练习眼

---

[1] 姚国珣：《科学家之责任》，《科学》1939年第23卷第3/4期。
[2] 刘咸：《1939年科学之展望》，《科学》1939年第23卷第1期。
[3] 阙疑生：《科学实验之重要》，《科学》1939年第23卷第2期。

到,手到,心到"[①],并呼吁当局应当添置实验设备,以保证学生有做实验的机会。

《科学》的作者们在指出科学教育缺陷的同时,也在寻找改进中国科学教育的方法和途径,思考科学教育未来发展的方向和方式。王志稼在《我国科学教育今后应具之方针》一文中提出应当切实改进"生活化"的科学教育,努力推进"大众化"的科学教育,迅速建立"中国化"的科学教育。

(1)科学教育应注重"生活化"。"科学知识之获得,科学方法之运用,科学态度之养成,科学精神之培养,科学技术之熟练,科学本体之认识,科学生活之欣赏,以及科学福利之享用等等,都是充实人生的科学教育之基本项目。"学校在科学教育方面多注重学生的升学,忽略了使学生了解科学的本体、认识科学的发展可能性及其对于人生的意义。王志稼引用当时教育部的统计数据,"中学生中只有百分之十七的人可以升学,百分之八十三的人都要失学,或入社会就业了",因此,学校教育应当更加注重科学教育的"生活化"。

(2)科学教育应注重"大众化"。《科学》的作者们一直都在强调一个观点,即科学应当普及,并不是只有科学家才需要懂得科学,普通民众也应当学习一些科学知识。在这里,这一观点又得以重申。"科学并非少数专家,或若干研究机关,以及各种会、社、所、团所独有的。科学教育也非各级学校的专利品。一切科学事业和大众生活是分不开的。"[②]王志稼提到"科学化运动",该运动的口号是"科学社会化,社会科学化",对于一些人认为科学是一种高深的学问,只能在学校进行研习的错误观点,他指出科学人人可学习,随时随地能学习,科学教育应当摒弃科学的"贵族化"和"专利化",变成大众的科学教育,达到"科学大众化,大众科学化"的目的。

(3)科学教育应注意"中国化"。中国的科学教育应当符合中国的国情,"移植科学,倘不合国情,不但于国无补,且足减少民族自信心,所以我们负有科学教育责任的人,对于注重'中国化'的一个问题,实未可忽视"。王志稼认为使用西文教本不利于学生对科学知识的理解,而教师在讲课过程中只是将西文课本进行皮毛的翻译,这种"洋八股"的教学法是妨害我国科学教育的进步的[③]。

---

① 阙疑生:《科学实验之重要》,《科学》1939年第23卷第2期。
② 王志稼:《我国科学教育今后应具之方针》,《科学》1940年第24卷第5期。
③ 王志稼:《我国科学教育今后应具之方针》,《科学》1940年第24卷第5期。

第三节　中国科学社生物研究所的内迁

全面抗战爆发后,中国科学社生物研究所被迫内迁,其未及转移的标本资料连同该所三幢研究大楼全部被日军焚毁,损失惨重。所长秉志被迫滞留上海,钱崇澍具体负责内迁工作。这一时期,中国科学社生物研究所处于低谷阶段。大后方科学家们普遍过着"逃警报式的生活",无法安心从事科研工作,加上日益严重的通货膨胀,科研经费被大幅度削减。1941年中国科学社生物研究所购置的杂志、书籍比战前的1936年分别下降了56%和85%。由于经费困难,到1942年已经无力再购进口图书。尽管如此,中国科学社生物研究所依然勉力维持,因陋就简地开展研究工作,如结合战时社会实际需要,调整研究计划,开展实地科学调查。

一、艰难内迁

1937年8月,南京遭到空袭。为保存中国科学社生物研究所初步形成的科研队伍,钱崇澍、秉志共同商议迁所大计,最终决议迁往重庆北碚,内迁工作由时任秘书兼植物部主任钱崇澍具体负责。

当时,情势危急,生物研究所这类私立研究机关遇到的困难更多。因为中国科学社与卢作孚的良好关系,中国科学社生物研究所的运输和工作地点得到卢作孚及其民生公司的大力支持,得以解决。

卢作孚(1893—1952),爱国实业家,民生公司创始人,早年积极倡导科学并发展科学事业。1932年加入中国科学社,1940年当选为中国科学社董事,在抗战及战后困难时期对中国科学社事业发展给予了较多资助。

1937年9月5日,卢作孚致函民生公司代总经理宋师度,请其协助:"中国科学社迁往北碚,在渝转运及与北碚联络转信转电诸事,盼嘱公司同人特予扶助。渝中各事业有须特取联络之处,并盼特接洽为感。"9月13日,卢作孚就抗战开始后民生公司各项工作致函宋师度,其中再次提到"中国科学社已开始迁移,请告北碚科学院为酌让房屋并一切帮助"。[1]

在卢作孚民生公司的协助下,生物研究所内众多的标本、图书、物品有序地被运往重庆。在《卢作孚书信集》中,留有钱崇澍就运输问题致卢作孚的函文,函云:"承允与民生公司接洽运书八十七箱之事,铭感至深。敝所押运人唐慧成君现已东下,于十八日过汉时,曾至公司预为接洽。据谓公司中人尚未获有钧谕,但允为办理此事,闻之甚感。"[2]卢作孚接函后,立即指示办理,并复函于钱崇澍。

生物研究所迁往北碚途中,从南京社所运往上海的83箱重要图书,因战争被阻断于嘉兴。后又被误运至闸口,无法退回南京。当时去往重庆的轮船大多拥挤不堪,因战事紧急,委托竺可桢提取存于萧山湘湖。

据竺可桢日记记载,1938年6月,其受托指派唐慧成到泰和提取这些书籍,浙江大学负责护送,直到11月,这些图书才最终抵达生物研究所北碚驻地。到达北碚的中国科学社生物研究所依旧损失惨重,其中尤以书籍损失最大,杂志幸得保存,其中有98种为全套,而其中又以1787年的一套最为珍贵。

二、南京生物研究所被毁

上海、南京沦陷以后,中国科学社当时在上海的社所和图书馆因为在法租界之内而暂时幸免于难,但是在南京的生物研究所却遭到了一场浩劫。

战时西迁,民营机构可谓内外交困,路途险远,因人力、物力不足,中国科学社生物研究所仅将小部分书籍、标本运到大后方,留下三四位看守人员照看并保管所里的书籍、仪器和标本。

1938年日军在占领南京生物研究所之后,迅速抢运未来得及转移走的标本资料,将生物研究所的图书、标本、仪器设备抢掠一空。1月12日,南京生物研究所实验馆及南厦全部被日军焚毁。11月,生物研究所北厦全部被毁。

据目击者云:"十二月十一日南京失陷,是夜即有日军驻于所内,至一月十二日渠在五台山瞭望,忽见文德里火光烛天,惨不忍睹。翌日调查,生物实验馆

---

[1] 黄立人主编:《卢作孚书信集》,四川人民出版社,2003,第590-591页。
[2] 黄立人主编:《卢作孚书信集》,四川人民出版社,2003,第665页。

新厦、北楼及白鼠实验室均已化为灰烬,南楼虽存,亦已破坏不堪。十余年惨淡经营,尽付东流,实为世界文化界之一大损失,不胜浩叹!"①

生物研究所被毁后,所长秉志痛心之余,只身赴沪,又因当时妻子病重,只得滞留在上海家中。此时上海的中国科学社因地处法租界,《科学》杂志和《科学画报》编辑部、明复图书馆等都没有内迁,有大批社员留了下来。尽管内外交困,秉志依然坚持在上海中国科学社明复图书馆建立临时研究室开展工作,二楼设生物实验室,三楼设标本室。并将历年来因印刷厂积压的生物研究所论文整理出版,寄往国外交换,向国际学术界展示中国的科研成就。秉志还在上海进一步拓展生物研究所研究的领域,开展生物物理研究。明复图书馆临时研究室的工作坚持了五年,直到1941年日本占领上海租界才停止。

三、大后方的重建与科研活动

全面抗战时期,大后方科学研究活动呈现出向战时科研转向的特点。各科研机构在战火纷飞中逐渐调整研究重心,将主要精力放在应用科学的研究上面。如1941年中国科学社生物研究所明确"研究工作之最高原则,为实践方面之理论探讨",该所动物学部工作方针转向学童健康及桐茶害虫等问题的研究,聚焦现实问题和战时需求。

1937年11月,中国科学社生物研究所大部分人员已迁到重庆北碚,借西部科学院办公,暂驻"惠宇楼"。1940年2月,生物研究所又自建了几间实验室。当时设备简陋、经费困窘,职员有20余人。"物价高涨,而本所经费有限,一切工作,皆受影响。如标本采集,难以如愿,图书设备,添置不多,皆为憾事。惟在努力挣扎之下。"②钱崇澍带领大家种菜、养猪等,还和一些高级职员到外面兼职授课,以所得的平价米来补助困难职工,维持最低的生活标准。但是他们却始终没有放弃科学研究工作,在生物调查与采集等方面取得了令人瞩目的成就。

伴随科研的转向,科学调查研究之风兴起。当战争迫使中国广大科学工作者离开舒适的科研环境时,大后方给科学家提供了另一个广阔的天地,激发了

---

① 《中国科学社生物研究所被毁》,《科学画报》1938年第5卷第7期。
② 《中国科学社生物研究所二十九年度工作概述》,《科学》1941年第25卷第9/10期。

科学家进行实地研究的热情,促使他们纷纷走向大自然。战时后方科学考察十分频繁。生物研究所因其学科自身的特点,更是注重实地调查,由此学者们找到了战时科研的最佳途径。他们广泛调查,采集了大量动植物标本,为该所以后的科研提供了难得的资料。

生物调查与采集。迁入大后方,生物研究所从实际出发,开展西南地区生物学调查研究工作。生物研究所植物部坚持在四川开展力所能及的植物调查,继续丰富标本收藏。1938年7月20日,秉志因不能到北碚而请辞生物研究所所长职,"并推荐植物学部主任钱崇澍继任,以利所务。理事会决议请钱氏代理所长职务,并经翁(文灏)社长致函敦促……已正式就职矣"[1]。生物研究所入川、康、滇、黔四省后即着手进行生物调查。1940年夏,所员曲桂龄、姚仲吾由康定至泰宁,西越大炮山至丹巴一带采集标本,然后经牦牛向南回康定,历时5个月,共采得标本1100号,计5000枚。[2]次年春,又在华蓥山等处进行了小规模的采集。生物研究所还根据实际需要调查了大量的森林植物及药用植物。

生物研究所在北碚时期的生物调查,多集中在南川、青衣江及洪雅河流域、大渡河流域及嘉陵江下游。此外,还继续进行长篇专著的汇纂工作,如《扬子江流域及中国海岸之动物志》、《浙江、南京及四川之植物志》及《中国松柏科与唇形科植物志》等。

植物研究方面,1938年起生物研究所开始编著对经济极为重要的刊物:《中国森林图志》、《中国药用植物图志》及《中国野生食用植物图志》。其中《中国药用植物图志》收载药用植物50种,对植物的形态描述精详,并绘制了精细的线条图。书中记载和考证了约400种药用植物,对中国药用植物的研究作出了卓越的贡献。杨衔晋的川康樟科植物研究、曲桂龄的四川莎草科青茅属植物研究、孙雄才的唇形科植物研究、裴鑑的川康接骨木研究,成果发表在各大研究丛刊植物栏上。

动物研究方面,生物研究所主要研究大脑的构造与功用、食物营养与生理作用、农作物蔬菜及森林植物的虫害、蚯蚓与土壤问题等。其中秉志、卢于道及周蔚成的神经学研究,张真衡的神经生理研究,黄似馨的四川特产大熊猫大脑

---

[1]《本社生物研究所将届二十周年》,《科学》1940年第24卷第12期。
[2] 范铁权:《抗战时期的中国科学社》,《西南交通大学学报(社会科学版)》2006年第6期。

与灵长类大脑的比较研究,苗久硼的森林昆虫研究,倪达书的原生动物研究结果均刊入动物研究论文集。在食用鱼类、家畜及人体内寄生原生动物的研究等方面,生物研究所也取得了重大进展。出版物方面,主要有《家畜及人体内之寄生原生动物》《农作物蔬菜及森林植物之害虫》《食用鱼类》等。

据统计,1925年至1942年,生物研究所所发表的论文,动物组共16卷,植物组共12卷,另有研究专刊二本(森林植物志与药用植物志各一本)。[1]所采集的标本至今还保存在四川大学。1940年,生物研究所自建实验室进行研究,每年到此查阅研究的国内外学者络绎不绝,成为中国植物研究的一个基地和国际交流的窗口。"其盛况不减在南京时日"[2]。

生物研究所重视普及生物科学知识,方式有四种:(1)联络当地生物学者组织生物学专题讨论会,每月有2次或以上的聚会。每次报告后,都要进行热烈讨论。(2)以妇孺读物、通俗生理卫生论文介绍营养问题、两性问题、中央神经系统、眼睛及内分泌等科学常识。(3)编著中学生物学补充教材。(4)生物研究所常年对外开放,欢迎各地生物学教员在规定时间来所参观学习,为其提供标本图表。并搜集适合初中用的材料,编成动物学教本。此外,生物研究所设立实验材料供应部,供应剥制和浸制的标本以及胚胎学、组织学切片。[3]

战时大后方科研普遍采取合作的方法,并注重学科的横向联合。此外,这一时期学术交流活动十分频繁,定期或不定期的学术研讨会、演讲会、报告会已成为大后方科研的重要内容。残酷的现实使研究所的科学家们认识到非常时期再也不能单纯埋头于学术。"困难如此深重,我们尚从事于这种距实用甚远之研究,于国何补,于战何益。"[4]他们开始向应用科学和益于民生的方向发展:研究经济植物学、经济动物学以求开辟新富源;研究植物病理学、昆虫学、寄生虫学以求防治农产之损害与增进人类之健康;研究遗传学与育种学以求改进农产林产畜产之品质;研究农林畜产利用学以帮助工业之发展与增益农产品之价值;研究生理学、营养学以改进国民之体质。

---

[1] 任鸿隽:《中国科学社社史简述》,载中国人民政治协商会议全国委员会文史资料研究委员会编《文史资料选辑》第15辑,中华书局,1961,第17页。
[2]《本社生物研究所将届二十周年》,《科学》1940年第24卷第12期。
[3] 范铁权:《抗战时期的中国科学社》,《西南交通大学学报(社会科学版)》2006年第6期。
[4]《中国科学社生物研究所概况》,《科学》1943年第26卷第1期,第138页。

1939年，由于害虫肆虐，四川省的桐油产量锐减。中国科学社生物研究所昆虫专家苗雨膏因此注意研究除桐害虫的新法，经长时期的实地试验，成效显著。后受贸易委员会的委托，在西南五省推广施行，从此桐油产量大为增加，对于科学界和国家经济都做出了很大的贡献。

这一年，生物研究所拟订调查西南部动植物计划，出版了《中国药用植物志》的第一册。植物分类学家裴鑑于1931年夏季学成归国。当时，中国科学社生物研究所聘请他为研究员。他在该所植物部一直工作到1944年。1944年，中央研究院动植物研究所分开为动物、植物两个所，植物所聘请裴鑑任高等植物分类研究室主任。那时中央研究院迁移到重庆北碚，工作条件极差，生活也十分艰苦。裴鑑在四川、西康一带进行植物调查采集，写有《值得重视的川康植物》等多篇论文。

生物研究所还对寄生人类及家畜的原生动物进行研究，为资源委员会调查适于发展畜牧业的草原，为经济部调查各处的森林状况和造纸原料，为中华自然科学社调查云南昆明的森林状况，辅助江西省经济委员会调查水产等。1943年以后，生物研究所受教育部资助，调查儿童身心健康。生物研究所还围绕国防和经济建设开展科学考察和科学研究，从事对可应用于国防军备的动物保护色研究。这些都是生物研究直接有益于社会现实的表现。1941年10月16日，教育部传令嘉奖生物研究所。

1942年8月，生物研究所创建20周年纪念时，该所培养的生物学者方文培、王希成、王家楫、王以康、伍献文、吴功贤、周蔚成、徐凤早、凌立、耿以礼、孙宗彭、曾省、陈邦杰、陈义、张宗汉、张孟闻、郑集、郑万钧、裴鑑、邓叔群、欧阳翥、刘咸、卢于道、戴立生等24人共同发起"中国科学社生物研究所廿周年纪念征文"活动，希望通过这一活动来纪念生物研究所的成立及其创始人秉志。

1943年，中国科学社生物研究所经费极为紧张，终因资金短缺，被迫停办。此时，钱崇澍的心情十分愤懑，黯然写道："科学事业非空谈，炮火连天毁一旦。个人心血无还道，国家兴旺待何年？"

第四节　中国科学社的坚守

全面抗战爆发后,中国科学社大部分社员被迫内迁,如南京生物研究所及其图书馆等,太平洋战争爆发后《科学》也转移到内地,中国科学社还有明复图书馆、《科学画报》编辑部、中国科学图书仪器公司等因地处法租界而留在上海。"孤岛"时期的中国科学社坚持开放图书馆、出版期刊,进行科学普及和宣传,与日军进行不屈不挠的斗争。

一、明复图书馆坚持开馆

1.组织委员会,坚持开馆

1935年,明复图书馆遵照第一二七次理事会的议决,公推胡刚复、王云五、尤志迈、杨孝述、刘咸五位为委员,刘咸兼任馆长,主持图书馆行政方针,并选购图书杂志,研究如何减轻图书馆每年订购杂志费用,审定订购杂志标准,添购图书杂志应采方针,分配选购科学书籍范围等,均有详细之审议。全面抗战期间,以胡刚复、尤志迈、王云五、杨孝述、刘咸(兼馆长)为核心的图书馆委员会,维持运营图书馆,坚守文化阵地,与日军开展艰苦卓绝的斗争,成为战时上海科学家之家。

太平洋战争爆发不几天,日本宪兵开车进入明复图书馆搜查,见有"主义"字样书报,一律抽走,前后几次,拿去几千本书刊,并且命令图书馆关门。明复图书馆在杨孝述、刘咸等主持下,与日军做坚决的斗争。日本当局曾派人到明复图书馆命令交出全部贝类学书刊,图谋劫取馆内珍贵书刊。中国科学社与日方再三疏通无效果,不得已想到社员沈璇曾留学日本、在上海自然科学研究所工作过,其岳父是当过"北平政务整理委员会委员长"的黄郛,或许能有办法。经沈璇交涉后,日方不来人催逼了。但两天后,沈亲自到图书馆中从贝类学杂志中选出两期,说这两期非抽去不可。抽掉两期后,原来齐全的整套杂志就残缺了。后来知道天皇收藏的贝壳学杂志中独缺这两本,所以一定要为他配齐。

抗战胜利后,中国科学社通过驻日盟军总部最终索回了原书,可谓"完璧归赵"。

1942年3月,中国科学社总部内迁,理事会推举沈璿、胡敦复、杨孝述三人组成上海社所照料委员会,负责上海社所的看管,聘定职工3人看守。9月,上海社友会协同照料委员会将明复图书馆重新开放,由曹惠群、胡卓、潘德孚主持。

1943年冬,图书馆钢筋混凝土屋顶开裂,中国科学社筹募资金大修。得实业家严裕棠、严庆祥父子慷慨解囊,得以修缮,中国科学社将三楼正厅命名"裕棠厅",以示感谢和纪念。

1944年6月至8月,明复图书馆得捐助举办暑期数理讲习会,招收大学二年级以上学生,由专家讲授物质之晶态、应用电子光学、量子力学、张量分析、物理学中之偏微分方程式、解析力学、数字计算杂论等。

2. 与北平图书馆合作,出租空余房间维持费用

全面抗战爆发前,面对日本不断加强对中国的侵略,身处北平的学术文化机构未雨绸缪,或全部南迁如中研院心理学所等,或主体南迁如地质调查所。国立北平图书馆也于1935年底将部分书籍(主要是善本之类)南运,其中相当部分寄存在明复图书馆(中文书籍80箱,不得拆箱开放;西文书籍146箱,由北平图书馆派员拆箱,并在明复图书馆公开阅读)。并就此与明复图书馆进行合作,由北平图书馆派有经验的馆员到明复图书馆,由中国科学社聘请,协助明复图书馆馆务。

全面抗战爆发后,北平图书馆曾请求借明复图书馆办公,理事会以为"借地办公不适环境,可仍照馆社学术合作原议另拟办法"。最终通过保存北平图书馆一部分图书。明复图书馆保存的这部分古籍图书,也为中国文化的留存与传承贡献了力量。

在编目工作方面,明复图书馆原来用特定分类法,因收藏逐年增加,以致原分类法渐不适用。1935年,得到北平图书馆之帮助,遂将所藏之各种中外文图书杂志,通盘采用新法编目,西文用杜威十进分类法,中文系用刘国钧编中国图书分类法,以利之后编目工作的发展。

全面抗战开始后,图书馆经费短缺,不能向国外订购新期刊,"但馆务又不

能任令停顿",于是以图书馆名义向欧美各国各学术团体及出版机构发出请求捐赠信函数百封,"请求免费赠阅向所订购之杂志,以免中断,一俟将来战事停止,本馆经济恢复常态,当继续定阅"。第一年有64%答应捐赠,有许多出版机构允低折扣订购,"凡所复信,对于吾国之英勇抗战,表示同情与钦敬"。第二年下降至33%,第三年下降至25%,"虽统计数目下降,然不能谓系各国之同情心降低,实乃因再三请求,各学会成本攸关,决难作无止境之赠送,此吾人于感谢之余,所应谅解者也"。①

另外,中基会、天津北疆博物馆等相关机构与任鸿隽、孙洪芬等广大社友也捐赠图书期刊不少。周达在原捐赠美权算学图书室基础上,有感于"泰西象数专籍,日异月新,若不随时扩增,难收温故知新之效",而中国科学社经费有限,对西方数学书籍与期刊的订购并无良好计划,因此在六十寿辰再次捐赠美权算学图书室基金6000元,另拨1000元命其公子周炜良选购欧美最新算学名著一并捐赠。②

当时上海物价突然暴涨。面临这一困境,1940年6月20日中国科学社召开第144次理事会,因上海生活成本日高,职工几难维持最低生活,议决每人每月补贴非常生活费二十元。同年12月19日,中国科学社召开第148次理事会,继续为解决职工生活问题展开讨论。《科学》主编、明复图书馆馆长刘咸鉴于"沪上物价飞涨,本社职工生活困难",中国科学社经费支绌,提议向租用明复图书馆书库房屋者"收取租金,以补职工生活费之不足",理事会决议"分别向各借屋者接洽",同时决定"自本月起职工临时津贴改为每人每月三十元"。

1941年3月24日,中国科学社召开理事会,决议从当月起将临时津贴办法改为重定职员薪水。不过,即便如此,因物价飞涨,百物腾贵,职工生活仍艰苦万状,纷纷要求加薪以维持最低生活标准。当月粳米批发价为每市石117元,员工薪水在40元以下者通过提升后也不到80元,一石米也买不到。故11月3日再次开会,议决给职工发放津贴案:职员每人30元、技工25元、工役20元。同月29日,再次开会讨论。为弥补经费开支,中国科学社议决明复图书馆收取图书证费(每证5元,明复图书馆自开馆以来,图书证一直都是免费的);将明复图书馆房屋租金增加一倍,原来不能出租的"会议室及讲堂"也可出租。

---

① 《明复图书馆报告》,《社友》1940年第68期。
② 《周美权先生捐助图书基金》,《社友》1939年第63期。

3.知识殿堂、科学家之家和文化阵地

明复图书馆藏书素以科学类著称,馆藏图书以生物科学、算学及其他基础科学为主,形成与众不同的特色,成为传播科学的重要文化空间。1939年1月2日,有人发表文章指出全面抗战以来,上海文化事业"一落千丈",各大学校非迁移内地,即搬至租界,局促于住家之房屋中,图书馆设备毫无,莘莘学生,每苦无书可供参考。当时可备学者参考利用的,有海关图书馆、工部局公共图书馆、震旦图书馆、徐家汇藏书楼、亚洲文会图书馆、法文协会图书馆、中国国际图书馆、青年协会图书馆、青年会图书馆、基督教大学联合图书馆和明复图书馆。在这些图书馆中,徐家汇藏书楼须有介绍,方可入览,海关图书馆以英文之经济商业书籍为多,中国国际图书馆藏书偏于国际关系方面,震旦图书馆以法文书籍为多,青年协会图书馆与青年会图书馆则以基督教书籍为多,明复图书馆所藏之二百余种科学杂志,共计三万余册,最为珍贵。[1]可见,明复图书馆在当时上海图书馆中的地位。

1940年中国科学社第22届年会报告称,"本馆本为高深研究参考图书馆性质,为免拥挤计,阅读者概限大学高年级生之作毕业论文者";1937年冬改换新阅览证,到1940年6月,发出428张,以大同大学、交通大学学生为最多,沪江大学、东吴大学次之,"此外各工厂药厂之技术人员来馆请证者颇不乏人"。[2]

全面抗战开始后的三年间,阅览者每天平均25人,周六周日达四五十人,使仅有40个座位的阅览室"坐无隙地";为方便读者,公共假期外不放寒暑假。"以前本馆读者本甚寥寥,战事期内转形热闹,故借书还书,倍极忙碌。"另外,中英庚款补助人员李立柔、关富权、汪胡桢、王宗淦、周西屏、沈廷玉在馆从事科学研究,"本馆为服务科学界起见,特别予以便利";与雷氏(士)德医学研究所、镭学研究所、上海医学院等开展馆际互借。[3]

明复图书馆还是战时科学家研究学问的殿堂,当时一批科普工作者和科学家乐此不倦,耕耘在此,为科学抗战积极工作。南京生物研究所被日军焚毁后,秉志只得离宁到沪,在明复图书馆开展研究工作。明复图书馆成为秉志等人研

---

[1]博生:《上海图书馆》,《申报》1939年1月2日。
[2]《明复图书馆报告》,《社友》1940年第68期。
[3]《明复图书馆报告》,《社友》1940年第68期。

究的"据点"。在这里,秉志撰写了大量抗战宣传文章,宣传科学救国的主张。此外,当时滞留上海的中国数学会会长胡敦复,董事周达,常务理事朱公瑾、范会国等,将投敌的董事兼《数学杂志》总编辑顾澄开除,联络相关领导成员,以胡敦复、周达、何鲁、朱公瑾、王仁辅、魏嗣銮、郑之蕃、姜立夫、范会国为委员,重组《数学杂志》编委会,编辑出版《数学杂志》第2卷。

明复图书馆在全面抗战时期成为重要的文化空间,在当时的上海有显著地位。20世纪30到40年代,号称"十里洋场"的上海,纵然繁华热闹,但能开展文化活动的地方甚少。明复图书馆在当时成为很多知名人士聚会交往的地点,是"孤岛"时期上海文化人士的重要活动场所。如马相伯、张元济、王云五、吴稚晖、周建人、赵朴初、雷洁琼、柯灵、刘大杰等文化名人,都在此留下了他们的足迹。1945年12月30日,中国民主促进会在明复图书馆举行第一次会员大会,正式宣告成立。参加这次大会的有马叙伦、王绍鏊、林汉达、周建人、徐伯昕、赵朴初、陈巳生、梅达君、严景耀、雷洁琼、谢仁冰、冯少山、万景光、曹梁厦、张纪元、柯灵、李平心、陈慧、宓逸群、刘大杰、李玄伯、马木轩、徐彻、徐相任、章惟华、胡月城等教育界和文化界的著名人士,马叙伦担任大会主席。

二、《科学画报》坚持出版

全面抗日战争期间,上海沦为"孤岛"并最终被日军彻底占领,不少报刊因战事压迫,纷纷休刊或转移阵地,而《科学画报》在此情况下始终坚持出版。1937年8月至1945年7月间,《科学画报》共出版122期,其中包括国内出版的93期(第5卷第1期至第11卷第9期),1937年战时特刊10期,以及为扩大国际影响出版的国外版图画增刊9期(第6卷第4期至12期)。《科学画报》在普及科学知识、提高民众科学文化水平、开启民智等方面发挥了重要作用,在我国科技期刊史上留下了浓墨重彩的一笔。

1. 面临的困境

全面抗战时期,《科学画报》面临十分艰难的处境。

一是高质量稿源缺乏。全面抗战爆发后,科学家纷纷离开上海,使得科学稿件大幅减少,读者信箱也因缺乏专家解答而中断。同时,作为《科学画报》重要内容来源的各类西方报纸杂志,也因上海租界特殊情况难以运送进来。稿源缺乏使得刊物内容大幅削减,不少栏目、专栏被迫中断。迫于无奈《科学画报》于1937年10月起由半月刊改为月刊,出刊数减少一半。自1941年下半年第8卷开始,又将每期69页的12开本改为80页的18开本,篇幅又有所削减。到抗战胜利前夕每期仅有36页。

二是发行渠道受阻。在抗战最艰苦的岁月里,上海是个"孤岛",《科学画报》发行仅局限于沦陷区,无法发往内地,但通信尚可。杨先生就把《科学画报》一页页撕下来,分装在几封信里,寄给在桂林上学的女儿,再由她组织人员翻印装订向大后方的读者发行。由于翻印时只能印文字,无法复制图画照片,因此那时桂林发行的是无画的《科学画报》。

三是刊物销售下降。战事影响使得交通阻隔,各地联系不便,《科学画报》印数大幅度下降,销路萎缩,从原先的两万份以上下跌至几千份。

四是广告业务骤减。报刊是广告的重要载体。《科学画报》从创刊起就十分注重广告的刊登和经营,并设立《科学画报》广告部。科学与广告相结合,既能传播科学思想,也为刊物出版带来经济效益。全面抗战爆发后,不少报刊被迫停刊,《科学画报》上刊登的广告数量明显减少。直到1941年广告才又重新增加,且具有战时广告特征,如工业品广告逐渐增多,书籍广告中出现了适应战时需要的军事书籍广告。

五是纸张价格陡涨。在上海,抗战之前报业纸张供应较为稳定,但受淞沪战局影响,纸料开始缺乏,纸价飞涨。1937年至1939年上海纸张从"每令不及六元",涨至近三百元。[①]1941年日军侵占租界后,上海与外地联系全部中断,在最艰苦的时期,画报纸张不得不由薄道林纸改为白报纸。

六是办刊经费紧缺。《科学画报》是由中国科学社负责编辑,中国科学图书仪器公司负责印刷发行,共同垫款创办的不以营利为目的科普期刊。全面抗战期间中国科学社内迁,中国科学图书仪器公司经济总体不景气,因此这一时期《科学画报》办刊经费困厄不可避免。

---

① 陶亢德:《关于文化用纸问题》,《申报》1943年3月27日。

受战事影响，《科学画报》在内容、印刷、发行、出版等方面遭遇了重重困难，但主办人员仍旧坚守自己的岗位，一直坚持出版，整个战争期间，除少数几个月未能按时出版外，基本保证了每月一期的出版量，并且还在桂林发行后方版。

2. 办刊宗旨与内容特色

1939年7月，《科学画报》创刊6周年之际，第一次明确提出"格物致知，利用厚生"的办刊宗旨。卢于道在《科学知识的两重意义》一文中对其内涵进行了阐释："所谓格物致知，意思就是说用客观的态度，求物质界的知识。其本身的含义，是唯物的，不是唯心的"；"纯粹科学由许多学者勤劳工作而日益发展，结果乃影响于实践生活，使我们日常生活更丰富更进步，这就是所谓'利用厚生'了"；"惟有格物致知，利用厚生的知识，才是科学的知识；倒过来说，亦就是：科学的知识一定是既格物致知，又利用厚生，这是科学知识的两重含义。""格物致知，利用厚生，就可比是推科学往前进的两个轮子，左面一只轮子斜倒了，右面一只亦必会跟着斜倒。同样，左面一只轮子如果前进，右面一只轮子亦跟着前进。二者同时并进，这就是车的前进，亦就是科学的前进。"[1]

《科学画报》在内容、栏目和表达方式上仍有自己的特色。内容上，除与战争有关的文章外，生物学、机械电工、天文气象、地学、物理、化学等各基础学科知识，以及世界各地最新的科技知识和信息占主导地位；栏目设置上，以科学新闻、理科教材、小工艺为固定栏目，适时增加生理常识、妇孺科学读物、化学药剂、人生科学等栏目，各栏目相对固定，并无较大改变；作为特色之一的、由知名科学家撰著的长篇专栏，如茅以升的《钱塘江桥工程》、孟心如的《化学战》、蔡邦华的《养蜂学》等，也都坚持连载。形式上，依旧采取图文并茂的形式，以通俗易懂为原则配发图片，保持了其原有的风格和特色。

抗战全面爆发后，《科学画报》也发生了明显变化。

第一，与战争相关的科普报道大量增加。有人对1938年《科学画报》进行统计，发现一年十二期共609篇报道中，74篇与战争直接相关，平均每期6篇。内容上，有防空知识介绍，如《用落下伞炸弹防空》《伦敦的气球防空洞》《陆上防空新利器》《圆锥形防空室》等；武器类知识，如介绍炮弹类的《谈野战炮》《猛烈

---

[1] 卢于道：《科学知识的两重意义》，《科学画报》1941年第7卷第9期。

炸弹的威力和防御法》《新式灭火炸弹》等；介绍枪械类的，如《机关枪之话》《新式枪向天空喷射弹雨》；还有关于轰炸机、战斗机、飞机等大型武器装备的报道，如《快速的战斗轰炸机》《战争机械转向小型发展》《世界最大的军用飞机》《无线电操纵的靶子飞机》等；除此之外，还有例如《军用犬》《黑夜传输的军用鸽》等具有新奇性的科普介绍。

第二，发表与战争相关的"通论"。《科学画报》每期会有一篇类似头条的文章，一般由知名科学家执笔，或发表有特殊见解的社论，或刊载与科学相关的重要论文等，积极配合抗战，体现了战时的责任与担当。1937年8月至1939年6月《科学画报》共刊发了22期，其中有14期刊载的社论与战争有关，占总数的64%。这些文章或阐明科学与战争的关系，如第5卷第10期应雏的《科学何能为力哉？》、第5卷第15期允中的《现代战争非科学之罪》等文章，都对"科学是战争的根源"的说法进行了批驳，为科学正名。或对战争中的武器、战争形势进行解读，如第5卷11期杨应雏的《科学能阻止空袭乎？》、第5卷12期杨应雏的《毒菌弹果能实现吗？》等文章，及时传播科学讯息，粉碎战时谣言，避免恐慌情绪的蔓延。或报道抗战的情况，从宏观上对战争进行分析，激励人们，如第5卷第17期允中的《决胜不在武力》等文章。

第三，出版《科学画报》战时特刊。1937年10月1日至11月23日，《科学画报》紧跟时事，配合抗战，介绍军事科技，共出版10期《战时特刊》，每5到7天一期，共发表了54篇文章，数字达10余万之多。战时特刊每期出版的内容均为与战争相关的军事知识，每期三至八篇，介绍枪炮、坦克、军舰、空军与防空、化学战与防毒以及战时卫生常识等。所刊文章信息丰富、权威专业，为抗战提供了急切有用的科学知识。

第四，新增"国外版图画增刊"。为了扩大国际影响，《科学画报》在第6卷第6期至12期，也即1939年10月至1940年6月，增加了用4页铜版纸印刷的国外版图画增刊，用真实的图片向读者展现国内外受战争影响的方方面面。该增刊共出版9期，刊载文章28篇，随《科学画报》原刊一同出版。内容主要为介绍国外反法西斯的情况和祖国风光，如《坚苦抗战中的波兰军》《英国新型步兵和其装备》《云冈石窟》《曲阜孔庙》等。

三、中国科学仪器图书公司及其编译出版

1. 参与"国化教科书"运动

1930年代,科学在中国有了较快的发展,科学本土化的问题也引起了人们关注。1931年,蔡元培在《国化教科书问题》中指出,各高校科学教育大多使用外文原版书,所举证明原理的实例都取材于国外,用来教中国学生,不仅"隔膜惝恍",而且学生"将来出而应世,亦不能充分应用"。1933年,中国科学社对全国大学一年级及高中二、三年级使用的科学教材做了调查。结果发现,各年级使用的科学教本,除中学生物学科外,其他各学科多使用英文原版教材,其中高中约为70%,大学则为93%,原版的英文科学教材在高中及大学一年级的科学教材中占绝对支配地位。这种状况对中国科学社触动较大,引起了社员们的反思。

任鸿隽认为,造成这一现象的原因,一是教者及学生还不曾摆脱对西文的崇拜心理,二是中文出版的书实在太差了,而且选择又少,不容易满足各个学校的特别需求,所以不得不取材于异域。其中又以第二个原因占比大一些。为了改变这一现状,为各门科学"树一个独立的基础",自1930年代起,中国科学社加快了编译科学教科书的步伐,开展了持续的、编译中文科学教材的活动,并根据具体国情改造和完善科学教育。在"国化教科书"实践过程中,科学家们自觉意识到编译中文教材对科学教育"中国化"的重要意义。任鸿隽说:

> 吾所以反对外国语文讲授之理由,不特因语文隔阂,学者不易了解,即了解矣,亦用力多而成功少。抑且言及科学,学者本有非我族类之感想。设更用外国语教授,则此种学问将终被歧视而不易融合为中国学术之一部分。[1]

中国科学社十分重视中文科学教材的编制、翻译工作。全面抗战期间,中国科学社事业总体上陷入困境,不过对于编译出版事业来说,不仅没有停止,相反,迫于生存的现实压力和对本土科学文化的自觉追求,中国科学社开始组织

---

[1] 任鸿隽:《一个关于理科教科书的调查》,《科学》1933年第17卷第12期。

专家有计划地编译"大学用书",力求将西方知识本土化。中国科学图书仪器公司编译出版了一大批西方教材,尤其是在理化、土木、水利、电工等方面,成果丰硕,完善了大学科学教材,在科学教材本土化方面做出了开拓性探索,为近代中国大学的科学教材建设做出了贡献。

1938年6月29日,中国科学社在上海社所召开全面抗战以来第一次理事会。出席会议的理事有孙洪芬、任鸿隽、秉志、杨孝述,董事胡敦复和《科学》主编、明复图书馆馆长刘咸列席。会上,杨孝述提议,目前避难上海之学者颇多,可利用其时间编译土木工程丛书以为战后复兴之一种准备,拟选择翻译美国函授学校所用美国技术学会(American Technical Society)出版的土木工程学巨著一套7册,科学图书仪器公司代为发行,稿费以版税为原则,用中国科学社各种奖金利息余款款项拨付稿费或预支版税。理事会议决"即办",并推定汪胡桢、顾世楫为中国科学社土木工程丛书主编人。7月初,土木工程丛书编译委员会组成,沈宝璋、许止禅、萧开瀛、马登云、朱浩为编译委员。

杨孝述1940年1月曾在该书"序"中如是说:

中国科学社负发扬科学文化之使命,近年来经本社出版之科学书籍,虽已逐渐增多,惟尚无独成系统之专著,而于应用科学方面,尤感缺乏,爰有编译工程丛书之议,借以弥此缺憾。但工程学门类至繁,从事编译,岂属率尔操觚所能济事,其未能早日见诸实行者,经费与人才之困难,实为其主要原因。

一九三八年春,本社虽处于特殊环境之中,惟出版事业尚未受若何影响。是时社友汪胡桢、顾世楫等适来海上。诸君之于土木工程学,造诣甚深,且在工程界任职历二十余年,久著劳绩,其于著述之事,亦深感兴趣而游刃有余。故经本社理事会议决,以主编实用土木工程学之事任之,而为本社发行工程丛书之嚆矢。

土木工程学虽仅属工程学之一门,惟其范围之广,效用之宏,远非其他任何工程学所可比拟。即在国家承平之日,凡属发展交通、水利,改良卫生、市政之事,几无一非土木工程师是赖。他日战事结束,百端待举,其最感迫切而需要者,恐更无过于土木工程学范围内之各项建设,良以其有关国计民生,至为深切。本社乘此时机,特先以此书问世,亦所以稍为国家贡献于万一耳。①

---

① 沈宝璋、顾世楫译述《实用土木工程学第一册 静力学及水力学(第八版)》,中国科学图书仪器公司,1951,"序"第1—2页。

1940年3月8日,中国科学社第142次理事会上,杨孝述报告称该丛书已出版6种,尚有6种预计于年内出齐,"全部校对为求精审起见",由顾世楫一人担任。1941年9月,该丛书12册均已出版,并已再版。其后该丛书再版多次,其中第一册、第二册到了1951年已经出版第8版。可见其影响之大。

在翻译出版实用土木工程丛书之后,由汪胡桢倡议,中国科学社又组织编译了捷克斯洛伐克布吕恩大学名教授阿·旭克列许(Armin Schoklitsch)的《水利工程学》。此书包罗宏富,取材精当,凡有关水利工程之门类俱已列入,为水利工程方面之必备参考书,由中国科学图书仪器公司出版。该书中译本分成5册,计1118页,插图与照片2057幅。据汪胡桢所言,本书的翻译体例,多承"中华教育文化基金董事会任叔永先生及中国科学社总干事杨允中先生指教"。该书最初由商务印书馆出版,因太平洋战事爆发,直到1944年才由水工图书出版社委托中国科学图书仪器公司排印。到1947年11月"始竣事"。

中国科学社主持编译出版的这两套大型工程丛书,为抗战及战后建设做出了贡献,也是工程科学中国化的重要成果。

在物理教材方面,自1920年代始,由科学名词审查会组织、中国科学社主导的物理学名词审查工作逐步展开,为国内物理学名词的统一积累了丰富的经验。与此同时,中国科学社组织编译出版了许多物理教材。1939年,蔡宾牟编《物理常数》一书并出版,该书包罗甚广,与物理有关的天文、气象、地理、化学、数学等常数都包括在内,极便于检阅。

在化学教材方面,1943年5月,中国科学图书仪器公司出版叶治镛的《半微量定性分析》,该书为大学化学教学用书。此书久为学术界所推重,历年行销甚广,大学用作教本者尤多。化学科学家郑兰华为其言:作序,"余深信此书之问世,将于我国化学教学史上,开一新纪元。"叶治镛在"自序"中亦阐明了编著此书的原因:"德国战争机构之强大,论者多归功于其化学工业,非过言也。反观吾国,国步艰危,民生凋敝,非振兴化学工业,实不足以图富强。顾化学工业之发展,非可一蹴而几,必先于化学教育树其基焉。吾国科学瞠乎人后,专科以上之教授,率采用西文课本,此实讲求学术之一大障碍。盖专赖外国文字为研究之工具,而其国之科学能发达普遍者,未之有也。"①半微量分析之教本,当时国内出版者"绝无仅有",可见该书在我国大学化学教育方面的开拓性作用。

太平洋战争爆发后,中国科学社总部内迁,除了《科学画报》编辑部继续勉力经营,其他事业多已停顿,上海仅剩下留守委员会,《科学》主编刘咸失业。为缓解生存压力,部分社员集资设立电工图书、化工图书两个出版社,专门从事图书的编译出版,中国科学社投资十万元基金予以资助。其中电工图书出版社出版的《电工技术丛书》,总编辑为杨孝述,编辑委员会有杨肇燫、毛启爽、丁舜年、赵富鑫。此书在物理学、电学领域有着深远的影响。据丛书"凡例"言,丛书编译的目的,为训练电机工程事业各项中级工程师及高级技工之用;采用美国国际函授学校(International Correspondence School)所编之教本为依据,延聘专家,从事编译。该书注重实用性,说理浅显,插图丰富详明,与正文相得益彰,颇具特色。

2.出版科普著作

出版发行方面,中国科学图书仪器公司印制和销售中国科学社社员编写和翻译的各种科学书籍。除了学术著作外,还出版了不少科普读物,内容涉及人物传记、家庭起居、天文地理、小工艺和科学小魔术等,主要面对学生、妇女等,内容广泛,取材简单,通俗易懂,深受大众的喜爱,一再增印。例如,杨孝述、胡珍元编《家常科学丛书》,该丛书共九编,分别为《书室》《家屋》《厨房》《煤柴间和洗衣处》《浴室和饭堂》《坐室》《缝衣室》《衣服室》《首饰箱》,介绍与日常生活相关的科学知识,让人们觉得科学就在身边,科学与生活紧密相连。

3.服务抗战需要

全面抗战期间,中国科学图书仪器公司为服务抗战对敌的需要,出版了不少抗战读物,如编译《现代肥皂制造法》《洗濯化学》等,着重实用和技术训练。1939年11月,王寿宝编译的《军队渡河工程》出版。在"译者弁言"中,王寿宝说:"抗战迄今,行将二载,国家之命运,实系于斯。倘欲坚持到底,而获最后之胜利,自非恃充分之人力、财力、物力,多多报效不为功。译者有鉴于此,爰译是

---

① 叶治镕编著《半微量定性分析(第七版)》,中国科学图书仪器公司,1951,"自序"第4页。

书,以贡献于前方抗敌志士,或有一二足资借鉴采纳者乎。"①

此外,中国科学仪器图书公司在全面抗战期间还利用自己的销售渠道,主动承揽抗战后方各省文化机关的科学研究报告等的印刷工作,并代为寄送。

第五节　年会活动与学术交流

日军全面侵华,使准备就绪的中国科学社第22届年会被迫推迟,学术交流陷入困境。敌寇的轰炸,使得大后方的科学家普遍过着"逃警报式的生活"。上至国立研究院、下至各大学之研究院与研究所,多经济困难,不能发展。"各种学会,凡是在抗战以前成立者,皆很少活动"。

全面抗战期间,中国科学社除了发行刊物、开展科研外,也一直没有放弃与其他科学社团的学术交流。战争导致交通阻隔,各地社友颠沛流离,中国科学社和其他科学团体的联合年会只能按地区组织,因地制宜开展形式多样的学术交流活动,包括支持各地成立社友会,组织召开联合年会,进行专题讨论、参观考察,举行学术演讲等。1942年随着国际形势的好转,中国科学社在学术交流方面趋于活跃,尤其是注重加强与各学术团体的合作与交流,最大程度降低了战争给中国科学带来的不利影响,显示出中国科学界团结一致抵抗日寇的信念和决心,促进了大后方地区学术交流活动的开展和科技的进步。

一、社友会的成立及其活动

全面抗战时期,中国科学社成员主要集中在重庆、昆明、成都等地,各地区之间的联系和交流相对困难。为此,中国科学社在西部各地扶持成立了多个社友会。

1938年7月16日,由熊庆来、何鲁、严济慈等发起,昆明社友会成立,选举熊庆来为会长,何鲁为书记,严济慈为会计。1943年12月25日,中国科学社昆

---

①《军队渡河工程(第三版)》,王寿宝译.中国科学图书仪器公司,1947,译者弁言。

社友会与中国天文学会、新中国数学会在云南大学联合举行牛顿诞生300周年纪念会。由国立中央研究院天文研究所所长张钰哲讲"牛顿对于天文学之贡献",国立西南联合大学教授陈省身讲"微积分的发现与发展"。

1940年11月30日,在四川北碚成立北碚社友会。全面抗战期间,北碚云集了不少科研机构。1941年9月21日,中国科学社在气象研究所召开北碚社友会,活动的主题即观测日全食。竺可桢在会上做了主题演讲,介绍观察日全食的意义。

1943年1月3日,重庆社友会议定7月在北碚召开年会。范旭东主张专门名词使用英文,竺可桢主张科学社应集合各科学团体成立科学协进会。

1940年浙江大学在遵义东边的湄潭县城和湄潭县的永兴镇两处建立分部。1943年2月17日,浙江湄潭社友会成立,胡刚复当选会长,张孟闻为书记,钱宝琮为会计。

1943年10月23日,以武汉大学社友为主,成立乐山社友会。

10月31日,与北碚一江之隔的复旦大学所在地夏坝,有社友50余人,按照章程成立了社友会。1944年6月11日,中国科学社召开内迁后第七次理事会会议,追认夏坝社友会成立。林一民当选会长,王述纲为书记兼会计,理事有何恭彦、张孟闻、李仲珩、陈望道、卢于道等。

全面抗战期间,中国科学社各地社友会的成立,多与某个知名高校有着密切的联系。各地分社的成立,促进了社务的发展。这些社友会依托高校等机构,在快速吸纳新社员、传播科学等方面发挥了积极的作用。中国科学社新社员人数快速增长。随着抗战形势的好转,中国科学社社员迎来了"扩张式"增长。如1942年年底理事会一次性通过新社员126人。1944年后,中国科学社活动开展频繁,不到4个月就召开了3次理事会,通过新社员105人。

二、召开联合年会

随着内迁学术机构逐渐稳定下来,中国科学社先后于1940年、1943年、1944年联合多个专门学会召开了联合年会,于学术交流之外更为抗战建国献计献策。

1. 第22次年会

1940年9月14日至18日,中国科学社与中国天文学会、中国物理学会、中国植物学会、新中国数学会、新中国农学会等6个学会在昆明云南大学举行联合年会,此亦为中国科学社第22次年会。有熊庆来、李书华、周仁等180人出席,其中国科学社社员62人。收到年会论文115篇,分组进行宣读。年会期间举行了四次公开演讲,讲题涉及西南诸省的农业生产、矿产开采等。[1]

2. 第23次年会

1943年7月18日至20日,中国科学社与中国动物学会、中国植物学会、中国地理学会、中国气象学会、中国数学会等在北碚举行六学术团体联合年会,向外敌宣示"飞机炸弹不能毁灭"学术研究,也向国人宣示"学术研究并不因国难而中辍"。本次年会亦为中国科学社第23次年会。到会200余人,由联合会名誉会长翁文灏任主席。会议共收论文400余篇。李约瑟在会上演讲《战时与平时之国际科学合作》。社务会决定科学社社员常年费20元。理事增为26人,加总干事共27人。会上对当局的教育与科学设施提出了批评。冬,在重庆召开理事会,讨论如何克服困难开展工作和复刊《科学》,并通过了聘张孟闻为《科学》总编辑的提案。

联合年会除进行学术交流、社务讨论之外,还对科学与建国、国际科学合作进行了专题讨论。最终决议以大会名义致书中枢,请求增加经费,加强各优秀学术团体和中央研究院的研究工作,增加理论科学留学生名额,并陈述改善教育之方法,促使政府在国家科学战略上有所作为。[2]

3. 第24次年会

1944年11月4日至6日,中国科学社与新中国数学会、中国物理学会、中国生理学会、中国遗传学会、中国心理学会、中国营养学会、中国动物学会、中国植物学会、中国地理教育学会、中国牙医学会、中国药学会等11个团体在成都华

---

[1]《中国科学社·本社第廿二届年会纪略》,《社友》1940年第69期。
[2]《两大论题——六学术团体年会尾记》,《大公报》1943年7月24日。

西大学召开联合年会暨中国科学社成立30周年纪念大会。本届纪念大会分地举行而以成都为纪念大会之中心,此也为中国科学社第24次年会。任鸿隽、卢于道等社友300余人到会。年会期间,举行了社务会,修改了社章,将董事会改为监事会,由9人组成;理事26人,合干事共27人,任期3年,每年改选1/3。共宣读论文152篇,分为9个组讨论。[①]

年会上,参会人员在学术交流研讨、科学通俗演讲宣传之余,还进行了"科学与四川建设""科学与社会""科学教育"三个专题讨论。其中"科学与四川建设"形成决议:"拟请政府每年在国家预算中列入科学研究实验费";"川民科学教育应重质不重量"。"科学与社会"决议也为两条:"为策进科学之效用起见,战后应有科学的国际组织";"为策进科学效用起见,吾人应注意社会之需要"。在"科学教育"专题讨论中,与会者就大学、中学、小学和社会四个层面的科学教育提出了一系列的主张,其中关于中学科学教育者为:中学应注意充实理科设备;中学科学教育应注重实验方法训练;师范学校应注重科学学科,以培养科学师资。并将这些决议提交给了相关机构。

成都联合年会可谓规模盛大。除了在成都举行纪念大会外,昆明、贵州湄潭及重庆北碚三地的中国科学社社员也分别于这一时期联合有关科学团体举办了纪念中国科学社成立30周年的活动和联合年会。

10月14日至15日,昆明社友会与其他科学团体举行昆明区年会暨中国科学社成立30周年纪念会,有梅贻琦、周仁等260余人到会,宣读论文150篇。

10月25日至26日,湄潭社友会在浙江大学文庙举行湄潭区年会暨中国科学社成立30周年纪念会。大会由胡刚复主持,100余人到会,宣读论文80篇,分为生物学、化学、物理、农学等4个组讨论。会上,竺可桢报告了科学社的历史及社务。名誉社员李约瑟亦出席并致辞,表达了加强中西学术合作的意愿。钱宝琮做了"中国古代数学发展之特点"的学术演讲,李约瑟夫人李大斐做了"肌肉运动之生理化学机构"的演讲,听众云集。[②]

10月31日,国民政府主席蒋介石致电任鸿隽,祝贺中国科学社成立30周年,电文中称"无科学即无国防;无科学亦无民生","贵社诸君子咸能坚贞宏毅

---

①《本社三十周年纪念大会暨二十四届年会记》,《科学》1944年第9—12期。
②许为民:《中国科学社与浙江大学》,《科学》1997年第2期。

各就其职分所在,埋头苦干,为科学而奋斗,尤堪嘉尚"。[1]

12月25日,北碚社友会举行北碚区年会暨中国科学社成立30周年纪念会和中国西部科学博物馆开馆典礼。有翁文灏、任鸿隽、钱崇澍等300余人到会,收到论文27篇。同日召开理事会,议决聘请张孟闻担任总编辑。会议通过《中国科学社成立三十周年宣言》:

(一)吾人承认科学为智能权力之泉源,为建设现代国家,必须全力以赴。(二)吾人承认科学在我国特别落后,为求与先进诸国并驾齐驱,必须以人一己百、人十己千之精神进行。(三)吾人承认凡世界文明人类皆有增加人类智识产量之义务,因此,吾人对于科学必须有独立之贡献。(四)吾人坚信科学系为人类谋福利快乐而非为侵略残杀之工具,因此对于科学之应用,必须严定善恶之标准。信能行此四者,不唯本社格物致知,利用厚生之宗旨,非托空言,即明日之世界,亦将以吾人之努力而愈进于光明。[2]

1945年7月1日,中国科学社与中华自然科学社、中华农学会、中国工程师学会等学术团体派代表在中央大学(位于重庆沙坪坝)召开中国科学工作者协会成立大会,会议由任鸿隽主持,涂长望、潘菽报告筹备经过,中华自然科学社代表沈其益、中华医学会代表梁希、中国工程师学会代表顾毓琇等出席大会。会议通过《会章》及《缘起宣言》,后于8月间选出理事会,理事长竺可桢,总干事涂长望,常务监事李四光。

西部年会的举行,一定程度上促进了科学在西部的传播;同时也表明,即使在战争的艰难岁月,科学家们仍能坚持科学研究,通力合作以推进学术交流。

三、开展国际交流与合作

日军全面侵华之前,中国科学社与国际学术界保持密切联系。"卢沟桥事变"前夕,邀请世界著名物理学家尼尔斯·玻尔访华。日军全面侵华后,由于战

---

[1] 樊洪业:《〈科学〉杂志与中国科学社史事汇要(1936—1946)》,《科学》2005年第4期。
[2] 《中国科学社成立三十周年宣言》,《科学》1944年第27卷第4期。

争所造成的种种困难,中外科学文化交流受到巨大影响,直到太平洋战争爆发后才又趋于活跃。1939年1月29日,应美国政治与社会科学学会之邀请,中国科学社理事会决定派胡适代表出席在美国费城召开的美国政治与社会科学学会年会。此外,赵元任还参加了第六届太平洋国际学术会议等。

全面抗战期间,中国科学社积极参加国际学术交流,邀请外国科学家来华沟通中外科技交流,主动寻求对外科技交流与合作,以各种渠道获取国外科技情报资料、仪器和药品,服务于抗战的需要。

1. 尼尔斯·玻尔与中国科学社

尼耳斯·玻尔(Niles Bohr, 1885—1962)是20世纪最伟大的物理学家之一。他在1913年所创立的原子结构理论奠定了现代物质结构理论的基础,发展了量子论,并因此荣获1922年诺贝尔物理学奖。早在20世纪20年代初,中国科学社就开始着手介绍玻尔的工作。1929年4月,周培源到哥本哈根,参加了玻尔召集的会议。1937年初,周培源邀请在美国访问的玻尔访华,其后吴有训先后两次致电邀请玻尔访华。4月30日和5月7日,玻尔先后两次给吴有训回信,表达感谢并告知将访问中国。5月20日,玻尔访华。22日,中国科学社与中国物理学会、中国化学学会联合在上海举行晚宴,招待玻尔。《科学》第21卷第6期刊登玻尔照片,向国人介绍玻尔。玻尔在访问上海、杭州、南京、北平期间,先后受到丁燮林、庄长恭、杨肇燫、胡刚复、竺可桢、王淦昌、赵元任、吴有训、饶毓泰、李书华、孙洪芬等科学界知名人士的热烈欢迎,他们均为中国科学社社员,或陪同参观,或交流讨论,与玻尔一家建立了深厚友谊。玻尔在中央大学分别做了关于"原子核""原子物理中的因果性"的演讲,引起了国内科学界的高度关注。

2. 李约瑟与中国科学社

1943—1944年,受英国文化委员会的资助和英国生产部的支持,李约瑟博士出任英国驻华使馆科学参赞和英国驻华科学考察团团长,并在重庆组建中英科学合作馆。来华之后,李约瑟在云南、贵州、四川参观了许多学术单位,接触到上千位学术界著名人士。通过英国文化委员会,李约瑟给中国科学社供应了当时中国所缺乏的新刊和图书,并从印度代购了科学社急需的仪器和化学药剂。经他努力,全面抗战期间的中国科学研究成果远播国外。[①]李约瑟在其所著的《科学前哨》一书中介绍了北碚中国科学社生物研究所。

1943年7月,李约瑟在北碚年会上演讲《战时与平时之国际科学合作》。他认为,中国与西方国家科学上的合作,应日益加强。这种国际科学合作的必要性在于,当时中国许多试验室均在一种饥饿的情状之下,已经与世界科学思潮隔离很久了。它们需要各种科学文献之供给,到了一种可怕的程度。他认为,国际科学合作工作主要之意义,在使各国政府承认科学合作之重要,并安置一些有资格的科学家们于相当之位置。由此,他指出,那种由科学家在某个国家以个人身份,甚至虽以大学和协会中团体的名义,但仍以个人身份进行跨国界的互相联系即足以开展研究的时代,已经一去不复返了。反之,代表遍及世界各地的国际科学合作组织将应运而生。这种国际组织的直接目的之一,是将最先进的应用科学和纯理论科学从高度工业化的西方国家介绍给工业化程度较低的东方国家;但是也会有大量相反的介绍。

李约瑟的中国之行给中国科学社社员们留下了深刻印象。社员们纷纷撰文,呼吁加强国际交流与合作,任鸿隽发表于1944年第27卷第1期《科学》上的《国际科学合作的先决条件》一文颇具代表性。文章指出:科学是有国际性的。……一方面是说科学是人类智慧的公共产品。科学智识应该公开出来为全人类谋幸福,不应由少数国家或少数人据为独得之秘,阻碍人类的进步。另一方面,科学的本身,须靠了国际(间)学者的合作方能得到迅速的发展。在他看来,国际科学合作的先决条件为:必须要有与人并驾齐驱的科学;增加并充实科学研究的机关。[②]同年3月19日,重庆及沙磁区社友召开社友会,会议明确提出:"为使我国科学家之贡献能传播于国际学术界,并使国外科学成就能供吾人借镜计,本社应以国际科学合作为主要工作之一"。[③]可见,中国科学社参与国际交流与合作的意识正日益加强。

[①] 许为民、张方华:《李约瑟与浙江大学》,《自然辩证法通讯》2001年第3期。
[②] 任鸿隽:《国际科学合作的先决条件》,《科学》1944年第27卷第1期。
[③] 《本社重庆社友会开会》,《科学》1944年第27卷第4期。

# 第六章 中国科学社的抉择与转变（1946—1949）

1945年9月2日，日本侵略者在投降书上签字，中国人民迎来了抗战的胜利。中国科学社也从艰难岁月中走出来。人们充满了对新生活的期盼，但"这种乐观的想象突然之间化为泡影"，因为内战的阴影又不时笼罩在人们的心头。尤其是抗战后通货膨胀更加严重，人民生活更加困窘，中国科学社的处境日益艰难。到1949年，中国科学社甚至"以出售旧存报纸与借款募捐来维持残喘"。

第一节　抗战后中国科学社的发展

抗战胜利后，中国科学社的社务务活动由战时状态转向常态。但随着内战局势的发展，其也开始出现一些新的变化。例如注重与其他科学团体联合行动，发表宣言，提出"科学建国"的主张。

一、战后复员

1945年9月2日，侵华日军在投降书上签字，标志着抗日战争终于取得了胜利。中国科学社也从这段艰难的岁月中走了过来，1945年10月，中国科学社总部和《科学》月刊编辑部迁回上海。

抗战胜利后，科学社的处境反而在不少方面处于更加困窘的地步。经过国民政府的几次币制改革，国内通货膨胀严重，科学社所有债票皆成废纸，少数银行存款及公司股本，也变得毫无价值。《科学》出版遭遇了巨大困难。1946年初《科学》杂志每期的售价为法币600元，到1948年9月已涨到法币90万元。因此，筹款成为战后中国科学社面临的首要任务。

据张孟闻在《中国科学社略史》中的回忆，抗战后国民党行政院也曾于1947年拨助科学社复兴修建费3亿元，购置图书仪器费2万美元；中纺公司也资助科学社1亿元。但这笔钱实际上远不能补偿科学社在全面抗战时期所蒙受的巨大损失。当时大学教授的月工资为70万元，但只相当于战前法币的35元，按这样的比例，4亿元只抵全面抗战前的2万元。而科学社几经周折领取到的购置图书的2万美元，到手时已经贬值到只抵原来的四分之一。

当时大部分在科研机构和大学工作的科学社社员，都在经受着贫困的煎熬，甚至不少社员因参加了爱国民主运动而遭到国民党当局的直接迫害。卢于道在《科学工作者亟需社会意识》一文中说出了科学工作者的悲惨遭遇：

科学界人士尽管安贫乐道，可是生活却被压在油盐柴米里，甚焉者其职业是在教人而自己的子女受不到教育，整天在研究营养而本身营养不足，专长是研究心理而本人就精神萎靡以至于神经衰弱。孟子说过，"无恒产而有恒产心者惟士为能"，照目前状况而言，这些科学之士，并不是恒产有无问题，而是身体热量够不够问题，这种惨遇，孰令致之？①

但是这些并没有吓倒科学社社员们，因为经过了抗战，社员们被枪林弹雨铸造得更加顽强，中国科学社也在战争中得到血与火的洗礼，以更坚韧的面貌出现在世人面前。

1945年10月30日下午，中国科学社在上海社所举行了复员东归后的第一次理事会，讨论抗战胜利后怎样恢复各项事业，出席者有任鸿隽、竺可桢、秉志、顾毓琇、杨孝述等。当时南京的生物研究所所址于1938年被日本侵略者焚毁，只存"一片荒场"，生物研究所又"急待东归而无复员之地"，因此理事会议决"本

---

① 卢于道：《科学工作者亟需社会意识》，《科学》1947年第29卷第5期。

社南京社所被毁,应向当局报告损失,请求索赔",同时还决定,为了争取恢复发展,开展经费募集和向海外征集图书的活动:总社及生物研究所经费暂定为每月四千万元为目标进行筹募","明复图书馆书籍亟应充实,可向教育部文化资料委员会申请'图书缩影软片',所缺国外旧杂志及新图书,设法向国外征求赠送。①复员完成前,上海社所社务仍暂请照料委员会及上海社友会维持。

1946年4月9日,中国科学社理监事联席会议上,总干事杨孝述报告称任鸿隽募捐了500万元充实基金,"本社经费大为乐观矣"。1947年8月,卢于道出任中国科学社总干事。

1947年10月31日,中国科学社理事会议决向"热心社会事业之国内富有者及海外华侨"募捐,成立"募捐委员会",推举黄伯樵、章元善、茅以升、裘维裕、张孟闻、任鸿隽、杨孝述、秉志、卢于道为募捐委员会筹备委员,以任鸿隽为筹备委员会召集人。11月,向社会发出《中国科学社为复兴最小限度之科学事业募捐启》。不过,这次募捐并不尽如人意。故到了1948年,开始征求团体赞助社员,寻求经费支持,以维持社内事业,为此,理事会讨论了团体赞助社员征求办法,并分别派定接洽人员与征求对象。1月,中国科学社发出"征求团体赞助社员启事",征求对象为与科学相关的学术团体和实业机关,其义务为供给本社研究资料,支持本社事业。经过筹措,1948年3月18日,理事会通过了永利化学工业公司(年费)、中国科学图书仪器公司(半年费)、久大盐业公司(5个月月费)、淮南路矿公司(5个月月费)、荣丰纺织厂(月费)、中国纺织机器公司(月费)、新安电机制造厂(月费)等7家单位为团体赞助社员。在团体赞助社员的支持下,中国科学社勉力维持这一时期的经济开销。

科学研究与科学普及仍是中国科学社的工作重点。生物研究所是中国科学社最为成功的事业,但在全面抗战期间损失最为严重,是战后中国科学社着力要恢复的重点工作。但中国科学社在生物研究所复员一事上却遭遇诸多困难。1946年3月,鉴于生物研究所复员无期,秉志与王良仲等合作筹建中国生物科学研究所。4月9日,在理事会、监事会联席会议上,任鸿隽希望秉志主持的生物科学研究所与生物研究所合并,或由生物科学研究所承担数位研究员俸

---

① 何品、王良镭编注《中国科学社档案资料整理与研究·董理事会会议记录》,上海科学技术出版社,2017,第271-272页。

给,令其在生物研究所从事研究,"以收出钱出力之效"。5月20日,秉志在理事会上报告接洽生物科学研究所与生物研究所合作情形,提出详细办法,等待生物研究所复员来沪后再行商量。5月23日,钱崇澍致函复旦大学校长章益请求复员帮助,"便运书籍及植物标本二百箱"到上海。在信中,钱崇澍表明复旦大学对生物研究所"书籍及植物标本"具有"优先借用之权利",并提请复旦大学注重科研工作,以增加校誉。6月12日,秉志坚辞生物研究所所长一职,并举杨惟义任所长。1947年2月,生物研究所的图书资料由民生公司负责装运回沪。

1947年5月10日,中国科学社理事会开会议决,同意杨惟义辞去生物研究所所长职务,由秉志着手恢复该所工作。12月,生物研究所将收藏于上海的动物标本赠与上海市博物馆。因无固定场所,生物研究所将其暂时放在明复图书馆,直到解放后移交给中国科学院。

这一年5月,中国科学社恢复科学演讲,首场由杨肇燫演讲《科学发展之回顾与前瞻》。利用中国科学促进会拨款,由方子卫负责主持在明复图书馆顶层筹建本社的射电实验所,向公众做科普演示和展览。6月,曹惠群演讲《原子能及其应用》。

《科学》的发行在社中同人的努力下亦恢复正常。郑集教授曾谈道:

> 它的形式方面,自廿一卷起由刘咸教授主编以来,即面目一新,读者对象亦更明确。抗战期中,物质条件不备,纸张印刷略见逊色;但复员后,张孟闻教授主编以来,则不仅恢复旧观,而且更加一度改进,无论在编排方面,纸张印刷方面,均臻上乘。[①]

战后,随着科学家们的复员与欧美科技期刊的输入,《科学画报》在人力与材料上都有了保障,又逐步恢复起来。篇幅很快增加到48页,恢复科学新闻,集中报道原子能方面的消息。从1947年第13卷开始重新聘请特约编辑,恢复"读者信箱",组织了30余位各学科专家专门回答读者的问题,包括竺可桢、秉志、任鸿隽、吴有训、周仁、茅以升、严济慈、王琎、裴维裕、张孟闻、卢于道等,并将篇幅增加到60页,及时报道世界最新科学技术发展状况,恢复过去开辟的专

[①] 郑集:《〈科学〉的过去与未来》,《科学》1951年32号(增刊号)。

栏。但从第14卷第6期开始,因纸张紧张,篇幅与内容又大为缩减。

社务活动也在恢复中。1947年6月底,《社友》复刊,由于诗鸢负责编辑工作。7月29日,中国科学社举行茶话会,招待上海市府及文化、新闻、实业各界人士和社会名流,赵祖康、顾毓琇等60余人到会。

1948年11月11日,因为经费困难,中国科学社理事会不得不议决采取裁员紧缩措施。

二、两次年会

抗战胜利后,各机关团体忙于复员,经过一年多时间之后,1947年,中国科学社的年会提上了工作日程。与全面抗战前召开的学术年会不同,这一时期的年会远不如往日兴,原因有多种,其中关键的一点是内战正酣,局势动荡不已。中国科学社的事业规模已大大缩小,很多中国科学社社员日子都很难过。因此抗战结束后中国科学社年会渐趋停滞。如1947年的年会上除开会、作报告及宣读论文外,只做了"中国科学刊物展览会"一项宣传工作,而在全面抗战前的年会上,通俗演讲、科学表演或观看电影是必不可少的项目。1948年召开历史上最后一次年会,其后中国科学社转向与科学界的联合,在新旧交替中平静地过渡。

1947年8月30日至9月1日,中国科学社联合中华自然科学社、中国天文学会、中国气象学会、中国地理学会、中国动物学会、中国解剖学会等七团体在上海召开联合年会,这也是中国科学社第25届年会。年会共有论文185篇,分物理科学、生物科学与天文气象地理三组,分别由裴维裕、王家楫、竺可桢主持。会议在中央研究院上海办事处、上海医学院和中国科学社社所三个地方举行,到会社友及来宾400余人,大会由各团体主持人任鸿隽、竺可桢、朱章庚、陈遵妫、胡焕庸、王家楫、卢于道组成主席团,任鸿隽主持会议。翁文灏在演讲中强调科学演讲的意义,"此等公开演讲极关重要,不少科学界名宿即借此启发而进研成功",并以法拉第为例,指出各国科学团体,"经历皇朝兴革数次,而事业继续不衰,不因政治势力或思想变动而中辍"。①

---

① 《七科学团体联合年会宣言》,《科学》1947年第29卷第10期。

除开展学术讨论外,还举办了两次展览:一个是科学书籍杂志展览,一个是我国自制科学仪器的展览。还进行了"原子能与和平""改进我国科学教育之途径"两个专题讨论,会后就原子能问题和国内科学研究问题发表联合宣言,指出我国不重视基础科学研究,想通过输入原子能制造仪器与世界上科学先进国家并驾齐驱,是不可能的。为谋中国科学真正之发展,只有从根本上着手,诸如应充实科学教育之图书仪器、保障科学工作者的生活等,尤其是"科学事业宜有确定之经费与长久之计划"。[①]薛鸿达发言批评科学教育现状:1.受教育者太不注重常识;2.教育是填鸭式,不注重演绎推论,不注重启发性;3.重视通俗科学的人太少;4.缺乏必要设备;5.科学教育上缺少评论,同时缺少供给新颖的科学教材的杂志,缺少适当的机关来解答各方面的疑问。曹梁夏指出,中国科学社联合中国物理学会举行过几次公开演讲,以浅近的讲演启发青年学生。这种公开演讲今后应由大都市着手,再推行到小城市;同时,还可利用视觉辅助、科学电影等方式来推进科学教育。杨孝述认为,改进科学教育,一要养成科学精神,二要中学、小学、民众教育同时并重。具体而言,他主张学校教育之改进要以实验室为中心,培养学生动手实验的习惯和研究的兴趣。社会教育之改进从三方面着眼:第一,放映科学教育电影,第二,到各地做循环演讲以传播知识,第三,设法扩宽科学性杂志的销路。王琎主张科学教育应配合儿童的发展,培植儿童对科学的兴趣,使下一代的儿童养成一种趣味,使科学成为他们本身的一部分。[②]讨论会最后,曹梁夏提出应将师资问题提到科学教育的基础位置。

1948年10月,中国科学社联合中华自然科学社、中国遗传学会等9团体举行第26届联合年会。由于战争连绵,交通联络均不便,为了赓续学术交流,中国科学社决定在南京、北平、武昌、广州、成都、昆明等6个地区联合其他社团分别召开年会,这是中国科学社第26届也是最后一届年会。在双十节前后,南京十团体联合年会、北平十二团体联合年会、武汉七团体联合年会分别召开。北平十二团体联合年会,由中国科学社首先发起,先后加入的有中华自然科学社、物理学会、化学会、科学工作者协会、动物学会、植物学会、地质学会、昆虫学会、药学会、数学会、地理学会等。会期三天(10月9日至11日),地点在中法大学,

---

[①]《七科学团体联合年会宣言》,《科学》1947年第29卷第10期。
[②]《改进我国科学教育之途径(专题讨论会)》,《科学》1947年第29卷第10期。

由陆志韦主持。共宣读论文146篇,并就"如何利用科学改善中国人民的生活"进行了专题讨论。南京十团体联合年会于10月9日在中央大学大礼堂举行,参加者分别为中国科学社、中华自然科学社、新中国数学会、物理学会、天文学会、气象学会、地理学会、地球物理学会、动物学会、遗传学会,各团体到会人员共300余人,年会收集论文150余篇。任鸿隽做了题为《十字路上的科学家》的演讲,指出原子弹出现后科学家面临的伦理窘境。会议通过如下提案:1.建议政府按照捐资兴学奖励办法,奖励民间捐资兴办科学研究及发展等事业;2.建议政府确定总预算千分之五为科学研究经费;3.建议政府设立科学基金会,奖助科学研究,提选青年科学人才;4.请政府同美国交涉,准许放射同位元素输入我国。[1]武汉年会有化学会、物理学会、植物学会、动物学会等七团体参加。广东十二团体联合年会、成都的联合年会分别于11月中旬前后举行,前者建议在各大学增设原子能研究部门,后者通过"建议中央建设大西南"等提案。

三、致力于科学界联合

加强各科学团体的交流与合作,关注中国科学整体的发展,关注国家命运始终被中国科学社视为自己的责任。抗战后中国科学社无论是年会还是其他的活动,都发生了一个很大变化,那就是积极推动科学界的大联合,联合国内其他科学团体,开展组织活动。

1945年初,抗战胜利前夕,中国科学社与中华自然科学社、中华医学会和中国工程师学会开始筹备成立中国科学工作者协会。各科学团体代表于重庆沙坪坝多次商讨并广泛征求意见。7月1日,中国科学工作者协会在重庆中央大学召开成立大会,会议由任鸿隽主持,涂长望、潘菽报告了筹备经过,中华自然科学社代表沈其益、中华医学会代表梁希、中国工程师学会代表顾毓琇等出席大会。会议通过了中国科学工作者协会会章及缘起宣言。[2]该协会在《缘起》及《总章》里阐述了其主要观点,包括:

---

[1]《南京十团体年会》,《科学》1948年第30卷第11期。
[2] 谢立惠:《中国科学工作者协会的成立和发展》,《中国科技史料》1982年第2期。

(一)自然科学本身是超阶级的,科学可以造福于全人类;

(二)自然科学工作者不是超政治的,科学工作者既可用科学造福人类,也可能成为伤害人类的帮凶;

(三)"科学救国""科学建国"的口号是本末倒置。科学的发展需要有社会和物质条件;

(四)在科学与社会的关系上,社会是土壤,科学是花果,要有肥沃的土壤,科学才能开花结果;半殖民地半封建社会的中国,科学不受重视,自求惟恐不及,哪里还能"救国";

(五)个人的力量有限,科学工作者要团结起来,要与广大人民一起,才能打败侵略者,才能建设独立、民主、自由的中国。[1]

在中科协成立大会上,任鸿隽被公推为大会主席,并与涂长望、曾昭抡、潘菽、卢于道、黄国璋、竺可桢、丁燮林、梁希、林可胜及吕炯等人一起被选为理事,竺可桢担任理事长。此后,中国科学社与中科协一直保持着密切联系。

中国科学工作者协会是仿照英国科协创建的。1943年李约瑟到重庆以后,通过和中国科学社总干事卢于道的交往,帮助建立起英国科协与中国科学社的联系。1944年10月,李约瑟向涂长望介绍英国科协的情况,建议他将中国科学工作者组织起来。涂长望是30年代初的英国留学生,加入了英国共产党华语支部,也就是中国共产党旅英支部。中国科协是中共在科学界秘密建立的外围组织,它吸收了许多中国科学社的重要成员加入[2]。中国科学社的社长任鸿隽担任中国科协监事,总干事卢于道担任中国科协理事,《科学》杂志主编张孟闻担任中国科协上海分会副理事长。

1946年12月21日,中国科学社与中华自然科学社在南京发起成立中国科

---

[1]谢立惠:《中国科学工作者协会的成立与发展》,《中国科技史料》1982年第5期。该文作者时为"自然科学座谈会"成员,中国科学工作者协会成立时的组织干事。

[2]1939年,为了联络科学工作者,在周恩来和《新华日报》社社长潘梓年领导下,"自然科学座谈会"成立,最初成员只有20多人。1944年,为扩大统一战线,在周恩来的支持下,"自然科学座谈会"发起组织中国科学工作者协会,并向一些著名科学家寄送《缘起》,很快得到任鸿隽、竺可桢、李四光、丁燮林等人的支持,并担任了发起人。见谢立惠:《中国科学工作者协会的成立与发展》,《中国科技史料》1982年第5期。

第六章 中国科学社的抉择与转变(1946—1949)

学促进会,以"普及科学知识,提倡科学研究,以促进人民生活科学化"为宗旨,推举杭立武、任鸿隽、孙洪芬、卢于道、李振翮、朱章赓、沈其益等7人为常务委员。

1947年7月6日,在中国科学社与其他科学团体加强联合的同时,《科学》和《科学画报》编辑部与《工程界》《化学工业》《化学世界》《中华医学杂志》《水产月刊》《世界农村》《科学大众》《科学世界》《科学时代》《纺织染工程》《现代铁路》《电工》《电世界》《学艺》《医药学》《纤维工业》等期刊编辑部在上海联合成立中国科学期刊协会,发表了《中国科学期刊协会成立宣言》,明确表示:"我们这些刊物,在过去都是各行其是,努力的方向各殊,相互间的联系确是不够坚强。为了科学研究的振兴,为了中国建设的促进,为了保持并发扬中国科学在世界科学界的地位,我们都应该坚守岗位,同时也应当紧密的团结起来。一方面求科学期刊工作更进一步的推进,一方面以共同一致的力量谋当前困难的解除。"①协会组织联合各刊物相互帮助以维持出版。

1948年1月,中国科学工作者协会上海分会成立,中国科学社、社会局、中国工程师学会、中华自然科学社、中华农学会、中国技术协会等团体参加,确定宗旨为:1.联络中国科学工作者致力科学建国工作;2.促进科学的合理运用;3.争取科学工作条件之改善及科学工作者生活的改善。②

1949年5月,中国科学社和中华自然科学社、中国科学工作者协会及东北自然科学研究会决定联合召开中华全国自然科学工作者代表会议,并一同发起组织筹备委员会。上海一解放,中国科学社即与中国科学工作者协会、中华自然科学社、中国工程师协会、中华医学会等26个团体共同成立"上海科学技术团体联合会",选出中国科学社、中国科学工作者协会、中国工程师协会、中国技术协会、中华自然科学社、中国纺织学会、中华医学会、中华农学会、中华化工学会等9单位为会务委员,并设立生产专业设计委员会、科学中心委员会、科学教育委员会、科学图书馆委员会等组织,以协助人民政府发展生长、开展科学教育。

---

① 《中国科学期刊协会成立宣言》,《科学画报》1947年第13卷第8期。
② 东海:《科学力量的汇流——记中国科学工作者协会上海分会成立大会》,《科学时代》1948年第3卷第1期。

任鸿隽还主张加强科学方面的国际合作。早在1944年他就写了一篇文章——《国际科学合作的先决条件》来阐述这个问题。文章的第一句话即是：科学是有国际性的。因此他主张加强国际科学交流与合作，成立国际科学组织。[1]1945年，联合国文教预备会议在伦敦举行，中国科学工作者协会联合中国科学社、中华自然科学社、中国气象学会和中国地理学会决定在会议上提议联合国内设立科学组织，或将联合国文教组织扩大为联合国文教科学组织。这个提议由中国出席会议的代表正式提出，得到会议通过，从而有了今天的联合国教科文组织之名。[2]

四、"科学建国"

抗战胜利后，中国科学社积极呼吁实施科学建国策略，认为科学已不再仅是少数人之事业，应纳入到国家事业总体规划之中。任鸿隽较早明确主张将发展科学作为立国的生命线，并确定为此后十年或二十年的重要国策，制定出整体规划；由国家岁出项目中拨出科学事业经费，由专门学者管理科学研究。

1946年3月，任鸿隽在《科学画报》上发表《我们的科学怎么样了》。他指出，中国科学不发达的原因，并非中国科学家才智不如人，根本原因是国家对科学未尽其倡导辅助责任。政府没有将科学作为国策，因此也就没有发展整个中国科学的规划，这在近代科学萌芽时代还可以，但到了大科学时代，国家对科学应该像经济等其他事业一样，有计划地促进其发展。他提出国家应该将发展科学作为重要国策，首先制定一个具体而完整的计划，包括研究科学的目的、组织、范围、发展时间等，使科学工作者知晓在某一时期内有哪些科学工作必须做，而且明白如何去做。这个计划应该邀请中外专家组成委员会悉心制定，考虑到已有研究基础，更着眼于未来发展。其次，将科学事业费作为独立的国家财政支出预算，以保证科学计划实施。再次，科学管理者必须为专门学者，以全部精神和时间从事科学事业，以免浪费研究时间。[3]由此出发，任鸿隽不断思考具体的科学发展战略。

---

[1]任鸿隽：《国际科学合作的先决条件》，《科学》1947年第27卷第1期。
[2]《中国科学工作者协会一年半来之工作报告》，《科学新闻》1947年第4期。
[3]任鸿隽：《我们的科学怎么样了》，《科学画报》1946年第12卷第5期。

第六章 中国科学社的抉择与转变(1946—1949)

1946年《科学》第28卷第6期刊载了陶孟和、萨本栋、任鸿隽等撰写的有关科学计划的文章,其中,任鸿隽在《关于发展科学计划的我见》一文中指出我国科学事业不发达的根源是没有整个的发展计划。任鸿隽认为:"吾国以往之科学事业,或失之浅,或失之隘,或失之分,而其根本病源,则在无整个发展之计划,一任少数人之热心倡导,自生自灭,故虽有三十年之历史,而成效仍未大著。此非由于科学家才智之不如人,而实由于国家对于科学未加以注意与奖励。"[1]他希望政府把发展科学作为今后十年二十年的首要国策。在这篇文章中,任鸿隽除了重申国家发展科学的重要性,更具体指出国家宜有独立的科学事业预算,且管理科学研究人员的必须为专门学者,用整个时间与精力以从事,不可使科研人员成为政府要人之附属品。

任鸿隽认为,由政府邀集专家制定的科学规划要切实可行,切忌"少数人之私见,外行建议与官样文章"。[2]应确立理论研究与应用研究的界限;充分考虑科学发展的总体关系、各门科学之间的关系、现存研究机构的利用与联系、未来发展等;限定每一项研究机关的研究范围,以分工合作而避免叠床架屋等。要确保计划实施,除科学事业财政预算独立与科学管理人员专门化(避免使科研机关成为政府部门之附属机构,科研人员成为政府要人之附属品)外,需高薪延请外国权威学者来华指导,并继续派遣优秀青年人才留学,以期中国科学的真正独立。[3]

秉志提出,科学虽在中国已经发展了几十年,但落后的现状不容忽视,他主张以"科学立国",普及教育:

1.全国上下宜集全力以图科学推进。举凡政治、国防、教育、实业及一切重要急切之问题,悉以科学图解决,求改进,换言之,即以科学立国是也。

2.对于科学之真谛宜有正确之认识。世人之窃取科学一技之长,以之渔利自私,乃科学之蟊贼,徒以为害于国家,为学术界所不齿。至于市侩末流,欲借科学以致暴富,毫无科学道德之意义,尤无人格之可言。吾国提倡科学数十年,而科学之事业,仍不脱幼稚羸瘠之状态者,即坐是之故。故今后须以科学救国

---

[1] 任鸿隽:《关于发展科学计划的我见》,《科学》1946年第28卷第6期。
[2] 任鸿隽:《关于发展科学计划的我见》,《科学》1946年第28卷第6期。
[3] 任鸿隽:《关于发展科学计划的我见》,《科学》1946年第28卷第6期。

家之危难,国人对于科学,当另具一种眼光。一言以蔽之曰,研究斯学,当于知识技术之外,更求道德之进步。

3.对于科学的基本条件当实践力行。其条件是指教育之普及、体育之增强、民种之改进。①

历史地看,任鸿隽在抗战胜利后虽然多次呼吁政府要把发展科学作为基本国策,由政府来统筹科学的发展,但他并不赞同国家包办,认为政府应该给私人研究以一定的空间。在"科学与社会"座谈会上,任鸿隽认为现在的科学研究是一个庞大的工程,需要有大规模的配合和彼此的联系,但是他又强调:"我们以为在计划科学成了流行政策的今日,私立学术团体及研究机关,有其重要的地位,因为它们可以保存一点自由空气,发展学术的天才。"②显然,任鸿隽的这些想法是基于他对未来科学发展的考虑,认为抗战胜利后国内和平必将到来,国家发展科学的计划将如期进行,对于私立科学机关,例如中国科学社等,在未来担当何等地位,任鸿隽是有自己独立思考的,他坚信私立学术机构在科学发展方面具有无可替代的作用,希望能在国家计划科学的体制下给中国科学社争取尽可能大的生存空间。

张孟闻则指出中国科学的发展方向:1.向实践的路途走,即是一切既得的智识,可以取来应用,造福于人群社会;2.科学智识向人民广泛地扩展开来,使一般的科学知识水准抬高;3.向高深专门发展。③

黄宗甄认为科学工作应分为科学研究与科学教育。科学研究,第一,应适合中国的地理环境,具有创造性、独立性,绝对避免洋奴买办式的或花瓶式的科学研究;第二,必定是计划性的科学研究;第三,科学研究的思想方法,一定是唯物辩证法;第四,科学研究应为大多数人服务,绝不是一家一姓或少数豪门官僚的工具;第五,应大量培植年轻优秀的科学研究人员。在他看来,科学教育不能与生产建设脱节,应加紧对农民劳工实施补习教育,灌输实际的科学技术和知识,并加紧推进通俗科学教育、职业教育,改革中学教育等。④

---

① 秉志:《科学头脑》,《科学画报》1947年第13卷第4期。
② 任鸿隽:《科学与社会》,《科学》1948年第30卷第11期。
③ 张孟闻:《新年谈科学》,《科学大众》1949年第5卷第4期。
④ 黄宗甄:《新年谈科学》,《科学大众》1949年第5卷第4期。

第二节 《科学》的转向

抗战后,《科学》的重心发生了转变,办刊导向出现了较大的变化。1946年1月,《科学》杂志将此前编排的所有文章集结为第28卷出版。1947年,《科学》杂志和中国科学社的各项事业相继得以恢复。从第28卷起直到1949年第31卷止,《科学》杂志关注科学的社会转向,努力推进科学与社会的结合,开展联合行动,并以"科学建国"的主张来推进工作。如其《编后记》所言:抗战以后,激于世变时会,转向到科学的社会功能方面来了。《科学》杂志刊登了大量科学与社会的文章,反对科学为战争及金融寡头服务,要求政府提高科学工作者的待遇和改善研究条件,呼吁科学工作者增强社会意识,配合中国科协在国统区展开各种宣传工作。

一、关于原子弹问题的讨论

1945年美国在日本本土投放了两颗原子弹,加速了日本侵略者的投降,但也给世界其他国家带来了心理恐慌,引发战后科学家对原子能问题的深思。

原子弹爆炸后的第5天,伦敦《自然》周刊的一篇社论呼吁对原子能实行国际共管。10月13日,在洛士·阿拉摩(Los Alamos)原子弹厂的400名科学人员,联名发表宣言,要求公开原子弹秘密。[①]

针对二战中原子能带来的科学技术伦理问题,有鉴于原子能知识关系人类之命运至巨,1945年12月31日,中国科学社理事会也在重庆正式发表宣言,阐明了中国科学社的鲜明立场:

1. 全世界科学家,凡研究原子问题者,其意俱在增进人类福利;故用之于武器制造,并非达此目的之惟一途径,亦非最后及最善之途径。

2. 应用原子能之科学与技术知识造福于人群,是以全世界爱好和平正义者

---

① 张孟闻:《原子能与科学界的责任》,《科学》1947年第29卷第1期。

为对象,并非以一个或少数国家为限;故此种秘密,不宜操之于一个或少数国家。

3.原子能秘密,既无法保持长久,且由一个或少数国家操纵此种秘密,足以引起国际间互不信任,故吾人希望凡此种有关知识,交由吾人所信任之联合国安全理事会管制之。

《科学》杂志发文表达科学团体对原子能使用的意见书,主张将原子弹秘密交由联合国安全理事会管制。

1946年底,《科学》月刊主编张孟闻特地撰写了《原子能与科学界的责任》一文,其中强调了在原子能时代科学家的重大社会责任,并提出不能再让"旧人物搅下去",不能"盲从政治"。他呼吁:要是科学家们不起来号召而仍让这些旧人物搅下去,世界一定被引入于毁灭的歧途。所以这个时代的科学家,既经撒手放出了原子能来,就应更负起责任来引导原子能向建设人类幸福的大道上走,而不使其为害人群。这就是说,现在应该用科学方法与科学精神来处理人类社会的事情;也即是用科学来领导政治,而不是让科学去盲从政治。[①]

同期《科学》上还刊载了物理学家卢鹤绂的《原子能与原子弹》一文,其中提出对核能的利用必须有所选择而真正善用之:"吾人对于利用核变放能之厚望,固不在军事而在增进人间之幸福。科学之为功,于此事实昭昭。热机、电器、化学,相继作划时代之贡献,将来拭目以待者是为核能时代之开始。善用之,则能不劳而获,使人间无须有物质之争夺,自是乐事;误用之,则人类自取灭亡之日不远。"[②]

原子能的和平利用成为中国科学社第25届年会的一个重要议题。在"原子能与和平"专题讨论会上,严济慈发言指出:"世界的科学界,特别是美国的,既已造成了一种运动,要使原子弹秘密公开,原料归联合国控制,我们一致拥护。这是救全人类的运动,不是少数几许人所能办到,所以应该各方尽力宣传,使人人都能了解。"[③]

---

① 张孟闻:《原子能与科学界的责任》,《科学》1947年第29卷第1期。
② 卢鹤绂:《原子能与原子弹》,《科学》1947年第29卷第1期。
③ 《原子能与和平》,《科学》1947年第29卷第10期。

曹梁夏也主张原子能的研究不应该有秘密,科学家在言论、发表、旅行等方面应有基本的自由权。涂长望、庄长恭、任鸿隽、卢于道、葛正权、张孟闻等社员积极参与讨论。张孟闻最后总结道:1.原子能应利用到和平建设方面;2.加强我国原子能研究,并应从根本上着手,即注意于基本科学之普遍进展;3.国家应着重于基本科学,另拨专款作原子能研究之用;4.科学家应有自身的责任感。①

年会上,竺可桢专门作了《科学与世界和平》的讲演,大力呼吁增进国际间情感……,建立永久的世界和平。最后,中国科学社与其他六科学团体联合发表了关于国际间原子能研究问题及国内科学研究问题的宣言,其中关于原子能问题的内容为:

> 吾人以为科学研究,应以增进人类福利为目的,原子能之研究亦非例外。原子核可以分裂之发现,适值民主与独裁国家进行生死奋斗之时,科学家乃将原子能用之于战争武器;原子能之不幸,亦科学研究之不幸也。今大战既已告终,民主国家正在努力合作,吾人主张此种研究,应为公开的、自由的,向世界和平及人类福利之前途迈进;不愿见此可为人类造福之发明作成残酷之武器,更不愿见以原子能武器竞赛或保守原子弹制造秘密之故,而破坏民主国家之团结或危及科学研究之自由。为此,吾人对于爱因斯坦教授所倡导之原子能教育委员会,及美国原子科学家所组织之同盟,愿予以支持。②

1947年《科学》新设了《文献集萃》栏目,以原子能的使用为议题,汇集了15篇要求科学家负起道义责任的重要文章,要求科学发展的成果必须用于人类文明与和平的强烈愿望,呼吁科学家应当负起道义的责任,科学研究成果应用于造福人类,保卫和平,而不应当带来战乱,甚至毁灭人类。

---

① 《原子能与和平》,《科学》1947年第29卷第10期。
② 《七科学团体联合年会宣言》,《社友》1947年第76/77期。

二、争取民主,反对内战

当时的中国科学社社员中,很多人对抗战胜利后的形势抱着极大的期望,相信战后一定是和平、民主的,但国民政府发动的内战却很快使他们的期望成为泡影,亿万人民群众被内战拖进了苦难的深渊,许多伸张正义的人包括不少正直的科学工作者遭到各种迫害,这终于使得中国科学社改变了一直奉守的试图超越政治的"纯科学"立场,加入了反迫害、争民主的斗争行列。

这一时期,中国科学社对科学与社会的关系有了新的认识,发表了一系列关于"科学与社会"关系的文章,如张孟闻的《原子能与科学界的责任》、卢于道的《科学工作者亟需社会意识》、孙守全的《被遗忘了的中国科学家》、李晓舫的《中国科学化的社会条件》、竺可桢的《科学与世界和平》、陈立的《科学与民主》、任鸿隽的《科学与社会》等等。人们开始将科学置于社会背景中,认为没有政治的自由,科学研究也就无从着手。中国科学社作为最大的民间科学团体,自应该推进科学发展所必需的和平与民主。正如吴藻溪所言:"当整个社会和全体人民都破产了的时候,一个科学社团即使弄到了一笔经费,找得一幢房子,出几本刊物,也无济于事。"[1]

1947年《科学》第29卷第5期上发表了科学社总干事卢于道的《科学工作者亟需社会意识》一文。在该文中,作者对战后科学家每况愈下的生活境遇做了揭示,称"科学界人士尽管安贫乐道,可是生活却被压在油盐柴米里。甚焉者其职业是在教人而自己的子女受不到教育,整天在研究营养而本身营养不足,专长是研究心理而本人就精神萎靡以至于神经衰弱",文末发出了"传统的对于政治不理会的态度是需要改变了""我们亟需要这种觉醒,亟需要社会意识"[2]的呼吁。

1948年《科学》上所发表的陈立的《科学与民主》指出:

过去是以为科学自科学,民主自民主,一个是纯粹学术性的,一个是实际政治性的,彼此便像风马牛不相及的。有些人更强调着学术与政治的独立性,泾

---

[1] 吴藻溪:《一管之见》,《社友》1948年第81期。
[2] 卢于道:《科学工作者亟需社会意识》,《科学》1947年第29卷第5期。

渭分流,清浊不容淆混。五四时代认识了科学与民主的重要,可是这个'与'字只指一种偶然的凑合。大多数人是没有体会着其内在的联系的。他们面临着贫乱多年的中华,他们便开了两种不同的药剂给她吃。这样,一些热心人,便乱轰轰地,一些去找科学,一些去找民主,想拉些来治疗我国家的危症。这些人,分道扬镳寻找了若干年,正在着急乱冲的当儿,忽然撞了一个满怀。……德先生和赛姑娘原不必借人间的媒妁来勾结,他们本来就是一对相连的孪生Siamese twins。①

陈立认为,科学与民主的相通之处在于:"认事不认人,认真理不认权威,这便是科学的客观精神,但这也就是民主","向权威低头的不是科学精神,亦不是民主精神,独立的人格在科学与民主有同样的价值","在不民主的作风下,科学的发展只是畸形的,病态的。正常的科学发展,只有在民主滋育下才可能"。"……没有政治的自由,就没有研究的自由。没有研究的自由,科学迟早会被窒息的。政治上失去了民主,科学便失去了灵魂……"②

而《科学》第29卷第12期上刊载的中国科学社理事吴学周《悼亡友汪兄盛年并为国内科学工作者痛哭》一文,更是对当时政治黑暗、扼杀知识分子的一个控诉。很明显,抗战的胜利不仅没有给知识分子的境遇带来任何改善,反而使他们落入更加贫困的窘境。尤其是内战战场上形势逆转后,国统区经济开始崩溃,很多在科研机构和大学工作的科学社社员也和其他民众一样,为饥饿、贫困和通货膨胀所困扰。"大学教授1935—1936一年间的收入还能够勉强维持一个中等水准的生活,自从1936—1944年间,他们的薪给百分比突然迅速地降落到11%。而最后到了1946年前头,跌到了3%。事实上,他们的收入已经比不上一个人力车夫了。"③

面对民众和知识分子的抗议,国民政府采取了高压手段,一些站出来伸张正义的教授因此被逮捕,甚至遭暗害,这使那些以"纯科学"自称的科学社同人

---

① 陈立:《科学与民主》,《科学》1948年第30卷第6期。
② 陈立:《科学与民主》,《科学》1948年第30卷第6期。
③ 孙守全:《被遗忘的中国科学家》,《科学》1947年第29卷第6期。

也发出了抗议的声音。①

这一时期,除了在《科学》月刊上进行反内战、反饥饿、反迫害的呼吁和呐喊外,中国科学社在白色恐怖下以科学的名义举办了各种形式的民主论坛。

中国科学社理事袁翰青参加了1948年4月北平学生组织的爱国民主运动集会,招致国民党北平党政当局的公然恐吓。5月19日,中国科学工作者协会发表了《为本会理事袁翰青教授对北平党政当局的抗议》:

高唱还政于民的现在党政当局竟在我国文化旧都的北平,不准"假借民主集会结社言论自由等等名词",公然对于忠贞纯正的科学工作者,加以无理诬蔑,威胁其安全;意图挑拨感情和转嫁责任,这是对于民主的一大讽刺。……今天,昌言科学建国的今天,执政党的负责人竟然仍以虚构恫吓之辞,干扰科学家之情智,侵犯其自由,甚至企图加以迫害,这种无理的态度还由中央社公然报道于大众,这不仅与宪政背道而驰,且势将大有害于我国科学文化的前途,实属一种极不明智之举。②

徐常太所写的《忆卢于道同志》一文中提到,科学社总干事卢于道1944年在重庆时,曾积极参加了许德珩等发起的民主科学座谈会活动,后又参与发起九三学社,1946年夏回上海后参加了中共地下党领导的上海市大专院校教师联合会的活动。在他的掩护下,当时的中国科学社社所也成为中共地下党活动的一个据点。即便在黎明前的黑暗时期,中国科学社的社员们也没有放弃过斗争,如与工商界联合召开座谈会呼吁开展护厂运动,为陈维稷、苏延宾两教授无端被捕而提出抗议等等。

《科学》编辑部在第31卷最后一期的《编后记》中写道:"这就是说,我们在反动军警的枪刀威胁下,继续努力,不曾躲闪过。"③几个月后,科学社在《中国科学社三十五周年纪念启事》中简述了这段反迫害、争民主的抗争经历:科学社向

---

①中国科学工作者协会抗议书:《为陈维稷、苏延宾两教授无端被捕事件》,《科学》1949年第31卷第6期。

②《为本会理事袁翰青教授对北平党政当局的抗议》,《科学》1948年第30卷第6期。

③《编后记》,《科学》1949年第31卷第12期。

来主张科学应为争取和平、增进人类福利而努力,即如最近保卫和平运动而言,历次大会宣言,以及对科工(科学工作者)逼害的抗议书,只有在《科学》里找得到相当齐全的文献与消息,而一切为正义号召的公开集会,在解放以前,也只有科学社的厅堂是唯一可以聚集的殿堂与壁垒。①

可喜的是,中国科学社社员并没有被严酷的形势压垮,反而与其他科学团体加强联合,在共同进行反内战、反迫害和争民主的斗争中,社员人数迅速增长,到1949年科学社社员已有3776人。

三、举行联合座谈会

中国科学社积极推动各团体的联络与交流,与各学术社团的联合是中国科学社这一时期工作的一个重点。同时,中国科学社通过召开各团体联合座谈会,给实业界以支持和声援,以实际行动表达了进步主张。这一时期《科学》杂志对此进行了专题报道,详细地刊出了座谈会的记录。

1947年10月,中国科学社的英文社名改为中国科学促进会(Chinese Association for the Advancement of Science)。1948年5月,《科学》在《通论》栏中刊登了张孟闻的《科学与政治》一文,并且在《书报评介》栏中推荐了林文和D.W.Brogan的同名文章《科学与政治》,呼吁为科学研究保存一点自由空气。

1948年1月,中国科学社公布了《中国科学社征求团体赞助社员启事》,目的是争取与科学相关的学术团体和实业机构的支持,用以支持中国科学社的科学事业。同年,中国科学社还编辑出版了论述科学与社会关系的"中国科学社小丛书"。

1948年5月30日,中国科学社与中国科学工作者协会上海分会联合举办"工业与科学"座谈会,座谈会由任鸿隽主持,邀请科学界和工业界人士共谋发展,与会者有中国科学社理事任鸿隽、卢于道、吴学周、张孟闻,还有中科协会员周建人、蒋祖榆,世界科学社总干事吴藻溪,北平研究院镭学研究所所长陆学善,中华化学工业会理事长陈聘丞,中纺公司总工程师陈维稷,华孚实业公司总

---

① 《中国科学社三十五周(年)纪念启事》,《科学》1949年第31卷第11期。

经理蔡叔厚,中国纺织机器公司总经理许长卿,上海幼稚师范教授夏康农以及《大公报》记者等各界人士。大家谈论了科学家如何给工业界提供帮助、工业的发展是否能给科学发展提供帮助等问题。吴学周发言认为科学与工业的发展在中国特别困难,主要的原因在于政治和社会的不安。他指出:中国的困难,第一,政治和社会的不安,根本没有希望做得好;第二,中国的科学与工业都落后,因为政治动荡不安,所以没有希望发达。第三,科学与工业彼此无联系。中纺公司总工程师陈维稷表示,中国工业不发达的外在原因是政治,"也就是民主与科学的问题,有了民主,工业与科学才能发达"。卢于道则认为,科学界要与工业界联合起来,克服共同的困难,而中国科学社和中国科学工作者协会愿意做两者互相联系的桥梁。座谈会上,张孟闻提出,增加科学界和工业界二者的联系,共同争取一个民主的社会,因为在民主的政治下,才有民族工业发展的机会。最后他总结道:"今天的座谈会是在认识环境,我们应该团结起来,代表科学界与工业界起来讲话,把我们的苦难呼喊出来,争取我们的自由,加强我们的力量。"①

1949年4月3日,中国科学社与中国科学工作者协会上海分会共同举行了题为"科学与社会"的座谈会。由陆禹言主持。吴有训、任鸿隽、陈望道、张孟闻、吴学周、陈调甫、钱临照、何尚平、朱子清、裘维裕等到会发言。任鸿隽指出,"现在不是配合社会的问题,而是有没有科学的问题",他再次强调,"推进科学的有效方法,就是把科学当作国策",要制订详细的科学发展计划,统筹安排:"现在的科学研究已经和以前不同,以前是一个私人有了一个实验室,就可以做些成绩出来;现在的科学研究,不但专门高深,而且关系是多方面的,繁重复杂,决非一个人所可以做到,须要有大规模的配备,彼此联系配合起来,要许多人合作才可以做。"②

针对国民党当局最后失败前迁移和破坏工厂的图谋,中国科学社上海社友会与中国科学工作者协会上海分会于1949年4月17日在科学社社所召开了"急应救济的当前工业"座谈会,主张保护民族工业,保护工厂。中国科学社侯德榜、张孟闻、茅以升,中科协会员黄宗甄,以及当时"工业界最有地位"的方子

---

① 《工业与科学座谈会记录》,《科学》1948年第30卷第7期。
② 《科学与社会座谈会记录》,《科学》1949年第31卷第5期。

重、胡厥文、唐应铿等人士到会。会上,侯德榜说:无论哪一方胜利,中国还是要存在,中国的工业还是要发展,中国的人民还是要生活下去。他呼吁:遗留下来的一点残余工业,无论如何要保留下来,再不要更加摧残。茅以升则提出:我们从事于工业和科学的人,都应担起责任,提醒全国人民知道生产的重要性。使人人知道生产比军事,乃至比其他一切都更重要。会后,推定张孟闻、方子重和张一凡三人起草了题为《为维护生产事业的紧急呼吁》,提出三点意见:第一,从速实行真正的永久的和平,造成一个和平安定的环境,使从事工业生产的企业家、技术及科学工作者,得以展其所长,发展生产,推动建设,以臻国家于富强安乐之境;第二,在真正的和平没有实现之前,千万不要在这些工业区,尤其是生产机构上筑防,千万不要在厂房农场上驻兵架炮,以避免为战火的目标;第三,在高利贷征实物的现状下,工业已经面临绝境,如果再不生产,即是破产,所以希望尽一切可能扶助其从事生产。凡原料、燃烧、食物、成品的流通运输,务请予以最大便利!①

1949年4月23日,人民解放军解放南京。10月1日,中华人民共和国宣告成立。上海解放后,中国科学社联合中国科学工作者协会上海分会举行了几次座谈会,虽然主持的团体与人地都没有什么变动,可是意义却不同从前了。从前是斗争,主持正义;现在是建设。

12月4日,中国科学社与中国科学工作者协会上海分会联合举办"自然科学与辩证法"座谈会,意在了解一些辩证法的内容及其与自然科学的关系。会上,陆禹言、冯定、吴有训、孙泽瀛、江仁寿、蔡宾牟、卢于道、王文元、宋慕法、曾石虞、吴学周、谢天沙、许逸超等到会发言,陆禹言主持座谈会。

12月18日,中国科学社与中国科学工作者协会上海分会联合举办"新民主主义的医药卫生建设"座谈会。本次座谈会,医药界与自然科学界人士聚在了一起。会议由戈绍龙主持,崔义田到会说明中央政府关于医药卫生的政策。会上,颜福庆对医学教育提出三点意见:第一,医学教育要科学化、民族化、民主化。第二,将医学教育与卫生事业归属于卫生部统一管理。第三,预防与治疗并重。②

---

① 《为维护生产事业的紧急呼吁》,《科学》1949年第31卷第5期。
② 颜福庆:《新民主主义的医药卫生建设座谈会记录》,《科学》1950年第32卷第2期。

1950年1月15日,中国科学社与中国科学工作者协会上海分会联合举办"米丘林学说与摩尔根学说"座谈会。这次座谈会引起了各方的注意,报纸杂志刊载了不少与此有关的文字。孙振中主持座谈会。徐凤早、朱洗、卢于道、凌治镛、徐天锡、王志稼、张孟闻等到会发言。

同年6月,中国科学社与中国科学工作者协会上海分会先后联合举办"怎样做好科学普及工作"和"工人业余技术教育"两场座谈会,对当时科学普及和职工教育起到了一定作用。

第三节 1949年的中国科学社

1949年的中国科学社,与当时整个中国一样,处在翻天覆地的变化之中,既有政权更替时刻的彷徨与不安,更有对新社会的期待。

一、十字路口

1949年初,随着解放战争的胜利推进,国民党大势已去。国民政府各机关、团体陆续迁台,同时积极部署著名大学的南迁,制订了"抢救大陆学人计划"。计划中被列入动员南撤的人士有四类:(1)各校、院、会负责首长;(2)中央研究院院士;(3)与官方有关之文教人士;(4)学术界有贡献者。这些计划由教育部长朱家骅亲自负责,陈雪屏、蒋经国、傅斯年具体执行,并由国防部等部门配合。

早在1948年平津战役打响之际,风雨飘摇中的国民政府就通过所谓的"平津学术教育界知名人士抢救计划"让平津一带的著名知识分子如胡适、陈寅恪等南下上海,后又迁台。但在此混乱时期,无论是北大、清华,还是中央研究院,其中的教授、学人绝大部分采取观望态度,并最终选择留下。

毫无疑问,中国科学社同人中很多人被列在了动员撤台的名单之中。时移世易,在这历史即将发生大转折的关头,这批向以"不依傍任何党派"自诩的上层知识分子也陡然意识到,其时的他们和当时的整个中国一样,正站在一个十字路口。何去何从,他们面临着痛苦的抉择。①

中国科学社虽很多社员被列在了国民党"抢救大陆学人计划"名单之中,但被"抢救"到台湾去的却寥寥无几。

由于这批主要置身于学界、科技界的知识分子以往在政治上多持"自由主义"立场,在面临国共易势时,许多人内心的惶惑是可以想见的。对他们当时的心态,现在已有一些论著做了很好的揭示,如陈三井教授就撰有《一九四九年的变局与知识分子的抉择》一文。他在文内把处于纷扰变局中的这批知识界上层人士做了四大类型的区分:(1)迎接解放,共辅新朝者;(2)心存观望,根留中国者;(3)坚决反共,义不帝秦者;(4)乘桴浮于海,花果飘零者。

1947年,中央研究院院长朱家骅授意周仁将中研院工程研究所先行迁去台湾,周仁以需要选择所址为由,一再要求暂缓搬迁。至1948年,朱家骅又两次写信给周仁,让他速去台湾,但都被周仁拒绝。

曾任中央大学校长的物理学家、科学社理事吴有训,因对国民党感到失望,1947年在应邀出席联合国在墨西哥召开的组织委员会会议时,坚决辞去了校长一职,会后他去了美国,但在1948年秋国民党政权风雨飘摇之时,他又悄然回到国内,和中央大学学生一起迎接了南京的解放。中国科学社中也有一些杰出人士在国民党政权行将垮台时,因学术声望和造诣已被海外一些著名高校和研究机构聘请,有的人其时在欧洲和美国等地讲学,但他们不仅拒绝了撤台,更选择了留在大陆。

时为中国科学社社长的任鸿隽,已年过花甲。摆在任鸿隽面前的有三条道路:迁台、跟随中基会迁往美国以及留在大陆。

以任鸿隽当时的情况,赴美国是他的首选。他的三个子女均在美国留学,中基会也已迁往美国,美国又是任鸿隽夫妇的留学之地。本来他也做了出国的准备,并已离开上海到了香港,但四个月后,他却毅然返回了内地。

任鸿隽5月赴港,直到9月份才从香港坐海轮到天津,直接前往北京参加新政协会议。显然对于何去何从,他的内心进行过激烈的斗争。

从1945年受中共影响而在重庆发起成立中国科学工作者协会开始,任鸿

---

① 申晓云:《近代中国历史大变局中的"中间"知识分子——以"科学社"同人群体为中心的考察》,《浙江大学学报(人文社会科学版)》,2008年第3期。

隽关于如何推进科学发展的思想已发生了转变。中国科学社这一以联络同志、共谋中国科学发展的民间社团,最初踌躇满志,觉得只要科学界朋友们共同努力,必能推进中国科学事业的发展。然而战乱不断的社会环境让他们难以安心开展工作,政府亦缺乏推动科学事业发展的整体规划,中国科学社只能"沿门托钵"式地发展。

任鸿隽在科学社成立三十五周年纪念大会上说:"本社成立迄今三十五年。此不长不短的时期中,虽靠了社会人士的扶持策励与社中同人的坚苦支持,得以维持不坠。然所经历的艰难困苦,也甚难以言语形容。揆厥原因,就是大家以为科学研究是少数人的兴趣事业。他们赞助科学,等于慈善布施,至多只能维持到一种不死不活的状态。"[1]

在此之前,任鸿隽已多次强调科学与社会的关系,认为科学要有适合的社会环境,推进科学的有效方法是国家要把科学当作一项国策,并拿出详细的科学发展计划等等。

处于十字路口的任鸿隽,心中割舍不下对中国科学社和对中国科学发展事业的热爱,必然把目光投向即将建立的新政权,考察新政权将会对科学采取何种态度。

据有关统计,1949年科学社理事会成员有27人,其中只有1人去了海外,其余26位理事全部留在了大陆。[2]

更让人感叹的是,1949年5月资源委员会在钱昌照、孙越崎、吴兆洪等人的率领下,在上海宣布起义。资源委员会是国民政府重要的经济部门,其成员中多数人虽为科技人员,但颇受蒋介石器重,因而在一些政府核心部门担任了一定职务,其核心人物翁文灏还一度被委以行政院院长的要职。而资委会同人的起义,对当时的国民政府来说,无疑是当头一棒。[3]

到1949年,中国科学社共有社员3776人。而据任鸿隽1945年统计,全国

---

[1] 任鸿隽:《敬告中国科学社社友》,《科学画报》1949年第15卷第11期。
[2] 1949年中国科学社理事会的27位理事为:任鸿隽、竺可桢、秉志、胡刚复、萨本栋、茅以升、王家楫、欧阳翥、卢于道、曹惠群、丁燮林、曾昭抡、赵元任、裘维裕、章元善、张其昀、吴学周、陈世璋、严济慈、钱崇澍、袁翰青、刘咸、黄汲清、张孟闻、周仁、庄长恭、陈省身。
[3] 翁文灏也在1951年谢绝了很多国际学术机构的邀请和挽留,从法国回到了中国。回国后,他所提出的要求只有一个,能用自己的学识继续为国家服务。

科学教授亦不过五千人,加上其他部门,我国科学家总数也不满一万人,中国科学社社员占三分之一以上,这是一支举足轻重的力量。同时它一开始就采取了分学科组的方式,使社员在这样的综合科学团体中即便身处战乱和社会动荡之环境,也易于联络同行,互通研究。

做出这样或那样的抉择,每个人都有非常实际的考虑,按陈三井教授的说法,走也好,留也好,都是各人"一生自我认定的最佳选择",其间"无不搀杂了个人情感、家庭因素、师生情谊、承诺与职责等考虑,甚至与经济问题密切相关",但陈教授也认为除这些因素外,更有决定性的因素,即深植于这些知识分子心中的那种"个体对大我的责任和使命感"。[①]

对此,曾昭抡发表于《科学》的文章《一九四九年的中国科学家》颇能说明问题。他写道:"国内局面,到了一九四九年,无疑业已进入一个新阶段。旧的势必死去,新的将要诞生。"而这"新"在他们心目中又是什么呢?显然,他们有着企盼,这就是"多年来科学的厄运,可望有转机"。于是他写道:"此时此日的中国科学家不但用不着怕大时代的降临,而且应该鼓起勇气迎上去,发挥自己一生伟大的抱负。我们不要消极去应变,而要积极提出主张,作为将来建设新中国的参考。"[②]

这种因对国民党的彻底绝望转而寄希望于新政权的心迹,以时为清华大学哲学系主任冯友兰的话最为典型:"我是中国人,不管哪一党执政,只要能把中国搞好,我都拥护。"

二、憧憬与希望

应该说新中国成立前夕中国共产党对科学、文化、教育等问题的政策或意见使知识分子对新政权充满憧憬与希望,这是中国科学社选择留下来的重要因素之一。

早在1945年,毛泽东在《论联合政府》一文中谈到了文化、教育和知识分子

[①] 申晓云:《近代中国历史大变局中的"中间"知识分子——以"科学社"同人群体为中心的考察》,《浙江大学学报(人文社会科学版)》,2008年第3期。

[②] 曾昭抡:《一九四九年的中国科学家》,《科学》1949年第31卷第2期。

问题,指出:"为着扫除民族压迫与封建压迫,为着建立新民主主义的国家,需要大批的人民的教育家和教师,人民的科学家、工程师、技师、医生、新闻工作者、著作家、文学家、艺术家和普通文化工作者。他们必须具有为人民服务的精神,从事艰苦的工作。一切知识分子,只要是在为人民服务的工作中著有成绩的,应受到尊重,把他们看作国家和社会的宝贵的财富。"1949年5月30的《解放日报》还专门以"文化教育知识分子问题"为大标题登载了《论联合政府》中的这段话。

1949年9月,作为特邀代表,任鸿隽参加了第一届中国人民政治协商会议。10月,更是被邀请参加开国大典,见证了这重大的历史时刻。此时的他,对于未来,有着太多的期待。

竺可桢看到上海人民庆祝上海解放的大游行场面后感慨:

民十六年国民党北伐,人民欢腾一如今日。但国民党不自振作,包庇贪污,赏罚不明,卒致有今日之颠覆。解放军之来,人民如大旱之望云霓。希望能苦干到底,不要如国民党之腐败。科学对于建设极为重要,希望共产党能重视之。[①]

竺可桢的想法可以说代表了知识分子对新政权的殷切希望。

知识分子对中共的知识分子政策持欢迎态度。如1949年1月出版的《科学》第31卷第1期上,发表了张孟闻的《科学家的社会责任》一文。张孟闻在文章中直言:其实,科学工作者本身就是人民,没有不成为人民的科学工作者……科学工作者不可以超越于人民之上,而应是在人民之中,与人民共同生活,共同受难,共同享乐。[②]

1949年5月,由中国科学工作者协会香港分会倡议召开全国性科学会议,此倡议很快得到北平科技界和中国科学工作者协会在北平的理事的赞同。5月14日于北平召开中华全国自然科学工作者代表大会筹备会第一次促进会议,议题是如何推进召开科代会。会上决定由中国科学社、中国科学工作者协会、中

[①]《竺可桢日记》第一册,人民出版社,1984,第1256页.
[②]张孟闻:《科学家的社会责任》,《科学》1949年第31卷第1期.

第六章　中国科学社的抉择与转变(1946—1949)

华自然科学社及东北自然科学研究会四团体发起成立科代会筹备委员会。6月10日,四团体向全国科学工作者发出了248份请柬,邀请他们作为科代会筹备委员:①

> 敬启者:人民解放革命迅将全面完成,新中国的无限光明前途在望,生产建设种种有关科学事业百端待举。敝会社等鉴于时代要求并接受平津宁沪港等地科学界的督促,发起于本年八九月间在北平召开"中华全国第一次科学会议",以期团结全中国的科学工作者,交换意见,共策进行。兹特敦邀台端为筹备委员,务希惠允担任,不胜感荷。

《解放日报》很快刊登了筹备委员会成员名单,任鸿隽、竺可桢、李四光、吴学周等著名教育、科学界人士均在其中。②

黄宗甄在1990年接受樊洪业等人的访谈时曾说:"北平解放以后,要赶快成立中央政府,为此要在舆论和组织方面做准备。要布置召开各方面的代表会议。自然科学界就叫科代会,文艺界叫文代会(即文联的前身),等等,还有新闻、教育、社会科学等代表会议。想通过这五个代表会把知识界团结起来,由这五个代表会议推出参加政协的知识界代表,每个会是十几个名额。"③

以中国科学社、中华自然科学社、中国科学工作者协会及东北自然科学研究会作为发起单位,也是经过仔细考虑的。中国科学社历史最久,影响最大;中华自然科学社以青年学生为主体,中国科学工作者协会从成立起就有中共背景,属于进步社团;而东北自然科学研究会代表新解放区。由这四个团体充当发起人,具有代表性。

1949年5月27日,上海解放,总部设在上海的中国科学社迎来了新政权的领导。6月5日,为迎接新政权,中国科学社联合中国科学工作者协会、中华自然科学社、中国工程师学会等26个团体70多人云集陕西南路中国科学社社所,召开了"上海市科学技术团体联合会"成立大会,宣称此联合会"能够以一个综

---

① 何志平、尹恭成、张小梅主编《中国科学技术团体》,上海科学普及出版社,1990,第448页。
② 《全国科学会议即将举行》,《解放日报》1949年6月19日。
③ 樊洪业、王德禄、尉红宁:《黄宗甄访谈录》,《中国科技史料》2000年第4期。

合的机体来参加新时代的建设,同时也可以反映整个科学界的意向,替科学家说话"①。并为制订合理的科学政策献计献策,促使科学政策的诞生。会议决定成立生产事业设计委员会,协助政府发展生产;组织科学教育委员会,推进广播讲座等科学教育工作。此次会议上,上海市文管会副主任范长江、重工业处处长孙冶方以及高等教育处副处长唐守愚出席了会议,表示对该协会的支持。

1949年6月19日,科代会筹备委员会成立并举行了第一次会议,但因华中和华南的筹备委员没有赶到,决定休会等待。7月13至18日正式举行会议。在会议期间,周恩来、朱德、吴玉章、陈云、林伯渠、叶剑英、徐特立、李济深、郭沫若等均到会讲话,显示出中共对会议、对知识界的重视。

对于新政协会议邀请了科学工作者代表出席这件事,张孟闻在《科学》的社论中欣喜地说:"科学工作者之正式加入政治体系,共同来决定政策,执行决策,在现在的中国尤其在这一回的人民政治协商会议里实现了。"

新政协会议通过的《共同纲领》第五章第四十二条、四十三条分别规定:提倡爱祖国、爱人民、爱劳动、爱科学、爱护公共财物为中华人民共和国全体国民的公德;努力发展自然科学,以服务于工业农业和国防的建设,奖励科学的发现和发明,普及科学知识。②这无疑又让知识分子们对未来科学发展的前景充满希望。

故在政权交替之际,尽管此时的中国科学社面临很多不确定的因素,经济上又处于极端的困窘中,但对新政权的期待,对"科学建国"的信念,促使他们充满信心与希望投入到新中国的建设事业中。

三、中国科学社成立35周年纪念大会

参加完新政协会议后,任鸿隽回到上海,彼时他深受鼓舞,心情是欣喜的。1949年10月23日,任鸿隽在上海主持了中国科学社庆祝中华人民共和国成立和科学社成立三十五周年纪念大会。出席会议的有在沪的社友200余人。对于中国科学社的三十五周年纪念大会,新政府表现出了极大的重视。时任上海市副市长韦悫、上海市高教处副处长李亚农等出席了会议,李亚农代表中共

---

① 《上海市科学技术团体联合会成立宣言》,《科学》1949年第31卷第7期。
② 中共中央文献研究室编《建国以来重要文献选编》第1册,中央文献出版社,1992,第11页。

第六章 中国科学社的抉择与转变(1946—1949)

华东局书记饶漱石致词。

饶漱石肯定了中国科学社过去对中国科学事业的贡献:"三十五年以来,贵社为了中国科学的发达,已经作了不少的工作。我相信今后在建设新中国的道路上,能朝着进步的方向作更大的贡献。"并指出:"今后中国的科学界除了为人民服务的目的以外,不应再有其他的目的。中国的科学家应该准备把自己的一切成就贡献给中国人民,为了建设新的自由的中国而进行斗争。"①

值中国科学社成立三十五周年之际,任鸿隽发表《敬告中国科学社社友》一文,指出:"在中华人民共和国人民政府之下,科学研究已不是少数人的兴趣事业而成了新政府的国策。故从人民政府成立,国家进入了一个新时代,科学事业也进入了一个新时代。"②

透过政协刚刚通过的《共同纲领》的规定,任鸿隽看到科学研究已不是少数人的兴趣而成了新政权的国策。人民政府成立,国家进入了一个新时代,科学事业也应该进入一个新时代。在新中国刚刚成立、到处充满生机之际,科学社同人对前途充满信心,希望有更大的作为和发展。任鸿隽强调:"目下我国科学人才为数有限,而科学事业待办者指不胜屈。唯有团结一致,通力合作,方能收较大的效果。我辈科学家,无论所从事者属于理论的研究,或应用的范围,合作则相得益彰,分驰则事倍而功半。这个原则,在平常已上轨道的科学事业已是确立不易,而在我们建设方始的国家尤为重要。"③

科学成为国策正是此前任鸿隽一直呼吁的,所以他在《敬告中国科学社社友》一文的最后豪情满怀地说:"本社在艰难困苦中挣扎了三十五年,此后的三十五年正是它一展身手的时代,希望社友诸君以爱护科学的精神并爱护本社。"

卢于道在《三十五周年》一文中指出:

过了三十五年到今天,我们逢到了这么一个二十年来一百年来以至于二千年来的一个突变;在这么一个时代里,就是所谓人民时代与科学时代,我们今天

---

① 张剑:《三个时代的中国科学社》,《科学文化评论》2005年第1期。
② 任鸿隽著,樊洪业、张久春选编《科学救国之梦——任鸿隽文存》,上海科技教育出版社、上海科学技术出版社,2002,第623页。
③ 任鸿隽:《敬告中国科学社社友》,《科学画报》1949年第15卷第11期。

纪念从半封建半殖民地中挣扎过来的第三十五年,一旦从那些桎梏中解放出来,使科学事业走上了一个新时代,重新考虑我们工作的作法,这是多么有意义的事。①

竺可桢在《中国科学的新方向》一文中,深刻分析了过去中国科学界存在缺憾的内在原因。在他看来,主要是中国科学界本身存在的矛盾和缺点,最显著的就是各单位普遍存在的本位主义和科学工作人员的"为科学而科学"的错误见解。他认为,这种各自为政、闭门造车的习惯必须革除。他认为新中国发展科学的道路:第一,必须理论与实际配合,使科学真能为农工大众服务;第二,必须群策群力,用集体的力量来解决眼前最迫切而最重大的问题;第三,大量培植科学人才以预备建设未来的新中国。他预言:"科学在中国好像一株被移植的果树,过去因没有适当的环境,所以滋生得不十分茂盛;现在已有了良好的气候,肥沃的土壤,在不久的将来,它必会树立起坚固的根,开灿烂的花,而结肥美的果实。"②

张孟闻认为中国科学社的事业与《共同纲领》规定的文化教育政策高度吻合:"要使全体国民爱祖国,爱人民,爱劳动,已经不易,而要做到爱科学,这就更要费点事了,——而这却正是我们所应效力的重点。先要普及科学知识,也正是'科学画报'的业务;而后才是发展自然科学与提倡用科学的历史观点,来研究和解释古往今来的史实,这则是'科学'的主要目标。"③

秉志在纪念会上总结了科学社的历史。他说,现在解放了,我们的研究工作虽缺,困难仍存在,但我们要学习巴斯德和巴甫洛夫的奋斗精神,自强不息,替人民做点事。

可以说,中国科学社三十五周年大会,既是对该社过去历史的总结和检讨,亦是在新政府领导下准备开展新工作、做出新成绩的会议。任鸿隽准备带领中国科学社在和平的年代大显身手,然而形势的发展很快超出了他的预期。

---

① 卢于道:《三十五周年》,《科学画报》1949年第15卷第11期。
② 竺可桢:《中国科学的新方向》,《科学》1950年第32卷第4期。
③ 张孟闻:《本社同人今后的努力方向》,《科学画报》1949年第15卷第11期。

四、"平静地过渡"

中国科学社总干事卢于道1950年7月在《中国科学社近两年来的任务》一文中,对中国科学社在解放前夕的"苦闷"状态有过描述:"在决定性胜利之前,当我们还在反动统治之下时,我们已有信心必然有今天的胜利的,可是非常苦闷。早在1948年4月《社友》第八十三期论《保卫科学》一文中,我们已大胆地指出:当时形势'一种是腐朽的崩溃下去,又一种是新生的强大起来'。我们并且大胆地指出:'新生是谁?是我们人民!人民决不萎靡下去,正相反决定要兴盛起来,这是旧中国的新命运。……'在全国决定性的革命胜利以前,在上海未解放以前,我们留在上海,当然是苦闷的。"[①]

在"苦闷"之中,由于民族工商业的帮助,中国科学社的事业,如《科学》杂志、《科学画报》、生物研究所和明复图书馆,得到了保存和维持。

上海解放前后,中国科学社一方面在北京和中华自然科学社、中国科学工作者协会及东北自然科学研究会,在中共中央的指导辅助之下,共同筹备全国自然科学工作者代表大会;另一方面在上海解放前夕开始筹备,解放后即联合上海37个科技团体,共同组织上海科学技术团体联合会(简称上海科联)。这些都是诚心诚意迎接新时代的行动。

从1949年底到1950年6月,中国科学社组织了6场专题座谈会。议题多种多样,从辩证法到医药卫生,从遗传学到土地改革,从科普到工人业余教育,空气中始终激荡着紧张与欢愉。这些座谈会在帮助科学工作者更好地了解新的形势和认清自己的任务上起了一定的作用。

在迎接新时代的时候,中国科学社除了1949年10月23日上海社友会举行了三十五周年社庆大会,以及社的事业照常维持之外,中国科学社社务活动是在缓进状态。究其原因,有四个方面因素:一是渴望全国各地与分社及社友会所在地解放;二是先后解放各地的社友(连上海本社工作的员工),各在自己工作岗位上,正在进行新的政治学习与思想改造;三是希望从来没有过的全国自然科学工作者的统一机构,即全国科代总会及分会,能够在新时代里将全国自

[①] 卢于道:《中国科学社近两年来的任务》,载林丽成、章立言、张剑编注《中国科学社档案资料整理与研究·发展历程史料》,上海科学技术出版社,2015,第288页。

然科学工作者顺利地团结起来,并指出科学会社的新方针;四是总社总结并检讨三十六年来社务及事业工作。

由于上述四个原因,中国科学社在新时代开始的时候,除举行了一些座谈会之外,平静地过渡着。

解放前后,中国科学社社务和事业均处于"平静地过渡"状态。中国科学社曾考虑过修改社章,也曾考虑过根据旧章改选理事、监事,亦考虑过1950年6月举行第37届年会。然而,经过再三考虑之后,中国科学社以"非常的决心,将这些事务暂时悬着。一方面等待着全国科代的会议结果,我们愿遵循全国科代会议中决议的方针,善于处理本社的社务和事业;又一方面总社愿意听取全国各地社友对于本社处理的意见"。[①]

[①] 卢于道:《中国科学社近两年来的任务》,载林丽成、章立言、张剑编注《中国科学社档案资料整理与研究·发展历程史料》,上海科学技术出版社,2015,第289页。

第七章

尾声：最后的十年

新中国成立后,中国科学社在存续的最后十年里,经历了期盼与改组、《科学》的停刊与复刊、合并与解散等历程。在1950年代的科学政策与科学团体改造大背景下,随着私立科学团体一个一个解体,中国科学社的命运早已注定。任鸿隽坚持主张科学家不应该过度进行政治活动,认为研究科学是极精微的事业,科学发展得遵循科学研究的自身规律。"科学家不问政治,虽已成过去的错误观念,但如离开试验室而从事政治活动,亦非科学家所以贡献国家之道。谨守岗位,尽吾人最大之努力,以实现'努力发展自然科学以服务于工业、农业和国防建设'的号召,方是正当办法。"[①]但在当时一边倒的政治话语中,任鸿隽的主张与坚持是力单势薄的,随着他身体的衰弱及科学社各项事业的分解,中国科学社最终解体。

一、期盼与改组

1949年5月27日,上海解放。中国科学社开始新的历程,投入到新中国的科学事业中。解放初期,中国科学社曾以高昂的热情努力促进科学界的大联合和协助人民政府开展科学教育。

上海解放后,解放军所到之处,纪律严明,加上党对知识分子政策有效及时,中国科学社领导人对于新政权充满希望和信心。任鸿隽、秉志、竺可桢在这

[①]任鸿隽:《敬告社友》,《科学画报》1949年第15卷第11期。

一时期抱着科学建国的信念,希望在新政权领导下,发挥科学家的长处,为科学建国贡献自己的力量。早已面临经济困难的中国科学社也希望新政权能给予帮助。在《竺可桢日记》中,竺可桢记录了当时他的真实感受和见闻。

1949年6月28日中国科学社召开理事会讨论经费问题。竺可桢在日记中写道:

> 最严重者为经费问题。过去靠石油公司、中纺公司等以团体会员名义每月给予米一、二担以维持,社中每月需五十担米之数。张孟闻曾与文教处接洽,要文教处补助预算……文教处已面允而发生困难。今日孟闻提出要余与唐臣前往,与文教处说项。余即决定前往,于四点偕化予(吴学周)、唐臣(茅以升)、孟闻至……高等教育处晤李亚农(文教处副处长)……说明科学社向收中纺公司及石油公司团体会员费,希望文教处呈军管处准各公司照旧例发给。[1]

但接洽并未有什么结果,中国科学社的经费窘迫问题没有得到解决。

9月份,任鸿隽、竺可桢、韦悫(时任上海市副市长、上海市军管会高教处副处长)均到北平出席新政协会议,任、竺二人相见,商谈科学社的经费问题,其后两人又去拜会韦悫,希望得到支持。

1950年1月,任鸿隽代表中国科学社与上海市军管会文教管理委员会协商,决定该会高教处于该月起按月补助科学社生物研究所一定经费。1952年,明复图书馆因经费短缺购书中断,上海市文化局给予了经费补助。

同年2月13日,中国科学社理事会上,议定每一团体社员以100元为基数乘本月份职工生活指数缴纳会费,以维持其事业的进行。

但团体会员的这点补助只是杯水车薪。因此中国科学社在三十五周年纪念会之际,专门发表了一个启事,用"智穷力竭"、"山穷水尽"来说明科学社目前的"惨况",呼吁政府尽快补助:

> 可是这个社有房屋、有人员,经常要有水电与薪给的开支,虽然有光荣的历史,却没有可靠的经费。现在人民政协的共同纲领已经公布,文化教育政策那

---

[1]《竺可桢日记》第二册,人民出版社,1984,第1266页。

第七章 尾声：最后的十年

一章积极规定提倡人民爱护科学,也决定政府努力奖励为人民服务的科学事业。那么对于这个向来主张为人民服务而且实际上服务了已久的科学团体,且不说其过去的成绩,只就其每月必不可省的开支而言,人民政府和社会人士当然不会漠然视之而听任其销歇的。科学社已经以出售旧存报纸与借款募捐来维持残喘,挺住了图书馆、编辑部、房屋、水电、人员等等过去半年来的用费。眼前已到智穷力竭,山穷水尽的地步了,所以特地写出这个启事,希望予以援助,共同为其生存的延续向政府与各界呼吁资助,如果大家以为它还应该存在下去。[1]

在中国科学社从政府那里争取经费支持的同时,形势已在悄然发生变化。中国科学院接收工作时透露的信号是国家将把原来的公、私立科研机构收归国有,并不主张私立机构的继续发展。

1950年8月,科代会召开前夕,竺可桢收到了一份匿名信,"系以自然科学工作者五十六人的名义写,攻击丁瓒、严济慈、涂长望,谓其把持科代,原函系寄吴玉章者,函中颇有为科学社抱不平之意。但惟其如此,外间就不免有疑心此函即系科学社社员所写,不知何人作此恶剧也"[2]。且不论该信为何人所写,用意何在,但最起码透露出一个信息,即在科代会筹备期间,中国科学社的未来去向颇受关注。

任鸿隽到北京出席即将召开的科代会时,也意识到此次会议将影响中国科学社的命运,因此在会前,与竺可桢、李四光等人进行了多次接触。任鸿隽与秉志去找竺可桢谈,竺可桢虽是科学社元老,但此时他是同意解散科学社的,他在日记中记载:"叔永与农山对科学社总还不肯放弃,以为科学社有他过去历史,为别的学会所不及。但余则谓科学社所不同者,只是有数种事业,此数种事业可以交代与发展有更大希望之机构,即可停止活动矣。"[3]

8月21日,科代会举行期间,中国科学社理事会召集社员开会,到会60余人,任鸿隽任主持,叶企孙、沈嘉瑞、陈立等讲话,竺可桢也做了发言。会上,竺

---

[1]《中国科学社三十五周纪念启事》,《科学》1949年第31卷第11期。
[2] 竺可桢:《竺可桢全集》第12卷,上海科技教育出版社,2007,第154页。
[3] 竺可桢:《竺可桢全集》第12卷,上海科技教育出版社,2007,第160页。

可桢等主张将中国科学社解散,同归于科联领导,但商讨最终不了了之。

中国科学社不属于专业学会,无法加入科联,而科普只接受个人入会,中国科学社尴尬地发现其在两大学会中都找不到自己的位置。

科代会期间所商讨的方案,关系中国科学社的前途与事业,故任鸿隽回上海后即于9月12日向中国科学社理事会报告,并最终议决:①中国科学社存废应通函社友征求意见(函中说明困难);②《科学》杂志由科学院接办,理事会原则上同意,详细办法由张孟闻全权处理;③生物研究所由水生生物研究所接办,理事会原则上也同意,详细办法由秉志全权处理。[1]

中国科学社在新政权下如何生存与发展成为社员们关心的问题。应该说,对中国科学社未来的发展,党采取的是联合与统战的政策。中国科学社对新政权的成立与巩固,是做出了一定贡献的,无论是全面抗战时期还是解放战争时期,党与中国科学社骨干成员均有密切联系。但随着科代会的召开、科联和科普的成立,中国科学社的性质与地位不仅遭到质疑,发展上也遇到了空前的困难。因此,随着时代的变迁,中国科学社试图通过改组实现转型。

1950年7月中国科学社向社友印发《中国科学社卅六年来的总结报告》和《中国科学社近两年来的社务》,对36年来的社务和1949—1950年的社务做总结与检讨,"希望社友予以讨论"。同时,卢于道以北上开会为由,辞去总干事职务,并提议撤销总办事处。提议未通过,选举张孟闻接任总干事。

1951年6月21日,中国科学社理事会决定改组,先修改社章,再改选理事,推任鸿隽、林伯遵、何尚平、张孟闻、杨孝述起草新社章。11月函请社友,主要对象是发起人、永久社员、曾任理事及重要职位人员或对事业有特别帮助者,重新登记,试图重新焕发中国科学社的活力。到1952年1月9日,共发函391份,收到回函上海110封,外地50封,共160封,仅占所发函件的41%。在收到的复函中附有意见的149封,同意章程的128封,主张修改的17封,主张结束社务的仅4封。说明回函中绝大多数人还是赞成继续维持。

中国科学社理事会议决2月10日召开社员大会,通过社章,选出临时工作委员会,筹备选举新理事。5月,新理事会成立,秉志、任鸿隽、张孟闻、徐善祥、蔡无忌、刘咸、金通尹、陈世璋、王琎、何尚平、程孝刚、林伯遵、陈遵妫、吴蕴、吴

---

[1]张剑:《赛先生在中国——中国科学社研究》,上海科学技术出版社,2018,第260页。

沈钇、徐墨耕、蔡宾牟、程瀛章、王镇圭、徐韦曼、王恒守等21人当选理事,杨树勋、陈世骧、张辅忠、潘德孚等4人当选候补理事。其后,选举秉志、任鸿隽、徐善祥、王恒守、陈世璋、蔡宾牟、金通尹、林伯遵、张孟闻等为常务理事,任鸿隽为理事长,林伯遵为书记,徐善祥为会计。又聘请张慰慈为理事会秘书,"常驻办公,专门对内,酌送交通津贴"。

在中国科学社改组与去向问题上,竺可桢与任鸿隽有着截然不同的看法。

1952年1月22日,竺可桢致函任鸿隽,对于社中公函及重订社章草案表示关切并提出三点质疑:

(一)公函中谓"此次复函对社章草案已得大多数赞同"。所谓大多数,弟认为复信者的大多数,公函应说明中国科学社共有社员几人,发信若干封,其中得回信若干封,赞同者几人。如发信很多而回信很少,把这个很少数复信的人的意见笼统的说大多数的意见是不对的。我个人是不赞同科学社重整旗鼓登记社员这桩事,所以根本就没复信。去年十一月间在上海时曾当面奉告。所以,没有复信的人,并不是没有意见的人。如发信多而大多数统不复信,这其中必有理由,值得郑重考虑。

(二)尤其重要的,社章重订草案第二条宗旨:"在于团结科学工作者,……协助政府实现共同纲领文化教育及经济政策。……"人民政府于1949年7月召集科代大会,1950年9(8)月,召集科协大会。两次会议统在于谋科学工作人员的大团结,结果成立科联和科普两个团体,各学会统在科联领导下进行工作。科联的完全名称是中华全国自然科学专门学会联合会,综合科学团体如中国科学社,是不包括在内。原因科联本身是一个科学工作人员综合性团体,不希望另外来一综合性团体来和他对立,怕这样便会酿成不团结现象。如二三十年前科学社、学艺社等小圈子时代早经过去了。但现在社里又要把科学社重整旗鼓来做成一个全国性的科学工作者团体,却和宗旨所说团结科学工作者的精神完全矛盾。在社里边的人自己以为团结了,但适足酿成社外和社里的人不团结。吾兄是上海科联的主持人,对于这点应该看得很清楚。

(三)我们现在是在新民[主]主义时代,正努力向社会主义时代走。科学事业统将为占人民极大多数的农工劳动人民服务,而不是仅仅为了某少数阶级。

所以科学研究和普及统将由政府来办,重复的工作必须避免。科联的《自然科学》正在想和院里《科学通报》合并,黄海化学研究所已来函和院接洽,要院接办。在这个时候科学社(至少在外表看来)发动设立研究所,刊行科学期刊,实是和潮流背道而驰。(诚然,科学院的研究所和院刊存在了不少的缺点,但我们正欢迎全国科学工作人员来指摘批评,以求改善。)像草案第十条科学社那么大吹大擂做,不但难以做好,而且要被人目为反动的。[①]

对中国科学社改组一事,竺可桢认为,改组不仅在组织程序上不合规,更是上升到政治高度,站在科学为谁服务的立场,认为这是与时代潮流相悖的。对此,任鸿隽在回函中对三条意见逐一奉答:

一、关于改组是否多数赞成问题。查科学社社员虽号称三千余人之多,但实在每年缴费所得社员资格者为数并不甚夥。(此中外各学术团体皆然,不足为奇。)故此次为改组事发信各社员,即由一特组委员会规定,有下列资格之一者方予发信:(一)曾于两年以内继续缴费者(照章一年以上不交社费,即停止社员权利);(二)永久社员;(三)曾在本社担任重要职务有年者;(四)不背于新定章程之社员资格者(即曾在大学毕业或办理科学事业历有成绩及历史清白者)。根据以上规定,此次发致社员之信,共三百九十一缄,收到复信一百九十四封,其中完全不赞成改组,并云应办理结束者仅四人。(在北京者二人,大连者一人,上海者一人,若合吾兄此次来信计之,则为五人矣。)对于修改章程条文略有意见者廿四人(此次已参照修改)。其余一百六十余人,皆赞成本社改组,并同意所提出之章程草案者也(此中包括许多在北京、杭州、南京、武汉之老社员)。此为此次通缄中所云"已得大多数赞同"之根据。该缄未将发缄收缄详细数目列出,是其疏忽,但在开社员大会时自当有详细报告也。

二、有了全国性的科学组织如"科联""科普"之后,综合性的科学团体如科学社者,是否仍有存在之必要?这个问题,在一九五〇年全国科代开会时已经

[①] 张剑:《代际冲突与认知差异——1951—1952年任鸿隽、竺可桢相关中国科学社信函疏证》,《自然辩证法通讯》2021年第1期。

详细讨论过了。一般的意见,据我所了解,以为综合性的科学团体,虽然不包括在"科联"之内,但也绝对没有不能存在的理由。(似乎在科代大会的总结报告也有此种说法,此时手边无此报告,未能参考。)问题中心,还是如来示所云"此种综合性科学团体,是否将和'科联'对立,会酿成不团结的现象"?此种顾虑,我们以为如能了解此次科学社改组的动机与性质,便不会发生。第一,科学社改组后将渐渐蜕化为地方性的团体,所以章程草案中第一条即订明"设社址于上海",并且删去旧章程中设立分社、社友会等组织。这样就表示它将来的活动只限于地方性的,绝对没有与"科联"对立或重复的可能。第二,科学社改组后,打算把旧有的几件事业办好——图书馆、画报、研究所等——以便更好地为国家建设及人民服务。所以要改组,就是因为这些事业不能无一个总机关来管理,并非对于社务再有任何扩充。(章程草案中所列的几种社务,不过就现在社务而言。如发行期刊,因为有《科学画报》,则不能不提到此一项。但有历史的期刊如《科学》者既已归并到《自然科学》了,将来当然不会再出一种期刊的。)于此,兄可发一问:"然则何不把科学社的各事业交与'科联'办理呢?"我的答复是:第一,"科联"的重要任务是要帮助全国的专门学会迅速的组织充实起来,如图书馆与什〔杂〕志等,似乎不在它事业范围之内。第二,因为我也是"科联"常务委员之一,不妨说一句不客气的话,照科联(上海科联)目下的情形,还没有接办这些事业的人财两力。我们知道,科学图书馆和《画报》等,都是有专门性的工作,如没有足够的专门人才去办理,一定会弄到毁坏不可收拾的地步(打乱了原来的步骤)。从前法租界高等工业学校的图书馆,可为前车之鉴。如果如此,是与毛主席所谆谆告诫的稳步前进政策相违背的。

三、在新民主主义时代,一切科学活动应是为多数人民服务而不是为少数阶级的问题。这个话也正是此间同人的意思。科学社自来是公开的,此次的改组,也说明是为更好地为广大人民服务,所谓"少数阶级"的话,不知何自发生。不过科学事业,有一点是我们应该明白的,就是有的是间接的服务,有的是直接的服务。如图书馆中有普通的书籍,有专门的杂志。普通书籍对于读者可谓直接服务,但阅览专门杂志的,仅少数做研究工作的人,由研究工作所得的结果,可能为广大人民发生莫大的利益,这便是间接的服务。但我们能说这仅是为少数阶级服务吗?此种眼前的道理,在浅见者或未能认识,吾兄科学名家,当必首肯鄙言。①

信的最后,任鸿隽说:"吾等任科学社理事(兄亦理事之一)任期早已届满,因时局关系,历年未能改选,解放后虽行改选,而章程已不合时宜,故非修改章程实行改组后无法选出新理事,使我等得卸纡肩。此事因关系繁复,故酝酿一年有余,经理事会、上海分社委员会及在上海社员多次开座谈讨论,仅乃得此通缄结果。"

任鸿隽在2月1日再次致函竺可桢:"对于本社改组后将成为地方性团体组织及社务仅为维持原有事业两点,未能明白规定,以致发生误会,势所难免。因复建议将章程草案中宗旨、社务两条加以修改,俾将来章程通过后,本社将为地方性及事业机关之团体,一般有明确了解。"

改组后中国科学社事实上已成地方性团体。随着社务不断缩减,尤其是主要事业陆续移交,中国科学社社务活动仅限于座谈和展览,慢慢退出历史舞台。

关于中国科学社发展问题,科代会上曾有专门讨论,对于中国科学社这类综合性社团是否继续存在,曾昭抡在科代会总结报告中曾表态:无论如何,一个科学团体,如果从其性质上来看,不能加入"科联",仍可继续存在,并不以科联"之成立而受影响,这点大家可以放心"。故科代会后,中国科学社实行改组,定位于地方性社团,与其说维持其存在,毋宁说是新形势下的变通之举,用心良苦。但时移世易,改组后的中国科学社亦已难有大的作为。

1953年5月23日,中国科学社常务理事会召开第10次会议,讨论一些事务。

1954年在上海社所召开中国科学社成立四十周年大会,举办"中国科学史料展览",主要展出中国科学社及明复图书馆所藏有关科学史料的重要书籍杂志,包括历年的出版物、珍藏百年以上的外文杂志等,以及搜求的上海市各大图书馆、博物馆所藏珍贵古籍和科技文物数百件。并印有《中国科技史料展览品目录》一册,展现了中国古代科学技术的辉煌成就以及四十年来中国科学社对中国科学事业所作出的贡献。这是中国历史上第一次有关科学技术史料的展

---

① 张剑:《代际冲突与认知差异——1951—1952年任鸿隽、竺可桢相关中国科学社信函疏证》,《自然辩证法通讯》2021年第1期。

览,颇受学术界重视。[1]

1955年,中国科学社着手组织编纂、翻译出版科学史料著作,先后出版了《中国科学史料丛书》十余种、《科学史料译丛》等,其中有任鸿隽所翻译的《爱因斯坦与相对论》《最近百年化学之进展》,蔡宾牟、蔡叔肩《俄国物理学史》等。此外,还编辑出版了一些科普方面的小丛书等。

二、《科学》的停刊与复刊

新中国成立后,《科学》杂志面临转向问题。科联有意接纳,然而因故使得移交一事搁浅,导致《科学》停刊。为了维持中国科学社的事业赓续,更好地传播科学,《科学》又两次复刊,涅槃重生。

1.《科学》的停刊

1949年后中国科学社曾想方设法维持发刊,但在新形势下,无论是经费还是稿源都面临严重问题,《科学》的去向引起关注。

1949年8月25日,科代会闭幕的第二天,《科学》总编辑张孟闻就与竺可桢、李四光、钱三强商谈《科学》杂志去向问题。钱三强提出该杂志交中科院办,性质不变,而中科院自己的《科学通报》则改为专载科学消息。

8月26日,竺可桢约任鸿隽、张孟闻、秉志吃午饭,告诉他们中国科学院的决定,"即愿由院承印《科学》,一切不改动,但出版者由科学社改名为科学院,暂时仍可在上海印行"[2]。他没有在日记中说明任鸿隽、张孟闻等人的态度,但这一建议并没有得到科学社方面的赞同。

中国科学社内部意见存在分歧,任鸿隽与秉志同意交出,但要保留名称,且卷、期延续,而王家楫、吴学周等人则主张无条件交出。不过科联的态度也很强硬,他们已决定接收中华自然科学社的《科学通报》并改称《自然科学》,《科学》如果被接收也要改名。

1950年8月科联成立后,要创办会刊。

---

[1] 赵慧芝:《任鸿隽年谱(续)》,《中国科技史杂志》1984年第4期。
[2] 竺可桢:《竺可桢全集》第12卷,上海科技教育出版社,2007,第167页。

1950年12月，任鸿隽、张孟闻应全国科联邀集去京开会。全国科联有意接办《科学》作为机关刊物，要求中国科学社移交《科学》编辑部。

会议期间，任鸿隽主持中国科学社北京社友会在科联会址上开了一次社友大会，共到了李四光、竺可桢、陆志韦、陶孟和、丁珊、张子高、严济慈、杨钟健等七八十人，李四光扶病到会。陆志韦、张子高等都从西郊几十里外赶来开会。会议决定将《科学》连同编辑部人员自1951年起移交全国科联，第33卷起不再发行，改归科联，仍称《科学》，但从新一卷一期起重计卷期号，张孟闻原任《科学》总编辑，其编辑部人员随同迁京。这样，《科学》就正式结束，准备移交全国科联了。

至此，根据科联会议决定，《科学》月刊被合并至科联所主办的《自然科学》杂志。《科学》在32卷中专门出版一期"增刊号"宣告休刊。任鸿隽在《〈科学〉三十五年的回顾》一文中谈及停刊一事，认为这次《科学》的停刊，并非出于消极的态度，而是出于积极的精神。可以说是科学界的大团结。

1951年1月16日，"科联"公函科学社告知决议，并请撰文述说《科学》的"辉煌成就"刊载于新刊《自然科学》。但是，让人意想不到的是，张孟闻1951年元旦返沪，当天复旦大学就宣布任张为生物系主任。张孟闻只得留在复旦，无法再去北京了，《科学》移交科联一事从而出现"变故"，并引发一段不小的争论和冲突。

任鸿隽回到上海之后，从杨钟健致张孟闻书信中得知，主张《自然科学》发刊，从一卷一号起而非第三十三卷一号起，任鸿隽以为断断不可。为此，1951年3月11日，任鸿隽致函竺可桢：

因前此商定之方式，系经在京诸公之提议，亦经过此间同人之会议而后正式决定者。若此时忽又推翻，则前此一切将成为全无意义，且将来作事何以取信于人？《科学》改归科联刊行，原为维持其卅余年之历史，若改组以后，历史痕迹一概抹杀，似亦非原议本意。鄙意前定《自然科学》卅三卷一号之方式，原系综合各方意见而成立之折衷办法。若某方认为尚不满意，只可提出商议修改，不可由一方作主,径行推翻已有成议,方是表示诚意合作及争取团结之道。①

任鸿隽请竺可桢、李四光、曾昭抡等在科联会议上极力主张维持原案,并表示"自决定将《科学》改归科联编印后,《科学》编辑部即在准备结束,决无任何保留意思"。竺可桢3月15日收到此函,在日记中写道:

午后接叔永函,谈科联出版《自然科学》事。……此事经科联常委会通过,自张孟闻近来京后不知如何引起反感,使卢温甫、张青莲等均群起反对用三十三卷一期起的办法,对科联理事会提出抗议。卒推翻从前议案,要从一卷一期起。叔永又来函责问何以推翻原议,不与科学社作一磋商,余作此事形同蛮触之争,殊无谓也。②

面对如此反复、各方扯皮的状况,竺可桢无奈地说:其实最重要的乃是把刊物办好,名字之争绝无意义。

3月16日,竺可桢复函任鸿隽,详细介绍了变故的具体经过:

科联常委会本已通过自卅三卷一期出起,以继续《科学》的期数,但京中若干青年少壮派对于科联新刊物不从一卷一期出起提出强烈异议,由宣传委员会提出常委复议。开会时正值科学院在政务院有报告,仲揆、正之诸兄均不能出席。经宣传委员会诸人列席说明应自一卷一期出起理由,经讨论许久卒通过与中国科学社及中华自然科学社函商取销加注"《科学》与《科学世界》合刊"字样。如协商结果认为必需加注,则需加注"《科学》第三十三卷第一期、《科学世界》第二十卷一期"。这次会议中,曾经剧烈辨[辩]论,经几位常委力争始得到此结果,仍由协商决定,不久科联方面当有函致科学社与自然科学社。弟意《科学》在过去卅年中已尽了时代的使命,其功绩如何将来自有定论,正不必为卷期

---

① 张剑:《代际冲突与认知差异——1951—1952年任鸿隽、竺可桢相关中国科学社信函疏证》,《自然辩证法通讯》2021年第1期。

② 竺可桢:《竺可桢全集》第12卷,上海科技教育出版社,2007,第306页。

之争。①

此后,竺可桢将3月11日任鸿隽的来信转给了科联副主席曾昭抡。3月17日,曾昭抡致函任鸿隽:

> 关于《自然科学》卷期事,前确曾决定,今年自卅三卷一期出版。当时议定,《科学》去年年底出完卅二卷后,即不再出。大家共同努力,务使卅三卷于二月间出版。后来张孟闻君返沪,未向此方向推进,反而又筹办增刊,又说北京所编稿件不好,以此引起京沪两地青年科学家许多不满,结果遂又弄得不得不有所改变。(假定当时大家均按协议从事,则此刻卅三卷早已成为既成事实。)此刻所拟办法,是在《自然科学》一卷一期之下,加注"《科学》卅三卷一期"等字。如此似乎我国科学刊物之赓续性,亦似可显出。不知尊意以为何如?此次情形,许多科学社自己里面的人,也极力主张用《自然科学》一卷一期,所以我们无法压下去,搞得很苦。②

信函旁边附有文字:"上海科联现由兄领导,甚望能更多从大处着眼。"此函未见任鸿隽复信。

3月19日,中国科学社召开第203次理事会及上海分社社务委员会第17次联席会议,对科联常委会的新决议进行讨论,并议决:

> 本社拥护大团结,因全国科联已有与《科学》同样性质之《自然科学》期刊即将出版,故将《科学》自卅三卷一期起停刊。至卅二卷增刊照出,并在增刊上登一本社启事,科联如来信,亦本此旨答复,推刘咸、曹惠群、张孟闻三君拟启事并全权决定内容。③

---

①张剑:《代际冲突与认知差异——1951—1952年任鸿隽、竺可桢相关中国科学社信函疏证》,《自然辩证法通讯》2021年第1期。
②张剑:《代际冲突与认知差异——1951—1952年任鸿隽、竺可桢相关中国科学社信函疏证》,《自然辩证法通讯》2021年第1期。
③张剑:《代际冲突与认知差异——1951—1952年任鸿隽、竺可桢相关中国科学社信函疏证》,《自然辩证法通讯》2021年第1期。

作为科联25位常委之一的秉志对科联的举动非常不满,认为不商议就"改变前议","硬性作一百八十度转弯",手续上"太鲁莽";对科联的出尔反尔,吴学周说他作为科联一分子应"检讨其不当",但为避免不团结的嫌疑,还是劝说不必坚持卷期。

会议当天,任鸿隽致函竺可桢,表示科学社同人对科联的决议"不欲再提",希望通过竺可桢向曾昭抡或科联索回他遵照科联与严济慈嘱咐所撰文稿《〈科学〉三十五年的回顾》。

3月24日,任鸿隽再次致函竺可桢就卷期一事进行辩解,认为曾昭抡信函中所言大抵是京中部分人的误会,导致误会的原因可能一是张孟闻言语失检,二是科学社编排增刊。并告知竺可桢科学社理事会的决议。

1951年5月,《科学》增刊出版,发布《本社启事》:

> 本社月刊《科学》创刊已三十五年,满三十二卷,历经战事,数有播迁,借赖国内学人之爱护与工作同人之努力,得以准期印行,颇得各方之珍视。惟本社同人能力有限,长期维持,殊感竭蹶。今幸全国科联发刊《自然科学》,性质与本刊相同,似无须为工作上之重复,即拟休刊。特将稿件汇印增刊号一期,以资结束。谨此通启。[①]

至此,围绕《科学》移交与卷名期数之争,以《科学》的戛然停刊而告终。

2.《科学》的复刊

1957年初,中共召开知识分子问题会议,提出了"向科学进军"和"百花齐放、百家争鸣"的方针。在上海的中国科学社成员认为国家可能对科学管理体制进行大的调整,故极力希望《科学》复刊。社长任鸿隽在各方推动下,不辞衰老,毅然重新组织编辑力量,在上海科学技术出版社恢复了《科学》的出版。这年,任鸿隽为争取复刊写信给当时的上海市人民委员会:

> 本市科技界拟刊行一种综合性科学季刊,定名《科学汇报》,由中国科学社

---

① 《本社启事》,《科学》1951年增刊号。

主编。现经与科技出版社联系,据云须有上级指示,方能担任印刷。因此拟请市人民委员会大力支持,并通知市出版事业管理处转知科技出版社照办为感。①

得到了市领导的同意后,中国科学社于1月17日正式向上海市人民委员会出版事业管理处提出正式申请:

> 我社以前刊行的《科学》继续发行了近四十年,当时对提倡科学,起了一定作用。解放以后,我社将该项杂志移交全国科联接办,希望能发挥更大的力量,可惜不久就停刊了,至今没有恢复。
>
> 自从党和政府号召百家争鸣、百花齐放以来,好多人又怀念起《科学》,希望早日复刊。目前各专门学会的会报民(已)经不少,专门性的论文有了发展的机会,但是综合性的科学问题,还没有争鸣的园地,因此各方的期望更为殷切。由于各人负担很重,要恢复原来《科学》那样繁重的期刊,人力方面一时恐还不够,考虑再三,决定先筹办一个季刊,定名为《科学汇报》……我们拟邀请《科学》的原有撰稿人员,以及热心赞助本刊事业的科学家参加编辑,希望能对于推动科学研究有所贡献。②

1957年7月,《科学》33卷第1期以季刊形式正式出版。1960年再次停刊,《科学》季刊共出版12期。卷期号与《科学》月刊相连,封面设计上有两处小的变动,即在"科学"二个大字下面加有"季刊"小字样,出版发行者由"科学图书仪器公司"改成"上海科学技术出版社"。在第33卷第1期上,开篇就是任鸿隽的《我们为什么要刊行这个季刊》,任鸿隽说明了复刊的理由:

> 一是当年《科学》的停刊,并非出于消极的态度,而是出于积极的精神。在

---

① 中国科学社关于拟恢复《科学》一刊的报告,上海档案馆藏"中国科学社"档案,卷宗号:B167-1-232-8。转引自黄翠红:《近代中国科学社事业的拓荒者——任鸿隽生平研究》,博士学位论文,扬州大学,2014,第224页。

② 中国科学社关于拟恢复《科学》一刊的报告,上海档案馆藏"中国科学社"档案,卷宗号:B167-1-232-8。转引自黄翠红:《近代中国科学社事业的拓荒者——任鸿隽生平研究》,博士学位论文,扬州大学,2014,第224-225页。

当时的情形下,"我们觉得停刊有助于其他科学刊物的发展,我们就不妨停刊。从另一个方面来说,如果在此后时期中《科学》仍有刊行的必要,我们就可以复刊。从1951年到现在,国内的科学事业大大地发展了,然而作为综合报导科学的刊物,还远远落后于当前的形势。"因此,继续刊行《科学》这个季刊,在精神上是前后一贯的,在适应形势的发展上是必要的。

二是自1951年以来,国内科学事业大为发展,专门杂志五花八门,目不暇接,但综合性的杂志却不见有所增加。这远远不能适应报道日新月异的科学发展和风起云涌的科学动态的需要。因而,添上一种综合性的科学刊物就有必要了。

三是为了响应"向科学进军"和"百家争鸣"的号召。任鸿隽说:"正是因为有了刊物,科学发明才能迅速地传播,普遍地讨论,而后科学真理才能明确地成立,而为人类所利用。……复次,从响应百家争鸣和开展自由讨论来说,科学刊物必须多种多样便成了不可避免的结论。因为一个刊物不很容易同时刊布两方面不同的见解,即使主持笔政的人抱了完全科学态度,无偏无袒,兼容并收,而有时会为篇幅所限,不能不有'割爱'或'遗珠'之憾,所以科学刊物只要条件允许,自应以多为贵。"[1]

《科学》复刊不到两年,国家科技政策收紧,民间学术团体的生存处境也越来越艰难。任鸿隽感受到当时形势已经不允许私立学术团体的存在了。故在1959年秋季召开的中国科学社理事会上做出将科学社所有财产捐献给国家,以更好地发挥其作用的提议。《科学》杂志短暂复刊三年,在1960年出完第36卷后再次停刊。

1982年4月中旬,中国科学院和德国马普学会的双边会议在南京举行。会议期间,与会代表草拟了一份《科学》复刊的建议书,不少与会者签名。一年半后,形成了由张钰哲、何泽慧等12人签名的、致方毅和中国科学技术协会关于《科学》复刊的正式建议信。1984年10月,中国科学技术协会正式给予了批复,随即筹组了以周光召院士为主编的新的编委会。1985年9月,《科学》创刊七十周年之际,在历经25年的沉睡之后,《科学》杂志以季刊的形式正式复刊(1992

---

[1] 任鸿隽著,樊洪业、张久春选编《科学救国之梦——任鸿隽文存》,上海科技教育出版社、上海科学技术出版社,2002,第650—651页。

年起改为双月刊)。

三、中国科学社的解体

1949年以后,中国科学社将所经营的事业逐步移交国家。1950年4月,张孟闻接任杨孝述担任《科学画报》总编辑,1953年,任鸿隽主持将《科学画报》移交给上海市科普协会。1954年,中国科学社生物研究所分别并归中国科学院水生生物研究所、动物研究所和植物研究所。1956年,任鸿隽又主持将明复图书馆全部图书、场馆、购书基金等捐献给上海市人民政府,改组为上海市科学技术图书馆,后为上海图书馆的一部分。1956至1957年间中国科学社提议中国图书仪器公司实行公私合营,将其印刷厂合并到中国科学院所属的科学出版社,编辑部并入上海科技出版社,仪器则合并到上海量具工具制造厂。[①]

1. 明复图书馆的捐献

1955年,中国科学社决定把明复图书馆捐献给政府,建议改成科技专门图书馆。这个建议得到政府同意后,任鸿隽为日后的科技专门图书馆写下千言建议书,字里行间充满对明复图书馆的关怀,希望其在由"私立"改为"市立"后,能让事业发展壮大。

1956年2月19日,中国科学社理事长任鸿隽代表全体理事就明复图书馆捐献事宜,致函上海市文化事业管理局:

> 本社成立迄今已四十年,其间为提倡科学并为科技界服务,在本市陕西南路235号设立明复图书馆,专事搜集收藏科技图书,以供学人参考。设立以来,对科学研究不无帮助。解放后,随着社会主义工业化的发展,所需要于科学技术者,极为广博而迫切。唯上海尚未有适当的科技专业图书馆,而本社为私人社会团体,力量有限,自度难以满足此项要求,欲求该馆的充份(分)发展,非由政府大力主办不可,为此,本社全体理事会决议,并经社员大会一致通过,将明复图书馆全部图书及图书馆房屋基地,全部敬献政府,深信在共产党和毛主席

[①] 赵慧芝:《任鸿隽年谱》,《中国科技史料》1989年第3期。

英明领导下,该馆事业必能日益发扬光大,以满足人民的需要。①

同日,上海市文化事业管理局接受明复图书馆捐献受献书,改组为上海市科学技术图书馆,任鸿隽任馆长。

1958年,上海市人民图书馆、上海图书馆、上海市科学技术图书馆、上海市合众图书馆四馆合一,只保留上海图书馆建制,其他三馆建制全部撤消,并入上海图书馆,任鸿隽出任馆长。上海市科学技术图书馆的馆藏图书全部并入上海图书馆,只留下馆舍,交由所在区卢湾区使用。这样,上海科学技术图书馆即原明复图书馆的馆舍就成了卢湾区图书馆的馆址。

2.中国科学社的整体解散

在《科学》复刊前,中国科学社已经把所办各项事业均移交给了国家,中国科学社实际上已到了解散的边缘。1957年的政治氛围让任鸿隽感觉到了中国科学社重新焕发生机的契机,所以有了《科学》的复刊。然而,百花齐放、百家争鸣的形势很快被整风和反右的形势所取代,一个不积极向政府靠拢、有"独立"倾向的社团在当时无疑是"另类",会被打上宗派主义、资产阶级路线等标签。任鸿隽意识到党对科学的领导进一步加强了。正如中央委员、国务院副总理兼科学规划委员会主任聂荣臻在1958年9月18日召开的科联、科普全国代表大会强调:党对科学技术的绝对领导是充分发挥社会主义制度的优越性、迅速发展我国科学技术事业的根本保证。……我们的道路要求坚决贯彻党对科学工作的领导,政治挂帅,要求在科学工作中发挥共产主义精神,批判科学工作中资产阶级的传统,从各方面清除资产阶级的思想影响。②

而正是在这次大会上,科联、科普又再次合并组成"中华人民共和国科学技术协会"(科协),原科联各学会会员及科普会员一律转为科协会员,规定"中国科协各级组织在执行各项任务中,必须接受党的领导,实行政治挂帅"③。

科学社团、个人接受党的领导的原则再次得到加强。当年与中国科学社三

---

① 林丽成、章立言、张剑编注《中国科学社档案资料整理与研究·发展历程史料》,上海科学技术出版社,2015,第440页。
② 何志平、尹恭成、张小梅主编《中国科学技术团体》,上海科学普及出版社,1990,第728页。
③ 何志平、尹恭成、张小梅主编《中国科学技术团体》,上海科学普及出版社,1990,第744页。

足鼎立的中华自然科学社、中华学艺社已分别于1951年、1958年宣布结束,与中国科学社一起发起召开科代会的中国科学工作者协会和东北自然科学研究会也同样宣告解散,中国科学社在这种情况下继续存在已然不太可能。

1959年7月18日侯德榜致信任鸿隽,对于科学社房产及图书发行公司股票如何处理以及《科学》的去向,信中写道:"'全国科协'聂春荣同志到沪仅一日,第二日即去无锡,所以未克约他与您见面。他对中国科学社已有所知,不过未尽了解。他也想与您讨论,您对科学社房产及图书发行公司股票如何处理。弟意您应与有关方面商议,《科学》若归'全国科协'刊行,则房产与定息收入似可考虑统归国家处理。这样,可以建议《科学》由政府继续下去,'科协'方面想可能考虑。您计将安决,是否应先与科学社董事会诸人讨论一下?若有所决定,可将意见先与李时庄书记作一个非正式探讨。若《科学》归政府办下去,则定息收入可以不需要了。故可以考虑将财产交与公家,亦是进步方面一表现。'科协'谅可考虑,未竟如何?"①信中所提《科学》归属问题,体现了科学社同人当时的心愿,即希望这份刊物能够持续办下去,但能否如愿,已经很难说了。

任鸿隽7月21日收到此信,于8月12日回函侯德榜:"关于大函所提科学社事,兹已于本月九日召开本社常务理事扩大会议商讨,当经议决:鉴于当前国内科技事业的发展形势,及使《科学》季刊及本社所办其他编辑事项在党的领导下更好地为科学及生产服务起见,本社应向全国科协提出请求,将科学社所办刊物及编辑事项归全国科协接办,并将现有社所房屋及所余经费款项包括现款、公债及股票……同时捐献,以资结束。"②

从两人来往信件中可以看出,中国科学社理事会议决解散事宜是在侯德榜的建议之下召开的。任鸿隽在致侯德榜的信中说:"此项决议案,充分反映了各理事一致同意,吾兄所提之意见并坚决争取社事由政府接办之决心,唯全国科协对于此事意见如何,当有待于了解。"③

1959年秋,由社中全体理事会提议,并得全体社员的同意,将社中所有现存

---

①周桂发、杨家润、张剑编注《中国科学社档案资料整理与研究·书信选编》,上海科学技术出版社,2015,第310页。

②周桂发、杨家润、张剑编注《中国科学社档案资料整理与研究·书信选编》,上海科学技术出版社,2015,第312页。

③周桂发、杨家润、张剑编注《中国科学社档案资料整理与研究·书信选编》,上海科学技术出版社,2015,第312页。

房屋、财产(计有银行存款,公债,现款等共83,542.79元)、书籍、设备,一并捐献于政府"。对于刚刚复刊三年的《科学》,则交给全国科协接办,"以免这个有四十余年历史的刊物归于中断"。①

1959年10月15日,中国科学社就接办一事致函上海科协:"我社请求直接领导问题,虽经迭次请求,迄今尚未解决。社务进展,尤以《科学》季刊的刊行,在政治思想性的审查方面,殊感困难。"②

1959年12月4日,全国科协就结束社务事宜给上海科协复函,同意中国科学社结束,并由上海科协接收和处理结束后的遗留问题,包括接办该社所办《科学》季刊,接收该社所献财产和处理其他一切遗留问题。同时函告中国科学社:"全国科协于十一月十二日收到上海科协转来你社10月15日给上海科协的公函一件。经研究后同意你社常理会决议所提出的要求。兹因全国科协直接处理不便,乃决定由上海科协接办《科学》季刊及其他编辑事项,并接收中国科学社结束后所献财产。具体措施全国科协已另函告上海科协,请直接与之面商处理。你社因系群众团体,结束时应将你社常务理事会决议和全国科协处理意见通知社员或登报声明。如登报,望将文稿先寄与全国科协看过再登为宜。"③

任鸿隽接中国科协函后手书拟办意见七条:一、与市科协接洽后看他们意见如何进行。二、如要争取年内办完亦属可能。三、地已献与文化局,房屋由科协接管,应由科科[协]先派人来了解内部情况并检点用具图书与财产。四、科学出版工作自1960年起由科协负责或从1960第二期起亦可行。五、大辞典编辑工作是否继续,如果进行到底,亦由科协领导。六、科学社应移交的:a.存款股份清单。b.图书。c.木器及文房用具清册。d.编辑杂项。七、人的安排视本人意书如何。④

---

① 林丽成、章立言、张剑编注《中国科学社档案资料整理与研究·发展历程史料》,上海科学技术出版社,2015,第307页。

② 周桂发、杨家润、张剑编注《中国科学社档案资料整理与研究·书信选编》,上海科学技术出版社,2015,第314页。

③ 周桂发、杨家润、张剑编注《中国科学社档案资料整理与研究·书信选编》,上海科学技术出版社,2015,第316页。

④ 周桂发、杨家润、张剑编注《中国科学社档案资料整理与研究·书信选编》,上海科学技术出版社,2015,第316页。

1960年，中国科协指派上海科协办理接收事宜。5月4日，双方的交接事宜办妥，存在了46年（1914—1960）的中国科学社宣告结束。5月5日，中国科学社就捐献政府事告知社友公鉴：

解放以来，我社在党和政府的关怀和支持下，社务得以顺利进行。为了更好地发展科学事业，曾先后将明复图书馆、生物研究所及《科学画报》等献给政府有关部门，在目前大跃进的形势鼓舞下，为了更好地为加速社会主义建设服务，经全体理事会决议，将现在所余的科学季刊，科学史料丛书及科学词书等编辑工作，交全国科协接办，同时将我社社所房屋及所有财产一并捐献政府，以完成我社历史任务。经全国科协同意，并指定上海市科协接收，现已交接完竣，我社即宣告结束。[①]

1960年9月，任鸿隽应全国政协文史资料研究办公室请求，撰写了《中国科学社社史简述》，于1961年5月发表于《文史资料选辑》第15辑。在文中，对于中国科学社，任鸿隽满怀深情又无可奈何地说："纵观中国科学社四十余年的历史，在组织初期，确曾推动了一些研究科学的风气。此后所办各事，虽然对于推进科学训练人才，均起了相当作用，但不免陷入资本主义国家发展科学的旧窠臼，以致未能作出更巨大的贡献，是我们所极端悚愧的。"中国科学社凝聚了任鸿隽及其同人一辈子的心血，在新形势下不得已解散。这种痛苦无疑影响了他的身体。在中国科学社结束各项事业一年多后，1961年11月9日，任鸿隽因心力衰竭病逝，享年74岁。

[①] 林丽成、章立言、张剑编注《中国科学社档案资料整理与研究·发展历程史料》，上海科学技术出版社，2015，第465页。

附录

中国科学社社章

（1915年10月25日通过）

第一章　定　名

第一条　本社定名为中国科学社。

第二章　宗　旨

第二条　本社以联络同志共图中国科学之发达为宗旨。

第三章　社　员

第三条　本社社员如下之五种：(一)社员，(二)特社员，(三)仲社员，(四)赞助社员，(五)名誉社员。

第四条　社员　凡研究科学或从事科学事业赞同本社宗旨得社员两人之介绍经董事会之选决者为本社社员。

第五条　特社员　凡本社社员有科学上特别成绩，经董事会或社员20人之连署之提出，得常年会到会社员之过半数之选决者为本社特社员。

第六条　仲社员凡在中学三年以上或其相当程度之学生，意欲将来从事科学，得社员两人(但一人可为仲社员)之介绍，经董事会之选决者为本社仲社员。但入社两年以后，复得社员两人之介绍，经董事会之选决者为本社社员。

第七条　赞助社员　凡捐助本社经费在200元以上或于他方面赞助本社，

经董事会之提出,得常年会到会社员过半数之选决者为本社赞助社员。

第八条 名誉社员 凡于科学学问事业上著有特别成绩,经董事会之提出,得常年会到会社员过半数之选决者为本社名誉社员。

第九条 凡社员一次纳费至100元(美金50元在他国照算)者为终身社员不另纳常年费。

第十条 凡社员、特社员、仲社员未交常年费至两年者,本社即除其名。但交足欠费或经重举的仍为本社社员。

第四章 社员权利及义务

第十一条 社员及特社员:

(一)有选举权及被选举权;

(二)有享受本社发行之期刊及其他印刷物之权,但书籍不在此内;

(三)得借用本社章程及纳入社费与常年费之义务。

第十二条 仲社员:

(一)有享受本社发行之期刊及第十一条(三)项之权;

(二)有遵守本社章程及纳仲社员常年费之义务,但被选为社员后,须照社员例纳入社费及常年费之义务;

(三)得赴本社各种常会,但无表决及选举被选举权。

第十三条 赞助社员及名誉社员:

(一)得享受第十一条(二)(三)项之权利;

(二)得赴本社各种常会,但无表决及选举被选举权;

(三)无人社及常年费。

第五章 分 股

第十四条 本社社员得依其所学之科目分为若干股,以便专门研究且收切磋之益,其分股章程另定之。

第十五条 凡每科社员在五人以上者即得设立分股。

第十六条 每分股设分股长一人,其任期及选举法由分股章程定之。

第十七条 设分股委员会,由分股长组织之。

第十八条　分股委员会设委员长一人,由分股委员互选出之。

第十九条　分股委员会之职务:(一)议定分股章程,(二)管理设立分股事宜,(三)相察情形提议各股应办事件,(四)管理常年会宣读论文事件。

第二十条　未设分股委员会以前,由董事会推任一人专司设立分股事件。

第六章　办事机关

第二十一条　本社办事机关为董事会、分股委员会、期刊编辑部、书籍译著部、经理部、图书部。

第二十二条　董事会之职务:(一)决定进行方针,(二)增设及组织办事机关,(三)监督各部事务,(四)管理本社财产及银钱出入,(五)选决入社社员,提出特社员、赞助社员、名誉社员,(六)报告本社情形及银钱账目于常年会,(七)推任经理部长、图书部长及各特别委员。

第二十三条　分股委员会之职务见第五章第十九条。

第二十四条　期刊编辑部管理期刊编辑事务,其章程由该部自定之,但关于银钱事务须得董事会之认可。

第二十五条　书籍译著部管理译著书籍事务,其章程由该部自定之,但关于银钱事务须得董事会之认可。

第二十六条　经理部经理刊行发售本社各种期刊书籍事务,其章程由董事会协同经理部长定之。

第二十七条　图书部管理本社图书及筹备建设图书馆,其章程由董事会协同图书部长定之。

第二十八条　各部应报告其事务进行于常年会。

第七章　职员及其任期责任

第二十九条　董事会以董事七人组成,由社员全体依第十章选举法选出之,任期两年。每双数年改选四人,单数年改选三人,轮流递换,但得连任。

第三十条　本社设社长一人,书记一人,会计一人,任期皆一年。由董事会互换出之,但社长、书记、会计三人须在一处。

本社社长即为董事会会长。

第三十一条　董事会职员责任如下：

会长　代表本社全体监理董事会一切事宜。

书记（一）记录董事会及常年会会议事件，（二）发布通告，（三）记录社员姓名住址，（四）收发及保存往来信件。

会计（一）收管本社财产，经理银钱出入，（二）收集社员会费，（三）预备银钱出入报告。

第三十二条　期刊编辑部设部长一人，管理期刊编辑一切事宜。部长由本部选出，其选举法及任期由编辑部专章定之。

第三十三条　书籍译著部设部长一人，管理书籍译著一切事宜。部长由本部选出，其选举法及任期由译著部专章定之。

第三十四条　经理部设部长一人，由董事会推任，任期无定。

第三十五条　图书部设部长一人，由董事会推任，任期无定。

第八章　会费及特别捐

第三十六条　社员入社时应交中银十元（在美社者交美金五元，他国照算）。

第三十七条　常年费社员特社员中银四元（美金二元，他国照算），仲社员中银二元，期刊费在内。

第三十八条　常年费以每年正七两月初一为起算期，凡在十月至三月入社者作正月起算，四月至九月间入社者作七月起算。

第三十九条　常年费须于应交起算月后三个月内交齐，但初入社者其入社费及常年费自敝社之日起三个月交齐。

第四十条　凡逾限三个月不交常年费者，本社即停止其各种权利（文内三个月即起算期后六个月）。

第四十一条　凡入社费常年费皆交本社会计或特别经理员。

第四十二条　本社得募集特别捐由会计或特别经理员经理之。

第四十三条　凡特别捐皆存储作基本金，但捐者指定作某项用时不在此例。

第九章　常年会

第四十四条　常年会每年一次在七月或八月内举行,其时期地址由董事会决定通告。

第四十五条　常年会决定人数以社员全体十分之一为定。

第四十六条　常年会应办事件:(一)选举司选委员三人及特社员、赞助社员、名誉社员,(二)决议董事会提出事件,(三)提议及决议重要事件,(四)宣读论文,(五)修改章程,(六)检查账目。

第四十七条　未交常年费者无表决、选举及被选举权。

第四十八条　在常年会开会80日以前(常年会期以七月十五起算,下同),董事会应将提议事件及候选特社员、赞助社员、名誉社员姓名通告于各社员。

第十章　选　举

第四十九条　司选委员三人,由常年会选出之管理选举次年职员事务。

第五十条　司选委员应于常年会三个月以前决定各候选职员其姓名于各社员,如社员有依次条之规定提出候选职员者应于常年会三个月以前将候选职员姓名交司选委员,司选委员即承受

之并报告于各社员。

第五十一条　社员欲提出候选职员者须得十人以上之连署。

第五十二条　候选职员之提出时期以常年会前三个月半(即四月初一)为限,如提出之缄件在三个月半以内到者作为无效。

第五十三条　各社员得候选职员姓名,即由邮投票选举,其邮件由司选委员经收之。

第五十四条　每社员得投一票,其票所举之人数如其年应改选之人数。

第五十五条　凡选举票应于常年会期十五日以前(即七月初一以前)交至司选委员处,逾期者作为无效。

第五十六条　选举职员之结果应于常年会中由司选委员报告之。

第五十七条　新旧职员之交替于十月初一行之。

第十一章　附　则

第五十八条　本章经社员三分之二决定后即为有效。

第五十九条　本章经常年会三分之二或社员五分之一以上之提议得修改之。

第六十条　本章修改事件应由董事会于常年会三个月以前通告各社员，复经常年会三分之二通过后即为有效。

参考文献

上海图书馆编.《科学》(1915—1960)影印本(90册)。

《科学画报》(1933~1958年)。

《社友》1-32号,33-93期。

《留美学生年报》、《留美学生季报》。

《申报》。

林丽成、章立言、张剑编注:《中国科学社档案整理与研究发展历程史料》上海科学技术出版社,2015年版。

周桂发、杨家润、张剑编注:《中国科学社档案整理与研究书信选编》上海科学技术出版社,2005年版。

何品、王良镭编注:《中国科学社档案整理与研究董理事会会议记录》上海科学技术出版社,2017年版。

任鸿隽:《科学概论》,商务印书馆1928年版。

黄昌谷:《科学概论》,中华书局1921年版。

王星拱:《科学方法论》,北京大学出版社1920年版。

任鸿隽等:《科学通论》,中国科学社1934年增订版。

"中国科学化问题"论文集,中国科学化运动协会北平分会1936年版。

秉志等:《科学与中国》,中国科学社1936年版。

李书华:《科学概论》,商务印书馆1946年版。

张子高:《科学发达略史》,中华书局1932年版。

黄宗甄:《十年来的中国科学界》,民本出版公司1948年版。

张孟闻:《现代科学在中国的发展》,民本出版公司1948年版。

竺可桢、卢于道、张其昀等:《科学的民族复兴》,中国科学社20周年纪念,1937年版。

樊洪业、张久春编:《科学救国之梦——任鸿隽文存》,上海科技教育出版社、上海科学技术出版社2002年版。

张君劢、丁文江等:《科学与人生观》,山东人民出版社1997年版。

《胡适来往书信选》,中华书局1979年版。

《胡适留学日记》,上海科学技术文献出版社2014年版。

《从家乡到美国——赵元任早年回忆》,学林出版社1997年版。

赵新那、黄培云编:《赵元任年谱》,商务印书馆1998年版。

《杏佛日记》,《中国科技史料》1980年2期。

郭学群、贾肇晋、徐英:《明复图书馆始末》,《上海文史资料选辑》第42辑,上海人民出版社1983年版。

朱有瓛编:《中国近代学制史料》(一),华东师范大学出版社1983年版。

《康有为全集》,上海古籍出版社1990年版。

王栻编:《严复集》(一),中华书局1986年版。

李华兴、吴嘉勋编:《梁启超选集》,上海人民出版社1984年版。

高平叔编:《蔡元培全集》,浙江教育出版社1997年版。

张孝若:《南通张季直先生传记》,中华书局1936年版。

南京大学校史编写组:《南京大学史》,南京大学出版社1992年版。

《清华大学校史稿》,中华书局1981年版。

四川大学校史编写组编:《四川大学史稿》,四川大学出版社1985年版。

中国科学院自然科学史研究所:《钱宝琮科学史论文选集》,科学出版社1983年版。

《茅以升文集》,科学普及出版社1984年版。

《竺可桢文集》,科学出版社1979年版。

《中国现代科学家传记》(1—6),科学出版社1991~1994年版。

《中国科学技术专家传略》,中国科学技术出版社2001年版。

程民德主编:《中国现代数学家传》第一卷,江苏教育出版社1994年版。

谈家桢主编:《中国现代生物学家传》(第一卷),湖南科学技术出版社1985年版。

黄汲青、何绍勋主编:《中国现代地质学家传》(第一卷),湖南科学技术出版社1990年版。

(美)郭颖颐著,雷颐译:《中国现代思想中的唯科学主义(1900—1950)》,江苏人民出版社1989年版。

(美)约瑟夫·本一戴维(Joseph Ben-David),赵佳苓译:《科学家在社会中的角色》,四川人民出版社1988年版。

(美)夏绿蒂·弗思著,丁子霖等译:《丁文江——科学与中国新文化》,湖南科学技术出版社1987年版。

(英)斯蒂芬.F.梅森(Stephen F.Mason):《自然科学史》,上海人民出版社1977年版。

(英)W.C.丹皮尔著,李珩译:《科学史及其与哲学和宗教的关系》,商务印书馆1975年版。

(美)巴伯(Bernard Barber)著,顾昕等译:《科学与社会秩序》,三联书店1991年版。

J.D.贝尔纳著,陈体芳译:《科学的社会功能》,商务印书馆1982年版。

(美)罗伯特·金·默顿著,范岱年等译:《十七世纪英格兰的科学、技术与社会》,商务印书馆2002年版。

(美)Peter Buck: Amen: can, Scie, zce and Modern, China, 1876-1936.Cambridge University Press, 1980.

刘珺珺:《科学社会学》,上海人民出版社1990年版。

张碧晖、王平:《科学社会学》,上海人民出版社1990年版。

冒荣:《科学的播火者:中国科学社述评》,南京大学出版社2002年版。

张剑:《赛先生在中国——中国科学社研究》,上海科学技术出版社2018年版。

段治文:《中国现代科学文化的兴起,1919-1936》,上海人民出版社2001年版。

段治文:《中国近代科学文化史论》,浙江大学出版社,1996年版。

段治文:《科学与近代中国》,高等教育出版社2004年版。

樊洪业:《耶稣会士与中国科学》,中国人民大学出版社1992年版。

樊洪业、王扬宗:《西学东渐:科学在中国的传播》,湖南科学技术出版社,2000年版。

范岱年:《科学哲学和科学史研究》,科学出版社2006年版。

范铁权:《体制与观念的现代转型——中国科学社与中囯的科学文化》,人民出版社2005年版。

范祥涛:《科学翻译影响下的文化变迁》,上海译文出版社2006年版。

冯志杰:《中国近代科技出版史研究》,中国三峡出版社2008年版。

李喜所、刘集林等:《近代中国的留美教育》,天津古籍出版社2000年版。

余英时:《中国思想传统的现代诠释》,江苏人民出版社1989年版。

林毓生:《中国传统的创造性转化》,生活、读书·新知三联书店1988年版。

陈旭麓:《近代中国社会的新陈代谢》,上海人民出版社1992年版。

董光璧:《中国近代科学技术史论纲》,湖南教育出版社1992年版。

许纪霖:《许纪霖自选集》,广西师范大学出版社1999年版。

许纪霖编:《二十世纪中国思想史论》,东方出版中心2000年版。

吴嘉丽等编:新编《中国科技史演讲文稿选辑》(下),台北银禾文化事业公司1990年版。

胡适:《丁文江传》,海南出版社1993年版。

苏金智:《赵元任学术思想评传》,北京图书馆出版社1999年版。

陈群等:《李四光传》,人民出版社1984年版。

公盾:《茅以升——桥梁专家》,中国展望出版社1985年版。

梁思瑞、何艾生:《中国民国科技史》,人民出版社1994年版。

杜石然等编著:《中国科学技术史稿》,科学出版社1982年版。

何艾生、梁成瑞:《中华民国科技史》,人民出版社1994年版。

何绍斌:《越界与想象——晚清新教传教士译介史论》,上海三联书店2008年版。

何志平、尹恭成、张小梅:《中国科学技术团体》,上海科学普及出版社1990年版。

霍益萍、侯家选、蒯义峰等:《科学家与中国近代科普和科学教育》,科学普及出版社2007年版。

金吾伦,张超中:《科学的中国化与中国化的科学》,科学出版社2007年版。

金忠明,廖军和,张燕等:《中国近代科学教育思想研究》,科学普及出版社2007年版。

李喜所:《近代中国的留学生》,人民出版社1987年版。

李醒民:《中国现代科学思潮》,科学出版社2004年版。

李志军:《西学东渐与明清实学》,四川出版集团 巴蜀书社2004年版。

林庆元、郭金彬:《中国近代科学的转折》,鹭江出版社1992年版。

邱若宏:《传播与启蒙——中国近代科学思潮研究》,湖南人民出版社2004年版。

任鸿隽:《科学救国之梦——任鸿隽文存》,上海科技教育出版社 上海科学技术出版社,2002年版。

汪玉凯:《社会变革与科学进步——近代中国科学与政治发展的历史考察》,陕西人民出版社1989年版。

王焕琛:《留学教育》,台北编译馆1980年版。

王雷:《中国近代社会教育》,人民教育出版社2003年版。

王立新:《美国传教士与晚清中国现代化》,天津人民出版社1997年版。

王伦信、陈洪杰、唐颖等:《中国近代民众科普史》,科学普及出版社2007年版。

王扬宗:《近代科学在中国的传播——文献与史料选编(上)》,山东教育出版社2009年版。

谢长法:《中国留学教育史》,山西教育出版社2007年版。

熊月之:《西学东渐与晚清社会》,上海人民出版社1994年版。

朱耀垠:《科学与人生观论战及其回声》,上海科学技术文献出版社1999年版。

邹大海:《中国近现代科学技术史论著目录(上、中、下)》,山东教育出版社2006年版。

左玉河:《中国近代学术体制之创建》,四川人民出版社2008年版。

杨德才、关铃、李庆祝：《二十世纪中国科学技术史稿》，武汉大学出版社1998年版。

杨国荣：《科学的形上之维——中国近代科学主义的形成与衍化》，上海人民出版社1999年版。

杨舰、戴吾三：《清华大学与中国近现代科技》，清华大学出版社2006年版。

张剑：《2005.科学社团在近代中国的命运——以中国科学社为中心》，山东教育出版社2005年版。

张剑：《中国近代科学与科学体制化》，四川人民出版社2008年版。

张君劢等：《科学与人生观》，辽宁教育出版社1998年版。

赵德宇：《西学东渐与中日两国的对应》，世界知识出版社2001年版。

赵冬：《近代科学与中国本土实践》，社会科学文献出版社2007年版。

李迪编著：《中国数学史简编》，辽宁人民出版社1984年版。

郭保章等：《中国化学教育史话》，江西教育出版社1993年版。

中国植物学会编：《中国植物学史》，科学出版社1994年版。

熊明安：《中国高等教育史》，重庆出版社1988年版。

林文照：《中国科学社的建立及其对我国现代科学发展的作用》，《近代史研究》1982年第3期。

黄知正：《五四时期留美学生对科学的传播》，《近代史研究》1989年第2期。

张剑：《战前中国科学社与上海》，《上海文化》1996年第2期。

张剑：《中国科学社组织结构变迁与中国科学社组织机构体制化》，参见丁日初编：《近代中国》(7)，上海立信会计出版社1997年版。

张剑：《中国科学社的科学宣传及其影响(1914—1937)》，《档案与史学》1998年第5期。

张剑：《"中国科学社"年会分析(1916—1936)》，《复旦学报》1998年第6期。

张剑：《传统与现代之间——中国科学社领导群体分析》，《史林》2002年第1期。

张剑：《民国科学社团发展研究——以中国科学社为中心》，《安徽史学》2002年第2期。

张剑：《从科学宣传到科学研究——中国科学社科学救国方略的转变》，《自然科学史研究》2003年第4期。

冒荣:《胡适与中国科学社》,《南京化工大学学报》1999年第1期。

冒荣:《中国科学社与"科玄之争"》,《科学》第51卷第3期。

杨翠华:《任鸿隽与中国近代的科学思想与事业》,《中央研究院近代史研究所集刊》,1995年第24期上册。

郭正昭:《中国科学社与中国近代科学化运动(1914—1935)——民国学会个案探讨之一》,中华文化复兴运动推行委员会编:《中国近代现代史论集》(24),台湾商务印书馆1986年版。

许康:《对中国科学社一项颁奖的追踪调查》,《自然辩证法研究》1997年第8期。

许康、黄伯尧:《中国科学社与中国数学——以数学为例》,《自然辩证法研究》1995年第12期。

薛攀皋:《中国科学社生物研究所——中国最早的生物学研究机构》,《中国科技史料》1992年第2期。

关培红:《中国一本历史最久、影响最大的科普期刊——(科学画报)》,《中国科技史料》1993年第4期。

樊洪业:《任鸿隽:中国现代科学事业的拓荒者》,《自然辩证法通讯》1993年第3期。

夏安:《胡明复的生平及科学救国道路》,《自然辩证法通讯》1991年第4期。

许为民:《杨杏佛:中国现代杰出的科学事业组织者和社会活动家》,《自然辩证法通讯》1990年第5期。

许为民:《(科学)杂志的两度停刊与复刊》,《自然辩证法通讯》1992年第3期。

许为民:《为科学正名——对所谓"唯科学主义"辨析》,《自然辩证法通讯》1992午第4期。

彭光华:《中国科学化运动协会的创建、活动及历史地位》,《中国科技史料》1992年第1期。

赵春祥:《现代科学的播种者——(科学)杂志》,宋原放主编、陈江辑注《中国出版史料》现代部分,山东教育出版社、湖北教育出版社2000年版。

张大庆:《中国近代的科学名词审查活动:1915—1927》,《自然辩证法通讯》1996年第5期。

陶英惹:《蔡元培与中央研究院》,《中央研究院近代史研究所集刊》第七辑。

徐辉:《五四时期的两种科学活动及其活动》,《厦门大学学报》1999年第4期。

曹育:《中华教育文化基金董事会与中国现代科学的早期发展》,《自然辩证法通讯》1991年第3期。

李素桢、田育诚:《论明清科技文献的输入》,《中国科技史料》1993年第3期。

李恩民:《戊戌时期的科技近代化趋势》,《历史研究》1990年第6期。

戴念祖:《物理学在近代中国的历程》,《中国科技史料》1982年第4期。

汪子春:《中国近现代生物学发展概况》,《中国科技史料》1988年第2期。

后记

结缘《中国科学社史》写作,并由此萌发对近现代中国科学发展问题的强烈兴趣,始于我对郭秉文校长的研究。当中国教育科学研究院研究员储朝晖先生联系本丛书写作者时,时东南大学高等教育研究所耿有权研究员推荐了我。2011年,我基本完成《先秦儒家荣辱观研究》博士学位论文,学术兴趣重回近代中国教育思想史,尤其是对以郭秉文校长为代表的近代大学校长教育思想研究,故对中国科学社并不陌生,对中国科学社与东南大学的互动尤为关注。因此,在对方征求我是否愿意写作《中国科学社史》时,我毫不犹豫地应允下来。殊不料,这一承诺,竟成为我之后近十年中最牵挂、最耗时的一件事。我对《中国科学社史》的写作始终保持一份热情和敬畏,一点一滴积累,一字一句推敲,时时刻刻揣摩。

十年求索,感受最深的莫过于中国科学社一批老科学家们的科学精神和人格魅力。任鸿隽说过:"《科学》的问世,不过出于一班书呆子想就个人能力所及,对于国家社会奉呈一点贡献。"每每读之,总是喟然长叹。我深切感受到这一代科学家们的家国情怀和奉献品格。他们对旧中国衰弱的历史反思,对发展中国科学的执着信念,对复兴中华民族历史使命的自觉担当,以及对发展中国科学"九死而不悔"的崇高精神,时不时感动着我,使得我无法不静下心来,仔细研读相关史料,把梳剔抉,坚定前行。当埋头撰写这本书时,回顾中国科学社发展历程及其历史功绩,我由衷地敬佩起这"一班书呆子",并想尽自己个人能力之所及,写好这本书。也许正是由于受到这种来自灵魂的洗礼,尽管在写作中遇到各种意想不到的困难和挫折,我从不敢懈怠,刻苦钻研,反复打磨,以期交出一份尽量满意的作品，也算是对中国科学社老一辈科学家们奉呈一点贡献，敬献一炷心香。

本书在写作过程中得到了储朝晖先生的关心和指导，从写作提纲到初稿到定稿，储老师都给予了具体的意见和建议，使得本书质量整体上有了提升。当我因为某些缘故不得不暂时中断书稿写作时，储老师总是安慰我，要我保重身体，并嘱咐我在条件许可的情况下，尽早完成书稿的编写。在储老师的指导、鞭策和督促下，本书主体部分完成于2020年疫情居家封控期间，2021年完成初稿，其后经历了2022年多次修改，于同年底定稿。

中国科学社史料庞杂，仅《科学》文献即范围广漠，篇幅浩繁，何况中国科学社存留的大量档案资料！因此要完整吃透，绝非一朝一夕之功。本书尽力挖掘，本着对历史的客观叙述，着力梳理中国科学社近半个世纪以来的发展历程，对其中重大历史事件及代表人物作重点叙述和探讨。

由于时间和水平的限制，本书还存在诸多不足和缺憾。因此，恳请读者见谅，并欢迎提出批评意见和建议。本书顺利出版，离不开西南大学出版社尹清强先生和责任编辑赖晓玥女士的努力，他们的辛勤工作使得本书增色不少，在此表示由衷感谢。

宋业春

2022年10月30日

跋

  2012年完成自己主编的2012年度国家出版基金资助项目"20世纪中国教育家画传"后,就策划启动新的研究项目,于是决定为曾在中国教育现代化过程中发挥巨大作用而又少有人知的教育社团写史,并在2013年3月拿出第一个包含8本书的编撰方案。当初怎么也没想到这一工作一再积累后延,几乎占用了我8年的主要时间,列入写作的社团一个个增加,参加写作的专家团队、支持者和志愿者不断扩大,最终汇成30本书和由50多位专家组成的团队,并在西南大学出版社鼎力支持下如愿以偿地获得2019年度国家出版基金资助。

  1895年中日甲午海战中国战败后,中国社会受到强烈震动,有识之士勇敢地站出来组建各种教育社团,发展现代教育。1895年到1949年,在中国传统教育向现代教育转化、嬗变的过程中,产生了数以百计的教育社团。中华教育改进社等众多的民间教育社团在中国教育现代化进程中都曾发挥过重要的、甚至是无可替代的作用,到处留下了这些社团组织的深深印记,它们有的至今还在发挥着潜移默化的作用,它们是中国教育智库的先声。

  但随着时间的推移,知道这段历史的人越来越少。教育社团组织与中国教育早期现代化既是一个有丰富内涵的历史课题,更是一个极具现实意义的实践课题。挑选"中国现代教育社团史"这一极为重大的选题,联合国内这一领域有专深研究的专家进行研究,系统编撰教育社团史,既是为了更好地存史,也是为了有效地资政,为当今及此后教育专业社团的建立、发展和教育改进与发展提供借鉴,为教育智库发展提供独具价值的参考,为解决当下中国教育管理问题提供借鉴,从而间接促进当下教育质量的提升和《中国教育现代化2035》目标的实现。简言之,为中国现代教育社团修史是一项十分有意义的工作。

在存史方面,抢救并如实地为这些社团写史显得十分必要、紧迫。依据修史的惯例,经过70多年的沉淀,人们已能依据事实较为客观地看待一些观点,为这些教育社团修史,恰逢其时;依据信息随时间衰减的规律,当下还有极少数人对70多年前的那段历史有较充分的知晓,错过这个时期,则知道的人越来越少,能准确保留的信息也会越来越少,为这些社团治史时不我待。因此,本套丛书担当着关键时段、恰当时机、以专业方式进行存史的重要责任。

在资政方面,为中国现代教育社团修史是一项十分有现实意义的工作。中国教育改革除了依靠政府,更需要更多的专业教育社团发展起来,建立良性的教育评价和管理体系,并在社会中发挥更大的作用。社团是一个社会中多种活力的凝结和显示,一个保存了多样性社团的社会才是组织性良好的社会,才是活力充足的社会。当时的各个教育社团定位于各自不同的职能,如专业咨询、管理、评价等,在社会和教育变革中以协同、博弈等方式发挥出巨大的作用。它们的建立和发展,既受到中国现代新式教育发展的制约,又影响了中国现代新式教育发展的进程。研究它们无疑会加深我们对那个时期中国新式教育发展过程中各种得失的宏观认识,有助于从宏观层面认识整个新式教育的得失,进而促进教育质量和品质的提升。现今的教育社团发展不是在一张白纸上画画,1900年后在中国产生的各种教育社团是它们的先声。为中国现代教育社团修史将会为当下及未来各个社团的建立发展和教育智库建设提供真实可信而又准确细致的历史镜鉴。

做好这项研究需要有独特的史识和对教育发展与改革实践的深刻洞察,本丛书充分运用主编及团队三十余年来从事历史、实地调查与教育改革实践研究的专业积累。在启动本研究之前,丛书主编就从事与教育社团相关的研究,又曾做过一定范围的资料查找,征集国内各地教育史专业工作者意见,依据当时各社团的重要性和历史影响,以及历史资料的可获取性,采用既选好合适的主题,又选好有较长时期专业研究的作者的"双选"程序,以保障研究的总体质量,使这套丛书不仅分量厚重,质量优秀,还有自己的特色。

本丛书的"现代"主要指社团具有的现代性,这样的界定与中国教育现代化进程相吻合。以历史和教育双重视角,对中华教育改进社等具有现代性的30余个教育社团的历史资料进行系统的查找、梳理和分析。对各社团发展的整体形态做全面的描述,在细节基础上构建完整面貌,对其中有歧义的观点依据史实客观论述,尽可能显示当时全国教育社团发展的原貌和全貌,也尽可能为当下教育社团与教育智库的建立和发展提供有益的历史镜鉴。

为此,我们明确了这套丛书的以下撰写要求:

全套丛书明确史是公器,是资料性著述的定位,严格遵循史的写作规范,以史料为依据,遵守求真、客观、公正、无偏见的原则,处理编撰中的各类问题。

力求实现四种境界:信,所写的内容是真实可靠的,保证资料来源的多样性;简,表述的方式是简明的,抓住关键和本质特征经过由博返约的多次反复,宁可少一字,不要多一字;实,记述的内容是有实际意义和价值的,主要体现为内容和文风两个方面,要求多写事实,少发议论,少写口号,少做判断,少用不恰当的形容词,让事实本身表达观点;雅,尽可能体现出艺术品位和教育特性,表现为所体现的精神、风骨之雅,也表现为结构的独具匠心,表达手法的多样和谐、图文并茂。

对内容选取的基本标准和具体要求如下:

(1)对社团的理念做准确、完整的表述,社团理念在其存续期有变化的要准确写出变化的节点,要通过史料说明该社团的活动是如何在其理念引导下开展的。

(2)完整地写出社团的产生、存续、发展过程,完整地陈述社团的组织结构、活动规模、活动方式、社会影响,准确完整地体现社团成员在社团中的作用、教育思想、教育实践,尽可能做到"横不缺项,纵不断线"。

(3)以史料为依据,实事求是,还原历史,避免主观。客观评价所写社团对社会和教育的贡献,不有意拔高,也不压低同时期其他教育社团。关键性的评价及所有叙述要有多方面的史料支撑,用词尽可能准确无歧义。

(4)凸显各单册所写社团的独特性,注意铺垫该社团所在时代的社会与教育背景,避免出现违背历史事实的表述。

(5)根据隔代修史的原则,只记述中华人民共和国成立之前的历史。对后期延续,以大事记、附录的方式处理,不急于做结论式的历史判定。

(6)各书之间不越界,例如江苏教育会与全国教育会联合会之间,江苏教育会与中华教育改进社之间,详略避让,避免重复。

写法要求为:立意写史,但又不写成干巴、抽象、概念化的历史,而是在掌握大量资料的基础上,全面、深刻理解所写社团的历史细节和深度,写出人物的个性和业绩,写出事件的情节和奥秘,尽可能写出有血有肉、有精气神的历史,增强可读性。写法上具体要求如下:

(1)在全面了解所写社团基础上,按照史的体例,设计好篇目、取舍资料、安排内容、确定写法。在整体准确把握的基础上,直叙历史,不写成专题或论文,语言平和,逻辑清晰。

(2)把社团史写得有教育性。主要通过记叙社团发展过程中的人和事展示其具有的教育功能;通过社团具有的专业性对现实的教育实践发生正向影响,力求在不影响科学性、准确性的前提下尽量写得通俗。

(3)能够收集到的各社团的活动图片尽可能都收集起来,用好可用的图,以文带图,图文互补,疏密均匀。图片尽可能用原始的、清晰的,图片说明文字(图题)应尽量简短;如遇特殊情况,例如在正文中未能充分展开的重要事件,可在图题下加叙述性文字做进一步介绍,作为一个独立的知识点。

(4)关键的史实、引文必须加注出处。

据统计,清末至民国时期教育社团或具有教育属性的社团有一百多个,但很多社团因活动时间不长、影响不大,或因资料不足等,难以写成一本史书。本丛书对曾建立的教育社团进行比较全面的梳理,从中精心选择一批存续时间长、影响显著、组织相对健全、在某一专业领域或某一地区具有代表性、典型性的教育社团进行深入研究,在此基础上做出尽可能符合当时历史原貌和全貌的整体设计,整体上能够充分完整地呈现所在时代教育社团的整体性和多样性特征,依据在中国教育现代化进程中所发挥的作用大小选择确定总体和各部分的

跋

研究内容,依据史实客观论述,准确保留历史信息。本丛书的基本框架为一项总体研究和若干项社团历史个案研究。以总体研究统领各个案研究,为个案研究确定原则、方法、背景和思路;个案研究为总体研究提供史实和论证依据,各个案研究要有全面性、系统性、真实性、准确性、权威性、实用性,尽量写出历史的原貌和全貌,以及其背后盘根错节的关系。

入选丛书的选题几经增减,最终完稿的共30册:

《中国现代教育社团发展史论》《中华教育改进社史》《中华平民教育促进会史》《生活教育社史》《中华职业教育社史》《江苏教育会史》《全国教育会联合会史》《中国教育学会史》《无锡教育会史》《中国社会教育社史》《中国民生教育学会史》《中国教育电影协会史》《中国科学社史》《通俗教育研究会史》《国家教育协会史》《中华图书馆协会史》《少年中国学会史》《中华儿童教育社史》《新安旅行团史》《留美中国学生联合会史》《中华学艺社史》《道德学社史》《中华教育文化基金会史》《中华基督教教育会史》《华法教育会史》《中华自然科学社史》《寰球中国学生会史》《华美协进社史》《中国数学会史》《澳门中华教育会史》。

本丛书力求还原并留存中国各现代教育社团的历史原貌和全貌,对当时各教育社团的发展历程、重要事件、关键人物进行系统考察,厘清各社团真实的运作情况,从而解决各社团历史上一些有争议的问题,为教育学和历史学相关领域的发展提供一定的帮助,拓展出新的领域,从而传承、传播教育先驱的精神,为当今教育改革和发展提供历史借鉴和智慧资源,为今后教育智库的发展提供有中国实践基础的历史参考,在拓展教育发展的历史文化空间上发挥其他著述不可替代的作用。在写作过程中严格遵守史的写作规范,以史料为依据,遵守求真、客观、公正、无偏见的原则,处理编撰中的各类问题。

这是一项填补学术空白的研究。这个研究领域在过去70多年仅有零星个别社团的研究,在史学研究领域对社团的研究较多,但对教育社团的研究严重不足;长期以来,在教育史研究领域没有对教育社团系统的研究;对民国教育的研究多集中于一些教育人物、制度,对曾发挥不可替代作用的教育社团的研究长期处于不被重视状态。因此,中国没有教育社团史的系列图书出版,只有与新安旅行团、中华职业教育社相关的专著,其他教育社团则无专门图书出版,只是在个别教育人物的传记等文献中出现某个教育社团的部分史实,浮光掠影,难以窥其全貌。但是教育社团对当时教育的发展发挥了倡导、引领、组织、管理、评价等多重功能,确实影响深远,系统研究中国现代教育社团是此前学术界所未有过的。该研究可以为洞察民国教育提供新的视角,在今后一段时期内具有标志性意义,发挥其他著述不可替代的作用。

这是一项高难度的创新研究。它需要从70多年历史沉淀中钩沉,需要在教育学和史学领域跨越,在教育历史与现实中穿梭,难度系数很高、角度比较独特,20多年前就有人因其难度高攻而未克。研究过程中我们将比较厚实的历史积累和对当下教育问题比较深入的洞见相结合,以史为据,以长期未能引起足够重视的教育社团为研究对象,梳理出每个社团的产生、发展、作用、地位。

这是一项促进教育品质提升的研究。中国当下众多教育问题都与管理和评价体制相关。因此,我们决定研究中国现代教育社团史,对中国教育现代化进程中发挥过重要作用的诸多教育社团的历史进行抢救性记述、研究,对中国教育体系形成的脉络进行详尽的梳理,记录百年中国教育现代化进程中教育社团所起的重大作用,体现教育现代化过程中的"中国智慧",为构建中国教育科学话语体系铺垫史料、理论基础,探明1898到1949年间教育社团在中国教育现代化发展中的作用,为改善中国教育提供组织性资源。

这是一项未能引起足够重视的公益性研究。本研究旨在还原并留存各教育社团的历史原貌和全貌,传承、传播教育先驱的精神,为当今教育改革和发展提供历史借鉴和智慧资源,拓展教育发展的历史文化空间,需要比较厚实的历史积累和对当下教育问题比较深入的洞见。本研究长期处于不被重视状态,但是其对教育的发展确实影响深远,需要研究的参与者具有对历史和现实的使命感。

这个研究项目在设计、论证和实施过程中得到业内专家的大力支持、高度关注和评价。中国教育学会教育史分会原会长田正平先生热心为丛书写了推荐信,又拨冗写了总序,认为:"说到底,这是当代中国教育改革的需要和呼唤。教育是中华民族振兴的根基和依托,改革和发展中国教育,让中国教育努力赶上世界先进水平,既是中央政府和各级政府义不容辞的职责,也必须依靠广大教育工作者的自觉参与和担当。从这个意义上讲,中国近代教育会社团体与中国教育早期现代化研究,既是一个有丰富内涵的历史课题,更是一个极具现实意义的重大问题。"中国现代教育社团史的课题,"从近代以来数十上百个教育社团中精心选择一批有代表性、典型性、产生过重大影响的教育社团,列为专题,分头进行了深入的研究。我相信,读者诸君在阅读这些成果后所收获的不仅仅是对教育社团的深入理解和崇高敬意,也可能从中引发出一些关于当代中国教育改革的更深层次的思考"。

北京师范大学教育学部原部长、清华大学教育学院院长石中英教授在推荐中道:"对那些历史上有重要影响的教育社团进行研究,既具有非常重要的学术价值,也具有非常强烈的现实意义。""当前,我国改革开放正在逐步地深入和扩大,激发社会组织活力,在整个社会治理体系建设中具有重要作用。现代教育治理体系的建设,也迫切需要发挥专业的教育社团的积极作用。在这个大背景下,依据可靠的历史资料,回溯和评价历史上著名教育社团的产生、发展、组织方式和活动方式等,具有现实意义和社会价值。""总的来说,这个项目设计视角独特,基础良好,具有较高的学术价值、实践价值和出版价值。"

1990年代,中央教育科学研究所张兰馨等多位前辈学者就意识到这一选题的重要性,曾试图做这一研究并组织编撰工作,终因撰写团队难以组建、资料难以查找搜集等各种条件限制而未完成。当我们拜访80多岁的张兰馨先生时,他很高兴地拿出了当年复印收藏的一些资料,还答应将当年他请周谷城先生题写的书名给我们使用,既显示这一研究实现了学者们近30年未竟的愿望,也使这套书更具历史文化内涵。

西南大学出版社是全国百佳图书出版单位、国家一级出版社、全国先进出版单位,承担了多项国家重大文化出版工程项目、国家出版基金资助项目、重庆市出版专项资金资助项目,具有丰富的国家、省市重点项目出版与管理经验。该社出版的多项国家级项目受到各级主管部门、学界、业内的一致好评。另外,西南大学的学术优势为本书的出版提供了学术支撑。

本项目30余位作者奉献太多。他们分别来自中国人民大学、北京师范大学、华东师范大学、中山大学、首都师范大学、浙江师范大学等多所高校和研究机构，他们长期从事相关领域的研究，具有极强的学术责任感，具备了较好的专业基础，研究成果丰硕，有丰富的写作经验。在没有启动经费的情况下，他们以社会效益为主，把这项研究既当成一项工作任务，又当成一项对精湛技术、高雅艺术和完美人生的追求，以高度的历史使命感和现实的使命感投入研究，确保研究过程和成果具有较高的严谨性。他们旨在记录中国教育现代化过程中教育社团所起的重大作用，体现教育现代化过程中的"中国智慧"，写出理论观点正确、资料翔实准确、体例完备、文风朴实、语言流畅，具有资料性、科学性、思想性，经得起历史检验的，有灵魂、有生命、能传神的现代教育社团史。

这套丛书邀约的审读委员主要为该领域的专家，他们大多在主题确定环节就参与讨论，提供资料线索，审读环节严格把关，有效提高了丛书的品质。

本人为负起丛书主编职责，采用选题与作者"双选"机制确定了撰写社团和作者，实行严格的丛书主编定稿制，每本书都经过作者拟提纲—主编提修改意见—确定提纲—作者提交初稿—主编审阅，提出修改意见—作者修改—定稿的过程，有些书稿从初稿到定稿经过了七到八次的修改，这些措施有效地保障了这套丛书的编撰质量。尽管做了这些努力，仍难免有错，敬希各位不吝赐正。

十分感谢国家出版基金资助。本丛书有重大的出版价值，投入也巨大，但市场相对狭窄。前期在项目论证、项目启动、资料收集、组织编写书稿中投入了大量的人力、物力。多位教育专家和史学专家经过八年的努力，收集了大量的资料，研究的深度和广度都大大超出此前这一领域的研究。各位作者收集了大量的历史资料，走访了全国各大图书馆、资料室，完成了约一千万字、数百幅图片的巨著。前期的资料收集、研讨成本甚高，而使用该书的主要为教育研究者、教育社团和教育行政人员。即便丛书主编与作者是国内教育学、教育史学领域的权威专家，即便丛书经过精心整理、撰写而成，出版后全国各地图书馆、研究院所会有一定的购买，有一定的经济效益，但因发行总数量有限，很难通过少量的销售收入实现对大量经费投入的弥补,国家出版基金资助是保障该套丛书顺利出版的关键。

  教育在实现中华民族伟大复兴中发挥着不可替代的作用。完整、准确、精细地回顾过去方能高瞻远瞩而又脚踏实地地展望未来,将优秀传统充分挖掘展现、利用方能有效创造未来,开创教育发展新时代。在中国教育现代化进程中众多现代教育社团是促进者。中国人坚定的自信是建立在5000多年文明传承基础上的文化自信。中国现代教育社团的发起者心怀中华,在中华民族处于危亡之际奔走呼号,立足弘扬中华优秀文化传统提倡革新。本丛书深层次反映了当时中国仁人志士组织起来,试图以教育救国的真实面貌,其中涉及几乎全部的教育界知名人物,对当年历史的还原有利于挖掘中华优秀传统文化的强大生命力和在民族危亡关头的强大凝聚力,弘扬中华优秀传统文化,为构建中华优秀传统文化传承发展体系添砖加瓦。研究这段历史,对于推动中华优秀传统文化创造性转化、创新性发展,对于促进教育智库建设,发展中国教育事业,发挥教育在促进中华民族伟大复兴中的作用具有重要意义。

  愿我们所有人为此的努力在中国教育现代化进程中生根、发芽、开花、结果。